高职高专特色课程规划教材

油品储运技术及安全管理

主编　李迎旭

东北大学出版社

·沈　阳·

图书在版编目（CIP）数据

油品储运技术及安全管理 / 李迎旭主编. — 沈阳 ：
东北大学出版社，2023. 9

ISBN 978-7-5517-3360-1

Ⅰ. ①油…　Ⅱ. ①李…　Ⅲ. ①石油产品－石油与天然
气储运－安全管理　Ⅳ. ①TE8

中国国家版本馆 CIP 数据核字(2023)第 191275 号

出 版 者：东北大学出版社
地址：沈阳市和平区文化路三号巷 11 号
邮编：110819
电话：024－83683655(总编室)　83687331(营销部)
传真：024－83687332(总编室)　83680180(营销部)
网址：http://www.neupress.com
E-mail: neuph@neupress.com
印 刷 者：辽宁一诺广告印务有限公司
发 行 者：东北大学出版社
幅面尺寸：185 mm×260 mm
印　　张：17
字　　数：372 千字
出版时间：2023 年 9 月第 1 版
印刷时间：2023 年 9 月第 1 次印刷
责任编辑：周　朦
责任校对：王　旭
封面设计：潘正一
责任出版：唐敏志

ISBN 978-7-5517-3360-1　　定　价：55.00 元

前　言

石油与天然气已成为当今世界举足轻重的重要战略物资。我国已成为全球第二大原油储备国，国家战略原油库容约为 5.1 亿桶，地方炼油商的原油库容约为 16.8 亿桶。目前，国际油价持续在较低水平徘徊，而国内原油进口数量却持续上涨，仓储企业的储罐数量大多维持在较高的储存水平上。近年来，天然气储存能力也得到显著提升，现有地下储气库 38 座、液化天然气（LNG）接收站 89 座、液化天然气工厂 493 家，但仍存在阶段性用气紧张的问题。油气管道里程持续增加，现有油气管道干线总长已达到 1.36×10^5 km，预计到 2030 年其总里程将达到 $2.5\times10^5\sim3.0\times10^5$ km。加油站总数量已超过 10 万座。石油与天然气在生产生活中发挥着越来越重要的作用，但其安全事故也时有发生，其安全管理越发引起重视。

本书编写时引用了最新的相关法律、条例、标准，参考了应急管理部制定的《危险化学品企业安全风险隐患排查治理导则》（应急〔2019〕78 号），将安全理论与工程实际相结合，既有一定的理论深度，又有实际可操作性；深入浅出，针对性强，既适于高等院校油气储运专业本、专科学生使用，也适于从事油气储运相关工作的安全管理人员、运行管理人员和安全技术人员阅读。

本书共分为八章。第一章为油气危险特性及事故案例，主要介绍了石油天然气的危险特性及近年来发生的典型事故案例；第二章为油罐的合理使用及安全监测，主要介绍了油罐技术参数的合理确定、油罐使用的管理要求、油罐必须具备的使用条件及油罐的安全监测；第三章为石油库管道工艺及安全管理，主要介绍了石油库管道的输油工艺管组、石油库管道的使用与维护管理等；第四章为石油库生产安全管理，主要介绍了石油库安全管理制度和收发油作业安全措施，详细介绍了特殊作业安全管理要求；第五章为油气管道安全管理，重点介绍了管道完整性管理；第六章为系统安全工程基础，主要介绍了危险、有害因素的分类与识别，并阐述了重大危险源辨识与控制的基本理论；第七章为加油加气站安全管理，全面介绍了加油站、加气站、液化天然气汽车加气站的安全管理要求；第八章为安全评价方法，主要介绍了十种安全评价方法，并进行了简单比较。

本书在编写过程中，得到了北方华锦化学工业集团有限公司、辽宁石化职业技术学院的支持、指导和帮助，在此表示感谢。

本书涉及安全管理、油气储运技术等多个领域，且油品储运技术及安全管理是一门专业性较强的学科。为使本书所述内容更加充实、严谨，本书在编写过程中参考了许多专著和文献，在此向这些专著和文献的作者表示感谢。

由于编者水平有限，本书中不当之处在所难免，恳请读者批评、指正。

编　者

2023 年 4 月

目 录

第一章　油气危险特性及事故案例

第一节　石油的组成及性质

石油是原油及其加工产品的总称。

原油是一种埋藏在地下的天然矿产物，古代动、植物的遗体，由于地壳运动压在地层深处，在缺氧、高压、高温的条件下，经历了数百万年的物理变化和化学变化，逐渐变成黑色、深棕色亦或暗绿、赤褐色的具有特殊气味的流体或半流体。其密度一般为0.8～0.9 g/cm^3。其凝点差异较大，有的高于30 ℃，有的低于-50 ℃。从化学组成看，原油是一种由多种元素组成的多种化合物的混合物。不同产地的原油在化学组成上有一定的差异。

原油的主要组成元素是碳(C)和氢(H)，其中碳质量分数为83%～87%，氢质量分数为11%～14%，两者合计为96%～99%。碳和氢以不同数量和方式排列，构成不同类型的碳氢化合物，简称烃。原油中还含有少量的硫(S)、氧(O)、氮(N)(这些元素的合计质量分数为1%～4%)及极微量的钾(K)、钠(Na)、钙(Ca)、镁(Mg)、铁(Fe)、镍(Ni)、钒(V)、铜(Cu)、铝(Al)、碘(I)、磷(P)、砷(As)、硅(Si)、氯(Cl)等十多种元素。上述各种元素在原油中都不是以单质的形式存在的，而是相互结合为非烃类化合物和胶质、沥青质等。这些非烃类化合物大都对原油加工和成品油质量有不利影响，所以在炼制过程中要尽可能地除去。

原油经过常减压蒸馏和各种转化、精制等炼制工艺，加工成各种动力燃料、照明用油、溶解剂、绝缘剂、冷却剂、润滑剂，以及用途广泛、品种繁多的化工原材料，统称为石油产品。

石油产品中的烃类按照结构不同，大体分为烷烃、环烷烃、芳香烃和不饱和烃等。不同烃类对各种石油产品性质的影响各不相同。

一、烷烃

烷烃是开链的饱和烃，分为正构体和异构体两类。以直链连接的烷烃为正构烷烃，带有支链的烷烃为异构烷烃。在绝大多数石油中，烷烃的含量比较高，通常以甲、乙、丙、丁、戊、己、庚、辛等表示分子结构中碳原子的数目，并以正构体和异构体表示连接方式来命名各类烷烃，如异辛烷表示由 8 个碳原子组成的异构体烷烃。

在常温下，烷烃的化学稳定性比较好，但不如芳香烃。在一定的高温条件下，烷烃容易分解并生成醇、醛、酮、醚、羧酸等一系列氧化产物。烷烃的密度最小，黏温性能最好，是燃料和润滑油的良好成分。煤油含烷烃较多时，其点燃时火焰稳定；润滑油含烷烃较多时，黏温性能良好。正构烷烃的自燃点最低，在柴油机中其燃烧迟缓期短，故柴油含正构烷烃多，燃烧性能好，柴油机工作平稳；但在汽油机中易生成过氧化物，引起混合气的爆燃，故汽油含正构烷烃多，辛烷值低，汽油机易发生爆震。高分子正构烷烃是蜡的主要成分，故在柴油和润滑油中含量不宜过多，以免使产品的凝点变高，导致低温流动性不好。异构烷烃(特别是高度分支的异构烷烃)的自燃点高，辛烷值高，在汽油中抗爆性强，是高辛烷值汽油的理想成分，但不是柴油的理想成分。

二、环烷烃

环垸烃是环状结构的饱和烃，分为单环烷烃和多环烷烃两类。环烷烃的化学稳定性良好，与烷烃近似但不如芳香烃，其密度较大，自燃点较高，辛烷值居中；其燃烧性较好，凝点低，润滑性好，故也是汽油、煤油和润滑油的良好成分。润滑油若含单环环烷烃多，则黏温性能好；若含多环环烷烃多，则黏温性能差。

三、芳香烃

芳香烃是具有苯环结构的烃类。芳香烃的化学稳定性良好，密度最大，自燃点最高，辛烷值最高。它对有机物的溶解力强，毒性也较大。故芳香烃是汽油的良好成分，而对于柴油则是不良成分；煤油中需有适量(10%~20%)的芳香烃才能保证照明亮度，但如果芳香烃含量过大，那么其点燃时易冒黑烟；橡胶溶剂油和油漆溶剂油中也需有适量的芳香烃，以保证有良好的溶解能力，但因其毒性较大，故要控制其含量；润滑油中含有多环芳香烃会使其黏温性能显著变差，故应尽量除去。

四、不饱和烃

不饱和烃在原油中含量极少，主要是在二次加工过程中产生。热裂化产品中含有较多不饱和烃(主要是烯烃，兼有少量二烯烃，但没有炔烃)，它的化学稳定性最差，易氧化生成胶质，但辛烷值较高，凝点较低。故有时将热裂化馏分掺入汽油以提高其辛烷值，掺入柴油以降低其凝点。因其安全性差，故这类掺和产品均不宜长期储存，且掺有热裂化馏分的汽油还应加入抗氧防胶剂。

各种烃类对石油产品某些性质的影响归纳于表 1-1 中。

表 1-1 各种烃类对石油产品性质的影响

<table>
<tr><th colspan="2">烃类</th><th>密度</th><th>自燃点</th><th>辛烷值</th><th>十六烷值</th><th>化学安全性</th><th>黏度</th><th>黏温特性</th><th>低温性能</th><th>备注</th></tr>
<tr><td rowspan="2">烷烃</td><td>正构</td><td rowspan="2">小</td><td>低</td><td>低</td><td>高</td><td>好</td><td rowspan="2">小</td><td rowspan="2">最好（液体）</td><td>差（高分子）</td><td rowspan="8">（1）润滑油理想组分为液体烷烃、环烷烃、少环长侧链的环烷烃和芳香烃，润滑油非理想组分为多环芳香烃、短侧链的环烷烃或芳香烃、固体烃、不饱和烃。
（2）多环环烷烃和芳香烃当侧链长度增加和侧链数目增加时，黏温性能有所改善</td></tr>
<tr><td>异构</td><td>高</td><td>高</td><td>低</td><td>差（分支多）</td><td>好</td></tr>
<tr><td rowspan="2">环烷烃</td><td>单环</td><td rowspan="2">中</td><td rowspan="2">中</td><td rowspan="2">中</td><td rowspan="2">中</td><td>好</td><td rowspan="2">大</td><td>好</td><td rowspan="2">好</td></tr>
<tr><td>多环</td><td>差（多侧链）</td><td>差</td></tr>
<tr><td rowspan="2">芳香烃</td><td>少环</td><td rowspan="2">大</td><td rowspan="2">高</td><td rowspan="2">高</td><td rowspan="2">低</td><td>好</td><td rowspan="2">大</td><td>好</td><td rowspan="2">好</td></tr>
<tr><td>多环</td><td>差（多侧链）</td><td>差</td></tr>
<tr><td rowspan="2">不饱和烃</td><td>烯烃</td><td>稍大于烷烃</td><td rowspan="2">高</td><td rowspan="2">高</td><td rowspan="2">低</td><td>差</td><td rowspan="2"></td><td rowspan="2"></td><td rowspan="2">好</td></tr>
<tr><td>二烯烃</td><td>稍小于烷烃</td><td>最差</td></tr>
</table>

石油产品中的非烃化合物虽然含量不多，但对炼制过程和产品质量都有极大的危害。硫化物（如硫醇、硫醚、噻吩等）除对炼油设备有腐蚀作用外，还会使汽油的感铅性降低，影响汽油的抗爆性；氧化物（如环烷酸、苯酚等）对金属有腐蚀作用；氮化物（如吡啶、吡咯等）在空气中易氧化，颜色变深，因此，汽油的变色与氮化物有关；胶质、沥青质是含有氧、硫、氮的高分子非烃化合物，石油产品中此类化合物含量越大，则颜色越深。

总之，石油产品是由各种烃类和非烃类化合物所组成的复杂混合物。根据原油中硫含量的不同，原油大体上可分为低硫原油（硫质量分数小于 0.5%）、含硫原油（硫质量分数介于 0.5%与 2%之间）和高硫原油（硫质量分数大于 2%）。根据主要烃类成分的不同，原油大体上可分为石蜡基原油、环烷基原油和中间基原油三类。其中，石蜡基原油含烷烃较多，环烷基原油含环烷烃、芳香烃较多，中间基原油烃类含量介于石蜡基原油和环烷基原油之间。

第二节　石油产品常用基本生产方法和理化指标

一、常用基本生产方法

1. 常减压蒸馏

常压蒸馏和减压蒸馏习惯上合称常减压蒸馏。

常压蒸馏是根据组成原油的各类烃分子沸点的不同，利用加热炉、分馏塔等设备将原油进行多次的部分汽化和部分冷凝，使气液两相进行充分的热量交换和质量交换，以达到分离的目的，从而制得汽油、煤油、柴油等馏分。一般情况下，35~200 ℃的馏分为直馏汽油馏分；175~300 ℃的馏分为煤油馏分；200~350 ℃的馏分为柴油馏分；350 ℃以上的馏分为润滑油原料或裂化原料。直馏馏分主要由烷烃和环烷烃组成，一般不含饱和烃，所以直馏产品性质稳定，不易氧化变质，宜于长期储存。

常压蒸馏得到的渣油是生产润滑油的原料。由于渣油是350 ℃以上的高沸点馏分，如果用常压蒸馏进行分离，加热温度就得高于350 ℃，在这样的高温下，会引起分子裂化。为了既能进行蒸馏分离而又不致发生裂化，只能对常压蒸馏得到的渣油采用减压蒸馏方法进行分馏。

减压蒸馏是利用降低压力从而降低液体沸点的原理，将常压渣油在减压塔内进行分馏。减压塔的真空是靠二至三级蒸汽喷射泵抽空而成的，其塔顶真空度控制在93.3 kPa左右。从减压塔侧线可以引出各种润滑油馏分或催化裂化的原料。减压塔塔底重油叫作减压渣油，可作为焦化和制取沥青的原料或作为锅炉燃料。

2. 热裂化

仅靠温度和压力作用来实现的石油裂化过程叫作热裂化。热裂化的原理是利用高温使重油一类的大分子烃受热分解裂化成汽油一类的小分子烃，所用的原料通常是常压重油、减压馏分、焦化蜡油等。

这种方法的优点是汽、柴油的产率高。但是由于热裂化产品中含有较多的不饱和烃，所以安全性不好，储存过程中易氧化变质。同时，热裂化过程中所发生的缩合反应，会使加热炉的管道严重生焦，使开工周期缩短。由于热裂化工艺存在上述缺点，所以此法已逐渐淘汰。

3. 催化裂化

在催化剂存在的情况下进行的石油裂化过程叫作催化裂化。原料油在催化剂的作用下，使烃分子受热裂化，由于合成硅酸铝催化剂（主要成分是氧化硅和氧化铝及很少量的水、氧化镁、氧化钠等）或沸石催化剂的作用，大分子烃变成小分子烃，并改变其分子结构，从而使不饱和烃大大减少，异构烷烃和芳香烃增加。催化裂化通常用重质馏分（如减压馏分、焦化柴油及蜡油等）为原料，也有用预先脱沥青的常压重油为原料的，还有部分或全部使用常压重油为原料的。催化裂化汽油性质稳定、辛烷值高，故用作航空汽油和高辛烷值汽油的基本组分。

4. 加氢裂化

在有催化剂和氢气存在的条件下，重质油品受热后通过裂化反应转化为轻质油品的加工工艺，叫作加氢裂化。加氢裂化工艺是增产优质航空喷气燃料和优质轻柴油最广泛的方法。这种方法一般用于硅酸铝担体（含铂、钯、氧化钨和镍等的催化剂），在9.81~14.71 MPa压力和380~440 ℃温度下，生产汽油、煤油、柴油等产品。加氢裂化具有原料油范围广、生产灵活性大和收率高等优点，并且加氢裂化产品的质量高。由于加氢裂化产品的不饱和烃含量少，基本上不含非烃类，所以稳定性好；由于其含环烷烃多，所以是催化重整制取高辛烷值汽油的原料；由于其含异构烷烃较多，芳香烃较少，因而凝点和冰点都很低、十六烷值较高，所以是生产喷气燃料和优质柴油的原料。

此外，石油产品的生产方法还有延迟焦化、催化重整、烷基化油品精制等。

二、常用理化指标

1. 密度

单位体积的物质在真空中的质量称为密度，即$\rho=\frac{m}{V}$，单位为g/cm^3，kg/m^3等。

（1）标准密度。

我国将在20 ℃，101.325 kPa下物质的密度定为标准密度，表示为ρ_{20}。国际上也有将在15.6 ℃（60 ℉）、101.358 kPa下物质的密度定为标准密度，表示为$\rho_{15.6}$。

（2）视密度。

在试验温度下，玻璃密度计在液体试样中的读数称为视密度，表示为ρ_t'。

（3）相对密度。

在一定条件下，一种物质的密度与另一种参考物质的密度之比由d表示。油品的相对密度常以4 ℃水为参考物质，则t ℃时油品的相对密度为d_4^t。由于4 ℃水的密度为1，所以油品在t ℃下的相对密度值就是油品在t ℃时的密度值。

由于油品的密度是随其组成中碳、氧、硫含量的增加而增大的，因此含芳烃、胶质和沥青多的油品的密度最大，含环烷烃多的油品的密度次之，含烷烃多的油品的密度最小。在某种程度上，往往可以根据油品密度的大小来判断该油品的大概质量。必须注意的是，由密度的定义可知，即便同一油品，其密度也会随温度的变化而发生变化。即温度越高，密度越小；反之，温度越低，密度越大。密度的测定主要用于油品计量和对某些油品的质量控制。

2. API 度

欧美各国常用15.6 ℃(60 ℉)的水作为参考物质，15.6 ℃油品的相对密度为 $d_{15.6}^{15.6}$。常用比重指数表示液体的相对密度，比重指数被称为API度，其与 $d_{15.6}^{15.6}$ 的关系如下：

$$\text{API度} = \frac{141.5}{d_{15.6}^{15.6}} - 131.5 \tag{1-1}$$

常见石油产品的API度如表1-2所列。

表1-2 常见石油产品的API度

品种	$d_{15.6}^{15.6}$	API度
原油	0.65~1.06	2~86
汽油	0.70~0.77	52~70
煤油	0.75~0.83	39~57
柴油	0.82~0.87	31~41
润滑油	>0.85	<35

3. 黏度

当流体内部各层之间因受外力而产生相对运动时，相邻两层流体交界面上存在内摩擦力。液体流动时，内摩擦力的量度称为黏度。黏度随温度的升高而降低。大多数润滑油是根据黏度来区分牌号的。

黏度的表示方式一般有五种，即动力黏度、运动黏度、恩氏黏度、雷氏黏度和赛氏黏度。

根据牛顿定律，有

$$F = \mu S \frac{dv}{dL} \tag{1-2}$$

式中，F——两液层之间的内摩擦力，N；

S——两液层之间的接触面积，m^2；

dL——两液层之间的距离，m；

dv——两液层之间相对运动速度，m/s；

μ——内摩擦系数，即该液体的动力黏度，Pa·s。

当 $S=1\ m^2$，$\frac{dv}{dL}=1\ s^{-1}$，$\mu=F$ 时，动力黏度(μ)的物理意义可以理解为在单位接触面积上相对运动速度梯度为1时，流体产生的内摩擦力。

运动黏度(ν)是动力黏度(μ)与相同温度、压力下该流体密度的比值$\left(\nu=\frac{\mu}{\rho}\right)$，单位为 m^2/s。

恩氏黏度、雷氏黏度、赛氏黏度都是用特定仪器在规定条件下测定的黏度值，所以也称为条件黏度。

4. 馏程

在标准条件下，蒸馏石油所得的沸点范围称为馏程。

馏程的意义在于可以用沸点范围区别不同的燃料，还可以表示燃料中轻重组分的相对含量。具体包括以下项目。

(1)初馏点和干点。

在加热蒸馏的过程中，第一滴冷凝液从冷凝器末端落下的一瞬间所记录的气相温度称为初馏点，表示燃料中最轻馏分的沸点；加热蒸馏的最后阶段所记录的最高气相温度称为终馏点，也称为干点，表示燃料中最重馏分的沸点。

(2)10%，50%，90%馏出温度。

馏出物的体积分别达到试样的10%，50%，90%时的温度。

(3)残留量。

停止蒸馏后，存于烧瓶内的残油的体积分数。

(4)损失量。

在蒸馏过程中，因漏气、冷凝不好和结焦等造成试油损失的量。以100 mL试油减去馏出液和残留物的总体积即得出损失量。

馏程是轻质油品重要的试验项目之一，可用它来判断石油产品中轻、重馏分组成的多少。从车用汽油的馏程可以看出，它在使用时启动、加速和燃烧的性能。若汽油的初馏点和10%馏出温度过高，则冷车不易启动；若这两个温度过低，又易产生气阻现象。汽油的50%馏出温度表示其平均蒸发性，该性能直接影响发动机的加速性。如果汽油的50%馏出温度低，那么其蒸发性和发动机的加速性就好，工作也较稳定。汽油的90%馏出温度和干点表示汽油中不易蒸发和不能完全燃烧的重质馏分的温度。若这两个温度低，则表明其中不易蒸发的重质馏分含量少，汽油能够完全燃烧；反之，表示其中重质馏分含量多，汽油不能完全蒸发和燃烧，如此就会增加油耗，又可能稀释润滑油，以致加速发动机机件磨损。

对于溶剂油来说，通过馏程可以看出其蒸发速度，对不同的工艺有不同的要求。溶剂油就是以其干点或98%馏出温度作为牌号的，如120号溶剂油表示它的98%馏出温度不高于120 ℃。

5. 浊点

在规定条件下，被冷却的油品开始出现蜡晶体而使液体浑浊时的温度称为浊点，单位为℃。

6. 倾点

在规定条件下，被冷却的油品尚能流动的最低温度称为倾点，单位为℃。

7. 凝点

在规定条件下，被冷却的油品停止移动时的最高温度称为凝点，单位为℃。

8. 闪点

在规定条件下，加热油品所逸出的油蒸气和空气组成的混合物与火焰接触发生瞬间闪火时的最低温度称为闪点，单位为℃。

9. 饱和蒸气压

在规定的条件下，油品在适当的试验装置中，气液两相达到平衡时，液面蒸气所显示的最大压力称为饱和蒸气压，单位为 Pa。

10. 水分(含水率)

油品中水的质量分数。

11. 实际胶质

在规定条件下测得的航空汽油、喷气燃料的蒸发残留物或车用汽油蒸发残留物中的正庚烷不溶部分称为实际胶质，以 mg/100 mL 计。实际胶质是指油中已经存在的一种胶质，具有黏附性，常被用来评定汽油或柴油在发动机中生成胶质的倾向。从实际胶质的大小可以判断油品能否使用和继续储存。一般而言，实际胶质较大的燃料应尽早使用，否则颜色变深、酸度增大，使用时在发动机的进油系统和燃烧系统会产生胶状沉积物，从而影响发动机的正常工作。

12. 辛烷值

辛烷值用于表示汽油抗爆性。抗爆性是指汽油在发动机内燃烧时不发生爆震的性能。爆震(俗称敲缸)是汽油发动机中一种不正常的燃烧现象。发生这种现象时，发动机会强烈震动，并发出金属敲击声，随即功率下降，排气管冒黑烟，且耗油量增加，严重的甚至会毁坏发动机零件。

燃料的辛烷值是在规定条件下的发动机试验中，通过和标准燃料进行比较来测定的。它等于与其抗爆性相同的标准燃料中异辛烷的体积分数。标准燃料由正庚烷和异辛烷按照不同比例掺和而成。人为地将正庚烷的辛烷值定为 0，异辛烷的辛烷值定为 100。例如，标准燃料由 85%的异辛烷和 15%的正庚烷组成，这个标准燃料的辛烷值就是 85。汽油的牌号就是以其辛烷值而定的，如 97 号汽油的辛烷值不小于 97。汽油的辛烷值越高，抗爆性越好。测定辛烷值的方法有马达法和研究法。

(1)马达法辛烷值。

马达法辛烷值是以较高的混合气温度(加热至 149 ℃)和较高的发动机转速(900 r/min)的条件为特征所测得的辛烷值，用以评定车用汽油在发动机节气阀全开、高速运转时的抗爆性。

(2)研究法辛烷值。

研究法辛烷值是以较低的混合气温度(一般不加热)和较低的发动机转速(600 r/min)的条件为特征所测得的辛烷值，用以评定车用汽油低速运转到中速运转时的抗爆性。

一般，研究法所测辛烷值高于马达法所测辛烷值，两者的近似关系可用式(1-3)表示：

$$马达法辛烷值=研究法辛烷值\times 0.8+10 \tag{1-3}$$

目前，我国车用汽油已全部采用研究法辛烷值确定产品牌号。

13. 十六烷值

十六烷值是表示柴油燃烧性能的项目，是柴油在发动机中着火性能的一个约定值。它也是在规定条件下的发动机试验中，通过和标准燃料进行比较来测定的，并且用和分析燃料具有相同着火滞后期的标准燃料中十六烷的体积分数表示。十六烷值越高，着火滞后的时间越短。十六烷值高的柴油的自燃点低，在柴油机的气缸中容易自燃，不易产生爆震。但十六烷值不宜过高，否则燃料不能完全燃烧，排气管就会冒黑烟，耗油量增加。通常将柴油的十六烷值控制在 40~60。

14. 诱导期

诱导期表示在规定的加速氧化条件下，油品处于稳定状态所经历的时间周期，单位为 min。它是评价汽油在长期储存中氧化及生胶趋向的一个项目。油品的诱导期越短，则稳定性越差，生成胶质也越快，安全保管期也就越短。

第三节　石油的特性

一、易燃性

燃烧是两物质起激烈的化学反应而发热和发光的现象。燃烧也是化学能转变为热能的过程。反应是否具有放热、发光、生成新的物质等三个特征，是区分燃烧与非燃烧现象的依据。燃烧在时间和空间上失去控制就会形成火灾。

火灾分为 A，B，C，D 四个类别：A 类火灾指固体物质火灾，如棉、麻、木材等；B 类火灾指液体物质和可熔化的固体火灾，如石油、甲醇、石蜡等；C 类火灾指气体火灾，如天然气、煤气、丙烷等；D 类火灾指金属类火灾，如钾、钠、镁等。燃烧应同时具备三个条件，即可燃物、助燃物、着火源。

不论固体、液体、气体，凡是可以与空气中氧或其他氧化剂剧烈反应的物质，都属于可燃物，如木材、纸张、棉花、汽油、乙醇等。没有可燃物就没有燃烧。助燃物即支持燃烧的物质，一般指氧或氧化剂，主要指空气中的氧，这种氧称为空气氧，在空气中约占21%。可燃物没有氧助燃便无法燃烧。足够把可燃物的一部分或全部加热到发生燃烧所需的温度和热量的热源，叫作着火源，如明火、摩擦、撞击、自然发热、化学能、电燃等。

石油是一种多组分的混合物，燃烧时首先逐一蒸发成各种气体组分，然后燃烧。石油馏分(沸点)低的组分最先燃烧(如汽油)，随着燃烧时间的增长，在剩下的液体中，高沸点组分的含量相对增加，液体的密度、黏度相应增高，从而燃烧深度加深。

在一定温度下，易燃或可燃液体产生的蒸气与空气混合后，达到一定浓度时，火源产生一闪即灭的现象叫作闪燃。发生闪燃的最低温度叫作闪点。按照火灾危险性分类：闪点在28 ℃以下的石油(如汽油、原油)为甲类；闪点在28~60 ℃的石油(如灯用煤油)为乙类；闪点在60~120 ℃的石油(如柴油)为丙A类；闪点在120 ℃以上的石油(如润滑油)为丙B类。很显然，闪点越低，燃烧起火的可能性越大。

扑灭火灾，按照经典的燃烧理论，即破坏燃烧的三个条件(可燃物、助燃物、着火源)之一，燃烧即中止。扑灭液体石油类火灾的基本方法有以下三种。

1. 窒息法

因为油料不能在缺氧的情况下燃烧，所以设法使燃烧液面与空气隔绝，就能够达到灭火的目的。窒息法主要有：① 用不燃烧或难燃烧物压盖着火面；② 用水蒸气或其他不燃气体喷射在燃烧液表面，稀释空气中的含氧量，当空气中氧体积分数降到16%以下时，火焰便会因缺氧而熄灭；③ 密闭着火油料的容器孔口，使容器内的氧在燃烧过程消耗后无法得到补充。

2. 冷却法

采用水或其他冷却剂将燃烧物降温到其燃点以下。对于石油火灾，采用冷却法主要是控制燃烧的速度和范围。向着火罐和邻近油罐的罐壁喷水降温，以降低高热传导和高热辐射温度，达到控制燃烧速度和范围的效果。

3. 隔离法

隔离法是把着火物与可燃物隔离，限制和控制火灾蔓延。其主要有：① 迅速移去火场附近的油料及其他可燃物；② 把着火物移离储油场所；③ 上述两项做不到时，在窒息灭火的同时，使用水雾冷却隔离；④ 封闭火场附近的一切储油容器和储油管道；⑤ 拆离与火场连接的可燃建筑物。

窒息、冷却和隔离这三种灭火方法和它们的灭火效能都是相互联系、相互促进和相互补益的。油库、加油站的灭火物质和灭火器材，一般都具备或兼备了这三项灭火功能中的二项或三项，以供扑救石油火灾时可以充分利用，从而得到综合效益。

油库、加油站的灭火剂及灭火器材通常为水、泡沫灭火剂、干粉灭火机、二氧化碳灭火机、1211灭火机、石棉毯、干沙等。

二、易爆炸

凡是发生在瞬间的燃烧，同时生成大量的热和气体，并以很大的压力向四周扩散的现象，称为爆炸。常见的爆炸为物理性爆炸和化学性爆炸，这两类爆炸在石油火灾中较为常见。

当石油蒸气与空气混合，并达到一定混合比范围时，遇火即发生爆炸。上述混合比范围，称为爆炸极限。爆炸最低的混合比，称为爆炸下限(或低限)；爆炸最高的混合比，称为爆炸上限(或高限)。比如，某汽油蒸气的爆炸低限为1.7%、爆炸上限为7.2%，即当该汽油蒸气在空气中的含量达到上述范围时，遇火将引起爆炸；低于爆炸下限时，遇火不会爆炸，也不会燃烧；高于爆炸上限时，遇火则会燃烧。但在石油火灾过程中，随着石油蒸气浓度的变化，爆炸和燃烧也是交替出现的。因为石油蒸气浓度是在一定的温度下形成的，所以某些油品除了按照石油蒸气浓度测定爆炸极限外，还按照温度测定爆炸极限，也同样区分为下限和上限。几种油品的闪点、自燃点、浓度爆炸极限、温度爆炸极限如表1-3所列。

表1-3　几种油品的闪点、自燃点、浓度爆炸极限、温度爆炸极限

油品名称	闪点/℃	自燃点/℃	浓度爆炸极限		温度爆炸极限/℃	
			下限	上限	下限	上限
车用汽油	-50~-30	415~530	1.58%~1.70%	6.48%~7.00%	-38.0	-8.0
灯用煤油	40	380~425	0.60%~1.40%	7.50%~8.00%	40.0	86.0
柴油	40~65	350~380	0.60%	6.60%	40.0	

由于油品的组分不同，即使同品种、同牌号油品的油蒸气混合物的爆炸极限也会存在一定差异。因此，表1-3中数据只供参考。爆炸极限也不是孤立和固定不变的，它受诸如初始温度、压力、惰性气体与杂质的含量、火源的性质、容器大小等一系列因素的影响。从表1-3中可以看出，车用汽油的轻质组分最多，挥发速度也快，在一般环境温度下的油蒸气浓度都能达到爆炸极限。因此，各类油品的爆炸危险程度仍以车用汽油为高，其他油品次之。

防止石油爆炸，首先要采取与防火相同的措施，其次要针对石油的性质、爆炸极限、盛装石油容器的防爆能力等，采取相应的措施，如适当通风、确定安全容量等，科学运用相应措施，防止事故发生。

三、易蒸发

液体表面的汽化现象叫作蒸发。由于构成物质的分子总是不停地做无规则运动，处在液体表面运动的分子就会克服分子间的吸引力，逸出液面，变为气体状态。这种蒸发现象尤其在轻质油品中更为显著。1 kg汽油大约可蒸发0.4 m^3 的汽油蒸气，蒸发速度快，可以完全蒸发掉。煤油和柴油在常温常压下蒸发速度则慢一些，润滑油蒸发速度更慢。蒸发分为静止蒸发和流动蒸发。石油产品蒸发速度与下列因素有关。

1. 温度

温度越高，蒸发速度越快；温度越低，蒸发速度越慢。

2. 液体表面空气流动速度

液体表面空气流动速度快，蒸发快；液体表面空气流动速度慢，蒸发慢。

3. 蒸发面积

蒸发面积越大，蒸发速度越快；蒸发面积越小，蒸发速度越慢。

4. 液体表面承受的压力

液体表面承受的压力大，蒸发速度慢；液体表面承受的压力小，蒸发速度快。

5. 密度

密度大，蒸发速度慢；密度小，蒸发速度快。

由于石油蒸发出来的气体相对密度较大，一般为1.59~4.00，它们常常飘散在操作室内空气不流通的低部位或积聚在作业场所的低洼处，一有火花即酿成爆炸或燃烧火灾事故，甚至造成惨重损失。蒸发还会污染环境，致人中毒。蒸发造成量的损失，称为蒸发损耗。损耗率的大小是衡量企业经营管理水平的一项主要指标。应采取一切有效的技术措施，如降低温度、减少温差，在安全的前提下减少容器气体空间饱和储存，减少不必要的倒装和与空气的接触等，以减少蒸发损失。

四、易产生静电

静电是两种物质相互接触与分离而产生的电荷。

石油是导电率极低的绝缘非极性物质。当它沿管道流动与管壁摩擦和在运输过程中与车、船上的罐、舱壁冲撞，以及有油流的喷射、冲击时，都会产生静电。当静电电位高于4 V时，发生的静电火花达到了汽油蒸气点燃能量（油气最小点燃能量为0.25 mJ），就足以使汽油蒸气着火、爆炸。静电积聚程度同下列因素有关。

1. 周围的空气湿度

空气中的水蒸气是电的良导体。空气中的水蒸气含量大，湿度大，输转石油时，静电积聚程度小；反之，空气干燥，湿度小，静电积聚程度大。当空气相对湿度为47%~48%时，接地设备电位达1100 V；当空气湿度为56%时，接地设备电位为300 V；当空气湿度接近72%时，带电现象实际终止。

2. 油料流动速度

油料在管内流动速度越快，产生的电荷越多，电位越高；油料在管内流动速度越慢，产生电荷越少，电位越低。因此，油料在管内流动速度，按照相关规定不得超过4.5 m/s。

3. 油料在容器或导管中承受的压力

油料在容器或导管中承受的压力越大，摩擦冲击越大，产生静电电荷越多，积聚静电电位越高；反之，则积聚静电电位越低。

4. 导电率

导电率高，静电电荷积聚则少；反之，静电电荷积聚则多。例如，帆布、橡胶、石棉水泥、塑料等输油管较金属输油管积聚的静电电位要高得多。为了防止静电电荷积聚产生较高的静电电位，油库的储、输油设备（如储油罐、输油管道、油泵等）都要按照有关规定设置良好的静电导除装置；油罐汽车、火车油罐在装卸过程中，也要有相应的静电导除装置，严格控制流速，防止油料喷溅、冲击，尽量减少静电产生。并要对一切静电导除装置定期进行检查和测定，保持良好的导除性能。工作人员不穿容易产生静电的衣服，不使用易产生静电的工具，不向易产生静电的容器（如塑料桶）中注入油品等，以防止静电带来的危害。

五、易受热膨胀

膨胀是一种物理现象。存放在密闭容器中的油品，由于温度升高，体积随之增大，其蒸气压也随之增大。当其膨胀的程度超过容器承受的压力时，就会使容器发生爆裂、爆破，甚至爆炸。油品受热膨胀的程度与油品品种和受热温度有关。黏度小的油品（如汽油）膨胀快，黏度大的油品（如润滑油）膨胀慢。温度越高，油品体积膨胀越大。温度降低，容器内油品体积缩小并造成负压，当容器承受不了油品缩小的负压时，就会被大气压瘪、变形，甚至损坏报废导致燃烧事故。因此，合理掌握容器储存安全容量和容器内气压是防止容器爆炸和瘪缩的关键措施。容器内气压主要通过呼吸阀调节，达到保障容器安全、降低油品损耗的目的。

所谓油罐安全容量，是指储存在油罐内的油品能满足在最高温度状况下不溢出罐外的合理容量。

1. 立式金属油罐安全容量

立式金属油罐安全容量的计算方法如下。

（1）基本数据。

① 油罐罐壁总高（H_1）。

② 消防泡沫需要厚度（H_2）。按照相关规定，油罐内储存的汽油、煤油、柴油所需的化学泡沫厚度分别为45，30，18 cm，如果使用空气泡沫，那么它们的厚度均为30 cm。值得说明的是，消防泡沫口下沿距罐壁上沿的距离如果小于泡沫厚度，应从罐壁总高度中减去泡沫厚度；如果该距离大于泡沫厚度，应从罐壁总高度中减去消防泡沫口下沿距

罐壁上沿的距离，否则，一部分油品在最高计量温度时会通过消防泡沫口流出。

③ 油罐容积表。

④ 待收油品在常温下密度(ρ_{t_2})：

$$\rho_{t_2}=VCF(\rho_{20}-0.0011) \tag{1-4}$$

⑤ 油品在储存期预测的最高温度下的密度(ρ_{t_1})。

$$\rho_{t_1}=VCF(\rho_{20}-0.0011) \tag{1-5}$$

式(1-4)和式(1-5)中，VCF——体积修正系数；

ρ_{20}——在标准温度 20 ℃下的密度；

0.0011——空气浮力修正值。

(2)计算方法。

① 先求出实际储油高度(H)：

$$H=H_1-H_2 \tag{1-6}$$

② 按照求得的 H，查储存该油的油罐容积表，求出在 H 高度下的容量(V_{H})。

③ 求该油罐安全容量(V_{a_1})：

$$V_{\mathrm{a}_1}=V_{\mathrm{H}}\frac{\rho_{t_1}}{\rho_{t_2}} \tag{1-7}$$

④ 按照求出的 V_{a_1}，查油罐容积表，得到安全高度 H_{a}。

⑤ 求实际安全容积(V_{a})：

$$V_{\mathrm{a}}=V_{\mathrm{a}_1}-V_{余} \tag{1-8}$$

【例 1-1】 2 号立式金属油罐罐壁总高度为 11404 mm，储存汽油，使用化学泡沫灭火剂灭火。待收油的计量温度为 10 ℃，经计算的密度为 0.7274 g/cm^3；储存期的最高计量温度为 35 ℃，经计算后密度为 0.7061 g/cm^3。该油罐消防泡沫口下沿(A 点)离罐壁最高点距离为 280 mm，求该油罐的安全容量和安全高度。

解：① 求实际储油高度：

$$H=11404-450=10954\ \mathrm{mm}$$

② 查实际油高时的容量得 1977602 L。

③ 计算储油安全容量：

$$V_{\mathrm{a}_1}=1977602\times\frac{0.7061}{0.7274}=1919693\ \mathrm{L}$$

④ 求安全高度。根据安全容量，反查容积表，得

$$H_{\mathrm{a}}=10631\ \mathrm{mm}$$

⑤ 因为余下的 132 L 汽油不足 1 mm，所以只能舍掉，否则会溢出油罐；另外，油罐的静压力增大值表中的容量可以不考虑，因为这是因罐壁发生弹性变形而产生的量，随液高的升降而增减。求实际安全容量：

$$V_a = 1919693 - 132 = 1919561\ \text{L}$$

答：2 号立式金属油罐储油期间的安全容量为 1919561 L，安全高度为 10631 mm。

2. 卧式金属油罐安全容量

卧式金属油罐安全容量的计算方法见式(1-7)。

【例 1-2】　3 号卧式金属油罐储存柴油，计量温度为 15 ℃，经计算的密度为 0.8436 g/cm³；最高计量温度 35 ℃时，经计算的密度为 0.8294 g/cm³。求该油罐的安全容量和安全高度。

解：

$$V_a = 51130.65 \times \frac{0.8294}{0.8436} = 50269.99 = 50270\ \text{L}$$

$$H_a = 2669\ \text{mm}$$

答：3 号卧式金属油罐储油期间的安全容量为 50270 L，安全高度为 2669 mm。

六、具有一定的毒害性

石油的毒害性，因由碳和氢两种元素组成烃的类型不同而不同，如不饱和烃、芳香烃比烷烃的毒害性大。易蒸发的石油较不易蒸发的石油毒害性大。轻质油品特别是汽油中含有不少芳香烃和不饱和烃，而且蒸发性很强，因而它的毒害性较大。石油对人的毒害是通过人体的呼吸道、消化道和皮肤三个途径进入人体，造成人身中毒的。中毒程度与油蒸气浓度、作用时间长短有关。油品浓度小、时间短，则中毒程度轻；反之，则中毒程度重。由于铅能通过皮肤、食管、呼吸道进入人体，所以含有四乙基铅的车用汽油，除上述毒害性外，还会引发铅中毒。

石油虽然具有一定的毒害性，但只要积极预防，是完全可以避免的。防止石油中毒的主要措施如下。

1. 尽量降低轻质油品作业地点的油蒸气浓度

轻质油品泵房、灌油间、发油间、桶装油库房的窗户要敞开，使房间内空气对流，保持良好通风，并酌情装配通风装置；油泵、阀门、管线、法兰密封良好，不渗不漏；仓库内堆存的桶装油要拧紧桶盖，发现漏桶，及时倒换，减少油蒸气外溢；清洗储油和运油容器时，操作人员要严格遵守安全操作规程，进入油罐内作业时，必须先打开人孔进行通风，戴有通风装置的防毒面具，着防毒服装，系上安全带和信号绳，在罐外有专人守候并随时呼应的情况下作业；清扫装轻质油品的火车油罐时，操作人员严禁进入罐内作业，应采取其他办法清底，最大限度减少吸入油蒸气。

2. 避免与油品直接接触

从事石油收发、保管、使用的工作人员，要穿戴配发的劳动保护用品（如工作服、帽、口罩、手套等)；下班后，不要把穿戴的劳动保护用品带入食堂、宿舍；不要用汽油洗手、洗工具和衣服；当手上和衣服上溅有含铅汽油时，应及时用温水和肥皂清洗；当含铅汽油溅入眼内时，要立即用淡盐水和蒸馏水冲洗眼睛；不要用口吸吮汽油；要养成良好的卫生习惯，坚持饭前漱口，并用肥皂水洗脸、洗手。

3. 加强劳动保护

要对油库职工特别是长期直接从事石油收发、保管、使用的工作人员，进行定期的健康检查，一旦发现病症，及时进行治疗。同时，各级石油经营单位要把改善劳动条件和对职工进行有效的劳动保护重视起来。

第四节　石油产品分类、质量要求及管理

一、石油产品分类

根据《石油产品及润滑剂分类方法和类别的确定》(GB/T 498—2014)，石油产品和有关产品的总分类见表 1-4。

表 1-4　石油产品和有关产品的总分类

类别	类别的含义	类别	各类别的含义
F	燃料(汽、煤、柴油)	W	蜡
S	溶剂和化工原料	B	沥青
L	润滑剂、工业润滑油和有关产品		

根据《润滑剂、工业用油和有关产品(L 类)的分类　第 1 部分：总分组》(GB/T 7631.1—2008)，润滑剂、工业用油和有关产品(L 类)的分类见表 1-5。该标准根据润滑剂的应用领域把产品分为 18 个组。

表 1-5　润滑剂、工业用油和有关产品(L 类)的分类

序号	组别	应用场合	序号	组别	应用场合
1	A	全损耗系统	10	N	电器绝缘
2	B	脱膜	11	P	气动工具
3	C	齿轮	12	Q	热传导液
4	D	压缩机(包括冷冻机和真空泵)	13	R	暂时保护防腐蚀
5	E	内燃机油	14	T	汽轮机
6	F	主轴、轴承和离合器	15	U	热处理
7	G	导轨	16	X	用润滑脂的场合
8	H	液压系统	17	Y	其他应用场合
9	M	金属加工	18	Z	蒸汽气缸

二、几种常用石油产品的质量要求及管理

1. 汽油

汽油是汽油汽车和汽油机的燃料，并按照辛烷值划分牌号。对汽油的质量要求如下。

(1)良好的蒸发性。

以保证发动机在冬季易于启动，在夏季不易产生气阻，并能较完全燃烧。

(2)足够的抗爆性。

以保证发动机运转正常，不发生爆震，充分发挥功率。

(3)有一定的化学稳定性。

要求诱导期要长，实际胶质要小，以保证长期储存时不会明显地生成胶质和酸性物质，以及发生辛烷值降低和颜色变深等质量变化。

(4)有较好的抗腐性。

要求腐蚀试验不超过规定值，保证汽油在储存和使用中不腐蚀储油容器和汽油机件。

2. 煤油

煤油主要用于照明及各种喷灯、气灯、气化炉和煤油炉等的燃料，也可以用作机械零件的洗涤剂、橡胶和制药工业的溶剂等。对煤油的质量要求如下。

(1)燃烧性良好。

在点燃油灯时，有稳定的火焰和足够的照度，不冒或少冒黑烟。

(2)吸油性良好。

重组分要少，以利于灯芯吸油，不易结焦。

(3)含硫量少。

燃烧时，无臭味，且释放的气体于人畜无害。

(4)闪点不低于 40 ℃。

以保证使用时的安全，否则常温下易着火，危险性大。

3. 柴油

柴油分为轻柴油和重柴油两种。轻柴油可用作柴油机汽车、拖拉机和各种高速(1000 r/min 以上)柴油机的燃料；重柴油可用作中速(300～1000 r/min)和低速(300 r/min 以下)柴油机的燃料。

(1)轻柴油的质量要求。

① 燃烧性好。即十六烷值适宜、自燃点低、燃烧充分，发动机工作稳定，不产生爆震现象。

② 蒸发性好。蒸发速度要合适，馏分应轻些，否则会使发动机油耗增大、磨损加剧、功率下降。

③ 有合适的黏度。以保证高压油泵的润滑和雾化的质量。

④ 含硫量小。以保证不腐蚀发动机(我国轻柴油的特点之一就是含硫量很小)。

⑤ 稳定性好。在储存时生成胶质、燃烧后生成积炭的倾向都比较小。

(2)重柴油的质量要求。

① 适宜的黏度。以保证油泵压力正常，喷油雾化良好，燃烧完全，对高压油泵和油嘴的磨损较小。

② 含硫量小。以保证不腐蚀发动机。

4. 溶剂油

溶剂油通常有120号溶剂油、190号溶剂油和200号溶剂油。它们分别被用作橡胶工业溶解胶料配制胶浆、油漆工业制油漆的稀释剂、清洗机件，以及农药和医药工业溶剂。不同的用途可使用不同的溶剂油。当然对溶剂油的质量也有特殊要求，一般对关系到蒸发速度快慢和对人体毒性较大的芳香烃及碘值的最大含量均有一定要求。

5. 润滑油

润滑油的品种繁多。这类油主要是从经过提取汽油、煤油、柴油后剩下的馏分中再提炼、精制的产品。并不是所有的润滑油都用于润滑。根据其性能、用途的不同对其质量要求也不相同，但共同的质量要求如下。

(1)适宜的黏度和良好的黏温性能。

(2)良好的抗氧化稳定性和热稳定性。

(3)适宜的闪点和凝点。

(4)较好的防锈和防腐蚀性。

6. 油品质量管理

油品在储运和保管中，经常发生质量的变化。因此，在油品保管过程中，应采取相应措施，延缓其变化速度，以确保出库油品质量合格。具体措施如下。

(1)减少轻组分蒸发和延缓氧化变质。

某些油品，尤其是汽油和溶剂油等，蒸发性较强。蒸发会使大量的轻组分受到损失，油品质量也随之下降。此外，长时间与空气接触产生的氧化现象可导致油品质量变坏，如使汽油、柴油胶质增多，润滑油酸值增大，等等，因而油品要尽可能密封储存，以减少与空气的接触(如利用内浮顶油罐储存汽油)，并尽可能使油品减少与铜等易引起油品氧化变质的金属接触，如在罐内涂刷防锈层。这样既防止了金属的氧化，又防止了金属对油品氧化所产生的催化作用，从而达到延缓变质的目的。

(2)防止混入水和杂质造成油品变质。

在所有储存变质的油品中，绝大部分变质是由水和杂质混入造成的。混入油品中的杂质除会堵塞滤清器和油路造成供油中断外，还会增加机件磨损；混入油品中的水分不仅会腐蚀机件，还会使加入油品中的添加剂发生分解或沉淀，使其失效；有水分存在时，油品氧化速度加快，其胶质生成量也加大。此外，在各种电器专用油品中，若混有水和杂质，则会使绝缘性能急剧变坏。所以在保管油品中应注意以下四点。

① 保证储油容器清洁干净。

② 严格按照“先进先出”原则收、发油品，加强听、桶装油品的管理。

③ 定期检查储油罐底部油品的质量，以决定是否清洗油罐。

④ 定期进行质量分析，确保油品质量。

(3)防止混油和容器污染变质。

根据油品用途的不同，对其质量的要求也不同。因此，不同性质的油品不能相混，否则会使油品质量下降，严重时甚至使油品变质。尤其是各种中、高档润滑油，含有多种特殊作用的添加剂，当不同体系添加剂的油品相混时，会影响其使用性能，甚至会使添加剂沉淀变质。比如，润滑油中混入轻质油品，会降低闪点和黏度；食品机械油脂，混入其他润滑油脂则会污染食品。因此，为防止各种油品相混或储油容器受到污染，必须采取下列措施。

① 散装油品在收发、输转、灌装等作业时，应根据油品的不同性质，将各管线、油泵分组专用，并加强检查，对关键阀门加锁，在可能泄漏的支管上加铁板隔断，以杜绝混油事故的发生；对特种油品和高档润滑油要专管、专泵、专用。

② 油罐、油罐汽车、铁路罐车和油船等容器改装其他品种的油品时，应进行清洗、干燥；如灌装与容器中原残存品种相同的油品时，则可视具体情况，确认容器合乎要求后，方可重复灌装，以保证油品质量；尤其是装载高档润滑油时，容器内必须无杂质、水分、油垢和纤维，并无明显铁锈，在目视或用抹布擦拭检查后不见锈皮、锈渣及黑色油污时，方可装入，否则会影响油品质量。

第五节　石油产品的安全管理

一、安全防护

石油化工行业是我国国民经济的支柱产业之一，如今人们的衣食住行都离不开石化产品。安全生产是石化企业的生命，是发展石化企业的需要，是社会稳定的需要，是石化企业获得最大经济利益的保障。

1. 安全管理的基本原则

“四全原则”即实行“全员，全过程，全方位，全天候”管理。

全员：企业的所有职工，无一例外。

全过程：在形成生产力的全过程要抓安全，在形成商品的全过程要抓安全。

全方位：涉及安全活动的各个专业、各个方面必须按照分工抓好自己的安全工作。

全天候：石化生产和经营具有连续性，只要有生产活动和经营活动，就要求永远延续下去。因此，安全只有起点没有终点，要把安全纳入到一切生产和经营中去。

2. 计量员应具备的安全防护基本知识

安全教育要常抓不懈。计量员在计量操作中也应对安全防护的基本知识有所了解。具体有以下三个方面。

(1)自身安全防护。

① 认真遵守进入危险工作区的各项安全规则。

② 进入工作区要穿防静电工作服，不穿能引起火花的鞋，在干燥地带不推荐穿胶鞋。

③ 所用工具仪器应装在包内，以便空手攀扶梯子。

(2)设备安全防护。

① 在工作区域内所使用的照明灯和手电应符合防爆要求。

② 通路梯、油罐梯、平台和栏杆在结构上要处于安全状态，应有良好的照明。

③ 在工作区域所使用的计量器具应符合防爆要求。

(3)操作安全防护。

① 当用金属量油尺进行测量时，在降落和提升操作期间，应始终保持与检尺口的金属相接触。

② 为了使人体的静电接地，在进行检尺前，人体应接触金属结构上的某个部件。

③ 在室外作业时，计量员一定要处于上风口位置，以减少油蒸气的吸入；在室内作业时，要求作业场所保持良好的通风状态，使油气尽量散开。

④ 当对盛装可燃性液态烃的容器进行检尺时，如果液态烃的储存温度高于其闪点温度，为避免发生静电危险，应再次检查容器的静电接地状况。检尺时需在正确安装计量管进行测量。

⑤ 在雷电、冰雹、暴风雨期间，不应进行室外检尺、采样、测温等操作。

⑥ 计量员在锥形或拱形罐顶走动时，应小心随时会遇到的特别危险，如霜、雪、大风、滴落的油、腐蚀的钢板等。

⑦ 工作场所如有非挥发性油品散落在容器顶部，应立即擦拭干净。工作中，擦拭过计量器具的已浸了油的物质或废棉纱不应乱放，应集中放入容器中。

⑧ 取样时，注意避免吸入石油蒸气，应戴上不溶于烃类的防护手套，在有飞溅危险的地方应戴上眼罩或面罩。

⑨ 因特殊需要，计量员需到浮顶油罐罐顶进行计量时，应有另一名计量员在罐顶平台上进行监护。在下列情况中，计量员应佩戴安全带或呼吸器：当浮顶停止在支架上或局部浸没时；当浮顶不圆或浮顶密封全损坏时；当油罐内油品含有挥发性硫醇时；当油品蒸发达到危险浓度时。

二、油气储运常见事故类型

石油天然气储存过程中发生火灾爆炸的主要原因是管道或设备缺陷、腐蚀，违章作业，等等。其主要体现在设备设施存在设计、材料、施工质量等缺陷，维护保养不到位，造成介质泄漏；设备设施腐蚀，承压能力严重降低，造成介质泄漏；人员操作、监护失误，外部火源、静电释放引起火灾爆炸，紧急放空系统失效造成超温超压引发物理爆炸、介质泄漏；检维修作业过程中，人员违章。

我国油气管道安全事故的主要原因如下：国内早期以原油管道为主，部分管道运行年限高达 40 年，存在腐蚀、材料及施工质量、打孔盗油、违章占压等管道事故众多的现象；新建管道多为跨区域、大口径、长输天然气管道，由于我国生产建设活动频繁，第三方施工不当情况时有发生；复杂地质区域的管道越来越多，地质灾害造成的事故有增加趋势；城市规模不断扩张，城市规划与管道规划未衔接好，新建建筑物离管道越来越近，成为高后果区，风险不断增大。

此外，在接触石油天然气的过程中，由于人们对其认识不足、措施不当，也可能引发中毒事故，轻者脑中枢神经受到损伤，重者可导致死亡。

1. 典型事故案例

(1)静电引起油罐爆炸事故。

某省某油库煤油罐进油时发生起火爆炸事故，造成一死一伤和较大经济损失。

① 油库概况。该油库的油罐区由露天罐区和山洞罐区两部分组成。其中，露天罐区有 8 座立式钢油罐，分别设置在 2 个防火堤内。这 8 座立式钢油罐，原来都是土油罐和卧式油罐，后改为无力矩油罐，1974 年又改为拱顶油罐，1982 年将 1#、8#油罐改为内浮顶油罐，总容量为 6500 m^3。1982 年以后，将 3#油罐底板和下圈板更新。1#~4#油罐在一个防火堤内，1#油罐为 500 m^3 内浮顶油罐，储存汽油 17.655 t；2#油罐为 500 m^3 立式拱顶油罐，储存 10 号车用机油 248.056 t；3#油罐为 1000 m^3 立式拱顶油罐，储存灯用煤油；4#油罐为 500 m^3 立式拱顶油罐，储存 15 号车用机油 149.986 t。

该油库设 1 座 3000 t 级的装卸油码头，油泵房设 6 台离心泵，没有铁路来油，全为水路来油。设灌桶间 2 间，专发桶装汽油、柴油、煤油和机油，汽车油罐车在另一处发放。另外，还设有 2 栋 500 m^3 桶装油库房，储存润滑油和润滑脂，并设有辅助生产区和行政管理区。

② 爆炸起火经过。某年10月27日，该油库接到预报，28日18时来一艘1000 t油轮，全是煤油。油库主任安排先将煤油卸入3#油罐，余下的煤油装入5#油罐。28日0时30分，装载煤油的大庆765油轮到港。油库主任和司泵员对3#、5#油罐做了最后检查，之后打开3#油罐进油管阀门。油轮于1时开泵卸油。油轮作业时，实测泵出口压力为0.45 MPa，油流速为3.15~3.78 m/s。开泵卸油时，两名操作工一起进入油罐区检查煤油管线和附件的作业情况。1时04分，油库主任和司泵员在5#油罐处听到3#油罐内有噼噼啪啪的响声，即通知码头停泵，同时油库主任向3#油罐走去。当司泵员走出消防堤，油库主任走进3#油罐时，3#油罐突然爆炸。1000 t煤油全部流出，整个防火堤内一片火海。煤油顺水沟流出防火堤(排水沟在防火堤处有一石板闸，当时未插好)，火焰也窜出防火堤。油火从防火堤的排水沟流出，进入油库排水网，引燃了泵房、高架罐、油桶、沥青灌桶间、桶装库等场所。3#油罐爆炸10分钟后，2#油罐又发生爆炸，火势增大，火场面积达7000 m^2。

③ 损失情况。3#油罐全部变形；2#油罐的壁板与底板焊缝处撕开，DN100进出油管拉断；1#油罐内浮盘密封圈被烧毁；4#油罐变形严重，不能使用。火灾造成1人死亡，1人重伤；烧毁1座拱顶储罐，2座内浮顶储罐和4座卧式高架罐。烧毁部分设备、管道及其配件的直接经济损失达68.36万元。

④ 事故原因。煤油系高绝缘液体介质，具有良好的起电性能。当管径为150 mm时，煤油的安全流速仅为2.1 m/s。该油库发生事故前，管线内油品流速为3.1~3.8 m/s，远远超过了安全流速，因此产生了大量静电。另外，由于输油管线中有一段较长距离的管线内充满水，3#油罐罐底也有一定高度的水垫层，也给静电产生提供了有利条件。实践表明，当油品中混入的水分在1%~5%时，其产生的静电量最多，静电危险性也越大。

当油品中静电场聚集到一定程度时，就可能发生放电。在油品内部放电一般不会有着火危险，但是遇到氧气则可能发生事故。经现场勘察，油罐内部带有突出的接地导体，不仅增大了罐内静电场的变化，而且形成了一种电极，常常导致放电发生。此外，由于油品流速过大，在油流冲击下，漂浮到油面上的沉积物或其他漂浮物会收集油中的电荷并带至油面，增加电荷密度，而沉积物、漂浮物成为电荷收集体后，以一定电位的静电向罐壁放电，或者罐内形成高空间场强放电，进而导致事故发生。

⑤ 经验教训。防火堤设计、施工、运行管理必须严格落实规范要求；油罐要采用弱顶结构并采用分组布置；油罐进油管宜设计成水平分流式；油罐和油管的防静电接地必须按照有关规范、规定进行设计制作；严格执行油库各项操作规程，尽量不设水垫层。

(2)施工作业引起管道泄漏爆炸事故。

位于某市一管道公司的输油管道泄漏，致使原油进入市政排水暗渠，在形成密闭空间的暗渠内，油气积聚遇火花发生爆炸，造成严重的人员伤亡和经济损失。

① 事故经过。为处理泄漏的管道，施工单位决定打开暗渠盖板，现场动用挖掘机，采用液压破碎锤进行打孔破碎作业，作业期间发生爆炸。

爆炸造成多条道路不同程度损毁，波及5000余米。爆炸产生的冲击波及飞溅物造成现场抢修人员、过往行人、周边单位和社区人员，以及附近厂区内排水暗渠上方临时工棚和附近作业人员等多人伤亡。爆炸还造成周边多处建筑物不同程度的损坏，多台车辆及设备损毁，供水、供电、供暖、供气多条管线受损。泄漏原油通过排水暗渠进入附近海域，造成污染。

② 事故原因。输油管道与排水暗渠交会处管道腐蚀减薄、破裂，导致原油泄漏并流入排水暗渠及反冲到路面。原油泄漏后，现场处置人员采用液压破碎锤在暗渠盖板上打孔破碎，产生撞击火花，引发暗渠内油气爆炸。

由于与排水暗渠交叉段的输油管道所处区域的土壤盐碱和地下水氯化物含量高，同时排水暗渠内随着潮汐变化海水倒灌，输油管道长期处于干湿交替的海水及盐雾腐蚀环境，加之管道受到道路承重和震动等因素影响，使得管道加速腐蚀、减薄、破裂，造成原油泄漏。泄漏原油小部分反冲出路面，大部分从穿越处直接进入排水暗渠。泄漏原油挥发的油气与排水暗渠空间内的空气形成易燃易爆的混合气体，并在相对密闭的排水暗渠内积聚。由于从原油泄漏到发生爆炸超过8小时，受海水倒灌影响，泄漏原油及其混合气体在排水暗渠内蔓延、扩散、积聚，最终造成大范围连续爆炸。

③ 经验教训。切实落实企业主体责任，深入开展安全隐患排查治理；严把施工队伍资质关，提高作业人员安全意识；加大政府监管力度，保障管道安全运行；科学合理规划布局，提升城市安全保障能力；完善管道应急管理，提高应急处置能力。

(3)外部火源引发爆炸事故。

某加油站在向地下卧式油罐装卸汽油时，因装卸人员使用普通手电筒照明，造成油罐爆炸，并引发相邻3个汽油罐爆炸燃烧，事故造成1人死亡。

① 事故原因。一方面，装卸人员违章使用非防爆手电筒，是这次事故的直接原因。手电筒在开关瞬间产生电火花，引爆油蒸气，造成油罐爆炸燃烧。另一方面，加油站采用喷溅式卸油方式也是造成这次事故的另一重要原因。油罐未安装符合要求的固定卸油管线，而是将汽车卸油胶管直接插入油罐量油孔，产生大量静电，形成大量油蒸气。此外，油罐和卸油场地未安装静电接地装置，致使大量静电荷不能释放，也是造成本次事故的另一诱因。

② 经验教训。加油站卸油设施设计不规范，存在严重的安全隐患；加油站安全管理不到位，员工安全意识淡薄。

2. 油气储运面临的安全形势

(1)石油天然气需求不断攀升，安全生产压力增大。

石油天然气工业是国民经济的重要支柱，关系到国计民生，涉及国家安全，与人们的生活息息相关。在举国上下的支持下，我国油气产业迅速崛起。1949 年新中国成立时，全国原油产量仅有 12 万 t。2019 年，我国原油产量达到 1.9 亿 t，天然气产量达到 1736 亿 m^3。我国能源消费也持续增长。2018 年，中国原油净进口量达到 4.6 亿 t，对外依存度攀升至 71%；天然气净进口量达到 1200 亿 m^3，对外依存度达到 43%。促进国家经济发展和保障国家能源安全都要求加大石油天然气开发力度，因此，安全生产压力倍增。

（2）战略石油储备系统逐渐建立和完善，油库容量不断增加。

石油天然气已成为关系我国国民经济发展的重要战略物资。为了应对国际石油价格波动给我国经济带来的影响，有关部门正在逐步完善国家石油储备工作，并积极探索国储、企储、义储相结合的储备模式，使总储量得到有效提升，并且新建储罐也向着大型化方向发展。目前，我国在建和拟建的油库，尤其是国家储备库，库容大都在 1×10^6 m^3的量级以上。如此巨大的油库发生爆炸泄漏事故将导致重大的环境灾难，后果不堪设想。

（3）长距离、大管径管道异军突起，管道保护工作压力凸显。

为了满足用气需求、提高输送经济效益，新建管道大多采用高压力、大管径、大输量管线，如西气东输、中俄天然气管道、中缅管道等。管径越大，输送压力越高，其危险程度也相应提升，这对管道保护工作也提出了新的要求。

（4）管理方式落后，人员、设备管理能力有待提升。

在实际生产中，操作人员安全意识淡薄、操作能力不足给安全生产带来了严重挑战。违规操作、对工艺操作系统缺乏了解、任意删改操作规程、缺乏严格的岗位培训、监管机制不力等，均为事故发生埋下隐患。

设备故障是导致油气储运安全问题的直接原因。日常检修维护不到位、工艺设计施工不合理、设备不防爆、防静电措施不到位、管线的腐蚀、操作条件、机械振动引起的设备损坏及高温高压等压力容器和管道的损坏，极易引起泄漏及爆炸事故。

第二章　油罐的合理使用及安全监测

第一节　油罐类型及其结构

一、油罐类型

油罐是贮存石油及产品的容器，是储运系统的主体设施之一。油罐种类繁多，形态不一，结构较复杂。容量小的油罐为几立方米，容量大的油罐为10多万立方米。油罐可按照安装位置、使用材质、结构形式和盛装油品类型来区分。

按照油罐的安装位置（或建筑结构）分类，可以分为地上油罐、地下油罐、半地下油罐。按照使用材质分类，可以分为金属油罐和非金属油罐。按照结构形式分类，可以分为立式圆筒（柱）形油罐（图2-1）、卧式圆筒（柱）形油罐（图2-2）和特殊形式油罐（球形油罐）（图2-3）。按照盛装油品类型分类，可以分为轻质油罐、重质油罐和高压气体罐。油罐类型划分见表2-1。

图2-1　立式圆筒（柱）形油罐实物图

图2-2　卧式圆筒（柱）形油罐实物图

图 2-3　特殊形式油罐(球形油罐)实物图

表 2-1　油罐类型划分

<table>
<tr><td rowspan="3">按照安装位置分类</td><td colspan="3">地上油罐</td></tr>
<tr><td colspan="3">地下油罐</td></tr>
<tr><td colspan="3">半地下油罐</td></tr>
<tr><td rowspan="10">按照使用材质分类</td><td rowspan="7">金属油罐</td><td rowspan="4">按照拱顶结构分类</td><td>锥形顶油罐</td></tr>
<tr><td>无力矩油罐</td></tr>
<tr><td>拱顶油罐</td></tr>
<tr><td>浮顶油罐</td></tr>
<tr><td rowspan="3">按照连接方式分类</td><td>焊接油罐</td></tr>
<tr><td>铆接油罐</td></tr>
<tr><td>螺栓连接油罐</td></tr>
<tr><td rowspan="3">非金属油罐</td><td colspan="2">钢筋混凝土油罐</td></tr>
<tr><td colspan="2">砖砌油罐</td></tr>
<tr><td colspan="2">石砌油罐</td></tr>
<tr><td rowspan="3">按照结构形式分类</td><td colspan="3">立式圆筒(柱)形油罐</td></tr>
<tr><td colspan="3">卧式圆筒(柱)形油罐</td></tr>
<tr><td colspan="3">特殊形式油罐(球形油罐)</td></tr>
<tr><td rowspan="3">按照盛装油品类型分类</td><td colspan="3">轻质油罐</td></tr>
<tr><td colspan="3">重质油罐</td></tr>
<tr><td colspan="3">高压气体罐</td></tr>
<tr><td>特殊类型</td><td colspan="3">地下水封石洞油池</td></tr>
</table>

目前，常见的油罐主要是立式圆柱形罐，其按照罐顶的结构形式，又分为固定拱顶油罐、内浮顶油罐和外浮顶油罐，具体采用哪种油罐结构，主要视油品物理性质、罐的容量和投资而定。

1. 固定拱顶油罐结构

拱顶油罐是指罐顶为球冠状、罐体为圆柱形的一种钢制容器。固定拱顶油罐的罐顶与罐壁是焊接固定的，随着气温的变化、罐内液面的升降，常有空气吸进罐内，油气呼出罐外，这不仅增加了油品的损耗，也增加了火灾危险性。固定拱顶油罐制造简单、造价低廉，所以在国内外许多行业应用广泛，最常用的是容积为1000~10000 m^3 的固定拱顶油罐。固定拱顶油罐的实物图及结构图如图2-4所示。

(a)实物图

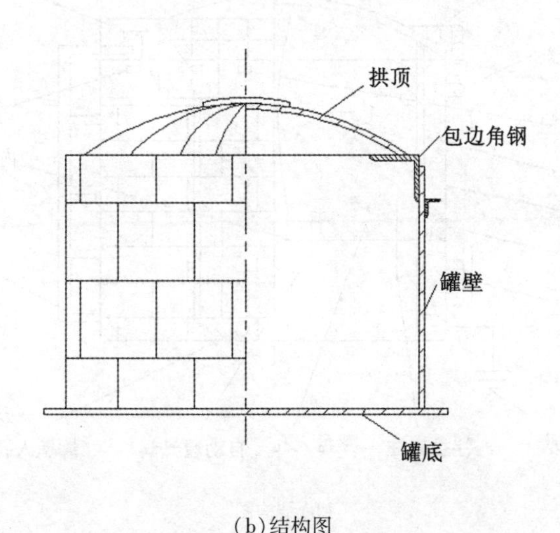

(b)结构图

图2-4　固定拱顶油罐的实物图和结构图

2. 内浮顶油罐结构

内浮顶油罐是在固定拱顶油罐内部增设随油面上下升降的浮顶，增设浮顶可减少油品的挥发损耗，由于内浮顶把油品(罐内储料)和空气进行有效隔绝，从一定程度上也降低了发生火灾爆炸的危险等级，同时外部的拱顶可以防止雨水、积雪及灰尘等进入罐内，保证罐内油品清洁。这种油罐主要用于储存轻质油品，如汽油、航空煤油等。内浮顶油罐采用直线式罐壁，壁板对接焊制，拱顶按照拱顶油罐的要求制作。目前，国内的内浮顶约有四种结构：一是与浮顶储罐相同的钢制浮顶，二是拼装成型的铝合金浮顶，三是不锈钢浮顶，四是玻璃钢浮顶，其中只有钢制浮顶需要进行防腐涂装。内浮顶油罐和固定拱顶油罐的最大区别是在其拱顶内有一个活动的浮盘，并且综合了外浮顶油罐和固定拱顶油罐的优点。内浮顶油罐实物图和结构图如图 2-5 所示。

(a)实物图

固定罐顶
罐顶通气孔
消防孔
手工量油孔
罐顶人孔
高液位报警器
罐壁通气孔
静电导线
内浮盘
量油管
罐壁
密封装置
液面计
带芯人孔
接地线
浮盘立柱
浮盘人孔
自动通气阀
罐壁人孔

(b)结构图

图 2-5　内浮顶油罐实物图和结构图

3. 外浮顶油罐结构

外浮顶油罐是由漂浮在油品表面的浮顶和立式圆柱形罐壁所构成。浮顶随罐内油品储量的增减而升降，浮顶外缘与罐壁之间有环形密封装置，罐内油品始终被内浮顶直接覆盖，从而减少油品挥发。

外浮顶油罐的浮顶分为单盘式浮顶和双盘式浮顶等形式。单盘式浮顶是由若干个独立舱室组成环形浮船，其环形内侧为单盘顶板，单盘顶板底部设有多道环形钢圈加固。其优点是造价低，好维修。双盘式浮顶由上盘板、下盘板和船舱边缘板组成，由径向隔板和环向隔板隔成若干独立的环形舱。其优点是浮力大，排水效果好。

外浮顶油罐的容积一般都比较大，所以其罐底底板均采用弓形边缘板。

外浮顶油罐采用直线式罐壁，对接焊缝宜打磨光滑，以保证内表面平整。外浮顶油罐上部为敞口，为增加壁板刚度，应根据所在地区的风载大小，在罐壁顶部设置抗风圈梁和加强圈。

外浮顶油罐的特点是，罐顶可以上下浮动，四周用耐油橡胶密封圈以弹簧压紧在罐壁上。罐顶紧贴着油面，油面升高，罐顶随之上升，油面降低，罐顶随之下降。这种油罐的呼吸器是装在浮盘上的，对比拱顶油罐，能大大减少油品的损耗，也比较安全。外浮顶油罐和内浮顶油罐的最大区别是浮顶上方没有固定的拱顶。外浮顶油罐常见于大型(10000 m^3 以上)原油、燃料油、重油储罐，其实物图和结构图如图 2-6 所示。

(a)实物图

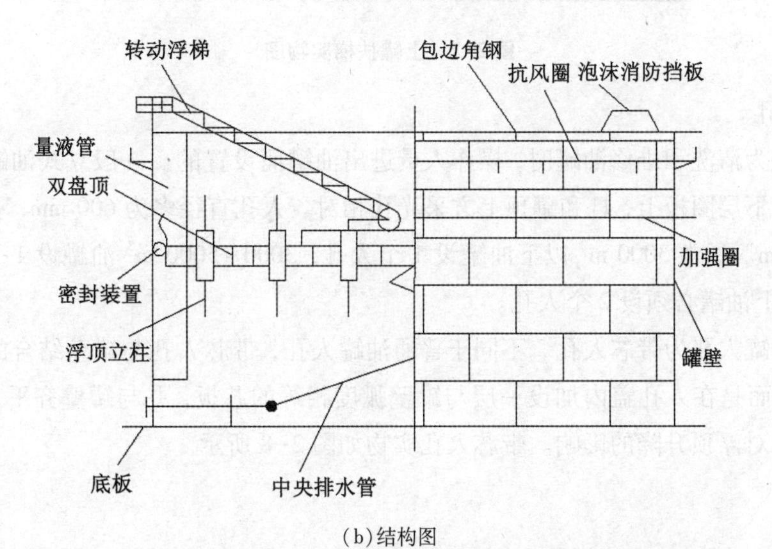

(b)结构图

图 2-6　外浮顶油罐实物图和结构图

二、油罐附件

油罐附件是油罐自身的重要组成部分。油罐附件有四种作用：① 保证完成油品收发、储存作业，便于生产和经营管理；② 保证油罐使用安全，防止和消除各类油罐事故；③ 有利于油罐清洗和维修；④ 降低油品蒸发损耗。油罐除配置一些一般附件外，根据盛装油品性质的不同和油罐结构类型的不同，还应配置具有专门性能的附件，以满足安全与生产的特殊需要。

1. 油罐一般附件

在各种油罐上，通常都装有下列一般油罐附件。

(1)扶梯和栏杆。

扶梯是专供操作人员上罐检尺、测温、取样、巡检而设置的。它有直梯和旋梯两种。一般来说，小型油罐用直梯，大型油罐用旋梯。上罐扶梯实物如图 2-7 所示。

图 2-7　上罐扶梯实物图

(2)人孔。

人孔是为清洗和维修油罐时，操作人员进出油罐而设置的。一般立式油罐的人孔都装在罐壁最下层圈板上，且和罐顶上方采光孔相对。人孔直径多为 600 mm，孔中心距罐底为 750 mm。通常 3000 m^3 以下油罐设 1 个人孔，3000～5000 m^3 油罐设 1～2 个人孔，5000 m^3 以上油罐必须设 2 个人孔。

浮顶油罐人孔为带芯人孔。不同于普通油罐人孔，带芯人孔与罐壁结合的筒体没有伸入罐内，而是在人孔盖内加设一层与罐壁弧度相等的芯板，并与罐壁齐平，这样可防止人孔内壁对浮顶升降的影响。带芯人孔实物如图 2-8 所示。

图 2-8　带芯人孔实物图

(3)透光孔。

透光孔又称采光孔，是供油罐清洗或维修时采光和通风而设置的。透光孔实物如图 2-9 所示。它通常设置在进出油管上方的罐顶，直径一般为 500 mm，外缘距罐壁 800~1000 mm，其设置数量与人孔相同。

图 2-9　透光孔实物图

(4)量油孔。

量油孔是为检尺、测温、取样而设置的，它安装在罐顶平台附近，以便操作。每个油罐只装 1 个量油孔，其直径为 150 mm，一般距罐壁约 1000 mm。量油孔有可供掀起的孔盖和紧固螺栓，盖下密封槽嵌有耐油橡胶垫圈或用铅、铝等软金属制造的专用垫片，以防止关闭孔盖时，因撞击而产生火花。量油孔平时应关闭，以防止油品蒸发损失。量油孔实物如图 2-10 和图 2-11 所示。

图 2-10　拱顶油罐与内浮顶油罐量油孔实物图

图 2-11　外浮顶油罐量油孔实物图

(5)脱水管。

脱水管又称放水管，是专门为排除罐内水和杂质，以及清除罐底污油残渣而设置的。脱水管实物如图 2-12 所示。脱水管在罐外一侧装有阀门，为防止脱水阀不严或损坏，通常安装两道阀门。冬天还应做好脱水管阀门的保温工作，以防止阀门冻凝或冻裂。

(6)消防泡沫室。

消防泡沫室又称泡沫发生器，是固定于油罐上的灭火装置，如图 2-13(a)所示。泡沫发生器一端和泡沫管线[图 2-13(b)]相连，另一端带有法兰并焊在罐壁最上一层圈板上。灭火剂在流经消防泡沫室空气吸入口处，吸入大量空气形成泡沫，并冲破隔离玻璃进入罐内(玻璃厚度不大于 2 mm)，从而达到灭火的目的。

图 2-12　脱水管实物图

(a)泡沫发生器

(b)泡沫管线

图 2-13　泡沫发生器与泡沫管线实物图

(7)胀油管和进气支管。

胀油管是为了防止因油品受热体积膨胀而损坏设备所设置的放压设施，如图 2-14 所示。进气支管是为了防止管线发油排空并能及时补进空气而设置的。它们都装于油罐进出口总阀门外侧。

油罐进行收发作业后，不放空的管道会受到气温和阳光辐射的作用，管内的油品受热膨胀并在管道内形成很高的压力，此时打开胀油管阀门，使膨胀油品从罐顶进入油罐，泄压及时就能防止因压力升高而导致管线破裂。

(8)避雷针和接地装置。

避雷针是一种防止直接雷击的保护装置，由受雷器、引下线和接地装置三部分组成。避雷针直接接地，针的高度高于线路，在雷电先导电路向地面延伸过程中，由于受到避

图 2-14　胀油管实物图

雷针畸变电场的影响，会逐渐转向并击中避雷针，从而避免雷电先导向被保护设备。由此可见，避雷针实质上是引雷针，它将雷电引向自己从而保护其他设备免受雷击。避雷针实物如图 2-15 所示，引下线实物如图 2-16 所示。

图 2-15　避雷针实物图

接地装置是指埋设在地下的接地电极与由该接地电极到设备之间的连接导线的总称。金属油罐可以用罐壁作为接地引线，但连接油罐与接地体的引下线必须焊接在油罐体的下边缘地方。每个油罐都应采用重复接地，即接地体不得小于两组。

(9)静电导出装置。

为了确保油罐的安全性，必须安装静电导出装置将油罐的静电有效导出。静电导出装置主要包括静电消散扶手、静电导出线、接地线等。静电消散扶手及静电导出线实物如图 2-17 所示。

图 2-16　引下线实物图

图 2-17　静电消散扶手及静电导出线实物图

图 2-18　清扫孔实物图

(10)清扫孔。

清扫孔是为了清除罐底积物而设置的，如图 2-18 所示。它是一个上边带圆角的矩形孔，孔的高、宽均不超过 1. 2 m，底边与罐底平齐。清扫孔多用于大型原油罐和重油罐。

2. 拱顶油罐附件

(1)进出油接合管。

进出油接合管装在油罐最下层圈板上，其外侧与进出油管道连接，内侧与保险活门或起落管连接。进出油接合管的底缘距离罐底一般不小于 0. 20 mm，以防沉积在罐底的水或杂质随油品排出。进出油接合管与圈板焊接处应焊有加强板加固。短管的外端应焊有法兰，用于和进出油接合管线相连。

(2)保险活门。

保险活门是安装在进出油接合管罐内一侧的安全启闭装置。其作用是防止油罐控制阀破损或检修时罐内油品流出。无收发油作业时，活门依靠其自重和油品静压力处于关闭状态；油罐进油时，活门被油品顶开；向外发油时，可通过设在罐壁外侧的操纵机构打开活门。为了防止保险活门因操作机构失灵而无法打开，要在活门上引出一条钢索，钢索的一端接到透光孔上。这样就可以在必要时打开透光孔盖，拉起钢索开启活门。需要注意的是，安装起落管的油罐不设保险活门。

当罐内存油较多时，在压力的作用下要开启保险活门是很困难的，为此，在进出油接合管的罐外一侧安装一根旁通管，发油时先将旁通管上的阀门打开，使保险活门两侧的压力平衡，以便于开启保险活门。

(3)搅拌器。

搅拌器是用于油品调和或防止油品中沉积物积聚的机械设备，一般安装于润滑油罐和大型原油罐。应用较广泛的搅拌器为侧向伸入式搅拌器。侧向伸入式搅拌器是近几年来开始应用于矿场和炼油厂油罐的一种附属设备。

(4)调和喷嘴。

调和喷嘴是在采用泵循环法调和油品时，为提高调和效率、缩短调和时间而设置的专用设备。

(5)机械呼吸阀。

机械呼吸阀是用来自动控制油罐内外气体通道的启闭，维持油罐的压力平衡，对油罐的超压或超真空起保护作用，兼有降低油品蒸发损耗作用的设备，如图 2-19 所示。机械呼吸阀安装于罐顶，一般由压力阀和真空阀两部分组成，因而又称压力真空阀。当罐内压力达到油罐的设计允许压力时，压力阀阀盘被顶开，气体从罐内排出；当罐内气体压力达到油罐的设计允许真空度时，罐外空气顶开真空阀盘进入罐内。机械呼吸阀可以保证油罐在其允许的压力范围内工作，避免油罐因超过自身强度极限而损坏。

图 2-19　阻火器(下)全天候机械呼吸阀(上)实物图

(6)阻火器。

阻火器又称油罐防火器，是油罐的防火安全设施，如图 2-19 所示。它装在机械呼吸阀或液压安全阀下面，内部装有许多铜、铝或其他高热容金属制成的丝网或皱纹板。当外来火焰或火星通过呼吸阀进入防火器时，金属网或皱纹板能迅速吸收燃烧物质的热量，使火焰或火星熄灭，从而防止油罐着火。

图 2-20　液压安全阀实物图

(7)液压安全阀。

液压安全阀是为提高油罐安全使用性能的又一重要设备，如图 2-20 所示。它的工作压力比机械呼阀高 5%~10%。正常情况下，液压安全阀是静止的，但当机械呼吸阀因阀盘锈蚀或卡住而发生故障或因其他原因罐内出现超压或真空度过大时，它将起到将油罐安全密封和防止油罐损坏的作用。

(8)通气短管。

通气短管装在罐顶中央，使油罐直接与大气相通，是油罐收发作业时气体的呼吸通道。通气短管截面上应装有铜丝网或其他金属丝网。

(9)加热器。

重油、润滑油、原油等往往因黏度过大而需要经过加热才能输转，因此，要在这类油品的油罐中设置蒸汽加热器。

(10)油罐测量仪表。

油罐测量仪表一般包括液位计、温度计、压力表、压差变压器(图 2-21)、高低液位报警器，以及用于计算机监控的数据采集器，以便随时对油罐储存情况进行监测。这些仪表的安装位置应与进出油接合管及罐外附件保持一定距离，避免受到干扰。

图 2-21　压差变压器实物图

(11)油罐冷却水喷淋系统。

油罐冷却水喷淋系统的作用是油罐本身或是相邻油罐着火时，喷水降温以防火灾蔓延。冷却水喷淋系统管道一般是围绕油罐顶圈板设计为 2 个半圆环状或 4 个 1/4 圆环状，如图 2-22 所示。

3. 浮顶油罐附件

为了方便生产管理和维修，浮顶油罐上还设有数个不同于固定顶油罐的附件。

(1)浮顶立柱。

浮顶立柱是环向分布安装于浮顶下部的支柱，其高度一般可在 1. 2~1. 8 m 调节，如图 2-23 所示。浮顶立柱主要有两个作用：一是避免液面较低时浮船与罐内的加热盘管等附件相撞；二是为了检修时支撑浮顶(支撑高度调至 1. 8 m)，以便于检修工人可以通

图 2-22　油罐冷却水喷淋系统管道实物图

过人孔进入罐底与浮顶之间的空间工作。

图 2-23　浮顶立柱实物图

(2)自动通风阀。

自动通风阀设于浮顶上，如图 2-24 所示。当浮盘立柱落于罐底时，通风阀自动开启，使罐底与浮顶之间的空间与大气相通，以免继续发油时使此空间造成真空，或者低液面进油时在浮顶与油面间形成空气夹层。

(3)转动浮梯。

转动浮梯是为了操作人员从盘梯顶部平台下到浮顶上而设置的，如图 2-25 所示。转动浮梯的上端可以安装在平台附近的铰链旋转，下端可通过滚轮沿导轨滑动，以适应浮顶高度变化。浮顶降到最低位置时，转动浮梯的仰角不得大于 60°。

图 2-24　自动通风阀实物图

图 2-25　转动浮梯和外浮顶油罐
静电导出线实物图

图 2-26　中央排水管(外为积水坑)实物图

（4）中央排水管。

中央排水管是为了及时排放汇集于浮顶上的雨水而设置的，如图 2-26 所示。这是由于外浮顶油罐的浮顶直接暴露于大气中，落在浮顶上的雨、雪不及时排除造成的浮顶沉没现象。中央排水管由几段浸入油品中的直径为 100 mm 的钢管组成，钢管之间用活动接头连接，可以随浮顶的高度而伸直和折曲，所以又称排水折管。中央排水管的数目是根据油罐直径的大小确定的，每个罐内可设 1~3 根排水折管。

（5）紧急排水口。

紧急排水口是排水折管的备用安全装置。如果排水折管失效，浮顶上的雨水聚积到一定高度时，积水可由紧急排水口排入罐内，以防止浮顶由于负载过重而沉没。

（6）隔舱人孔。

隔舱人孔是为了操作人员进入隔舱检查有无泄漏而设置的，平时用人孔盖封死，如图 2-27 所示。

图 2-27　隔舱人孔实物图

图 2-28　导向柱实物图

（7）导向柱。

导向柱可以防止浮盘转动影响平稳升降，如图 2–28 所示。

（8）浮顶油罐静电导出线。

内浮顶油罐在进出油作业过程中，浮盘上积聚了大量静电荷，由于浮盘和罐壁间多用绝缘物作密封材料，所以浮盘上积聚的静电荷不可能通过罐壁导走。为了导走这部分静电荷，在浮盘和罐顶之间安装了静电导出线，一般为 2 根软铜裸绞线，上端和采光孔相连，下端压在浮盘的盖板压条上。内浮顶油罐静电导出线实物如图 2–29 所示，外浮顶油罐静电导出线实物如图 2–25 所示。

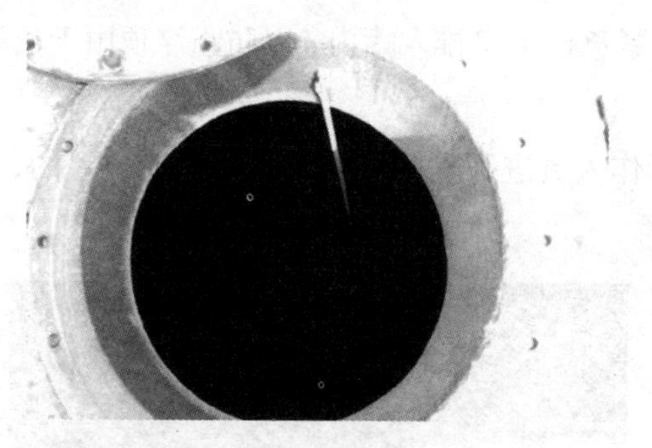

图 2–29　内浮顶油罐静电导出线实物图

（9）内浮顶油罐防转钢绳。

为防止油罐壁变形、浮盘转动影响平稳升降，在内浮顶油罐的罐顶和罐壁之间垂直地张紧 2 条不锈钢缆绳，缆绳通过浮盘上尼龙导向管，其下端还装有伸缩补偿器。2 条钢绳在浮顶直径两端对称布置。浮顶在钢绳限制下，只能垂直升降，因而防止了浮盘转动。

第二节　油罐及其附件的操作、检查规定

一、油罐液压安全阀的操作规定

（1）液压安全阀在投用前，设备保养人员应认真检查液压安全阀的标尺油位是否为 57 mm，若不够应及时补油，标尺油位达到 57 mm 方可进行收发油作业。

（2）由于灰尘落入和杂物进入，一年应清洗一次液压安全阀的集油槽，并更换新油（油品的凝固点要求不高于–27 ℃）。

（3）为保证油罐的安全，注入的油品油位尺显示不可大于 60 mm。

（4）车间油罐的负责人应每隔半个月检查液压安全阀的油位是否为 57~60 mm（标尺已做标记），若不够应及时补油。

(5)每隔半年检查液压安全阀的阻火器，将阻火器网上的灰尘及铁锈清除并清洗干净，避免阻火器网堵塞。

(6)安装时，保证油位尺的端部与分隔筒的齿根部相平。

二、油罐及其附件的检查频次规定

(1)消防设施要齐全完好，每半个月检查一次，并对检查情况做好记录。

(2)每半个月要对外浮顶油罐的人孔、浮盘、浮仓、量油孔、浮顶排水装置、导向管滚轮、转动浮梯、挡雨板、密封带、浮顶自动通气阀、泡沫发生器、静电消除器、防雷接地、油罐上罐扶梯、浮盘静电导出线、消防接头闷盖、罐壁、罐顶及罐体外部防腐层、保温层、防水檐等检查一次，发现问题及时汇报处理，并对检查情况做好记录。

(3)每半个月要对拱顶油罐的人孔、透光孔、量油孔、液压安全阀、机械呼吸阀、泡沫发生器、静电消除器、防雷接地、油罐上罐扶梯、消防接头闷盖、罐壁、罐顶及罐体外部防腐层、防水檐等检查一次，发现问题及时汇报处理，并对检查情况做好记录。

(4)每半年对液压安全阀、呼吸阀、阻火器检修一次，并对检查情况做好记录。

三、油罐及其附件的检查内容规定

1. 拱顶油罐检查规定

(1)检查人孔、透光孔是否渗油或漏气。

(2)检查量油孔孔盖与支座间密封垫是否脱落或老化，导尺槽磨损情况，压紧螺栓活动情况，盖子支架有无断裂。

(3)检查液压安全阀封油高度和阀腔，若封油液位低于 57 mm，则补充封油至 57~60 mm。

(4)检查泡沫发生器管内有无油气排出，刻痕玻璃是否损坏，网罩是否完好。

(5)检查静电消除器是否完好，导线有无损坏。

(6)检查防雷接地有无损坏。

(7)检查油罐上罐扶梯是否完好。

(8)检查消防接头闷盖有无缺失。

(9)检查罐壁、罐顶的变形情况，仔细检查有无严重的凹陷、鼓包、折皱及渗漏穿孔。

(10)检查罐体外部防腐层有无脱落、防水檐是否完好，发现缺陷、损坏要及时报告班长处理。

2. 外浮顶油罐检查规定

(1)检查人孔是否渗油或漏气。

(2)检查浮盘有无腐蚀泄漏。

(3)检查浮仓内有无油迹。

(4)检查量油孔孔盖与支座间密封垫是否脱落或老化，导尺槽磨损情况，压紧螺栓活动情况，盖子支架有无断裂。

(5)检查浮顶排水装置中央排水口有无异物，单向阀腐蚀程度及关闭是否严密。

(6)检查导向管滚轮有无脱落，转动是否灵活。

(7)检查转动浮梯踏板是否牢固、灵活，升降是否平稳无卡阻。

(8)检查挡雨板及油罐密封带有无破损。

(9)检查浮顶自动通气阀密封垫片有无损坏。

(10)检查泡沫发生器刻痕玻璃是否损坏，网罩是否完好。

(11)检查静电消除器是否完好，导线有无损坏。

(12)检查防雷接地有无损坏。

(13)检查油罐上罐扶梯是否完好。

(14)检查浮盘静电导出线是否完好。

(15)检查消防接头闷盖有无缺失。

(16)检查罐壁、罐顶及浮盘的变形情况，仔细检查有无严重的凹陷、鼓包、折皱及渗漏穿孔。

(17)检查罐体外部防腐层有无脱落，保温层及防水檐是否完好，发现缺陷、损坏要及时报告班长处理。

第三章　石油库管道工艺及安全管理

石油库管道工艺是保证石油库正常运转的经络，其工况组合将直接影响石油库的调度是否合理和是否发生管道事故。

第一节　输油工艺管组

目前，我国石化系统石油的输油管组采用双(多)管系统、单管系统和独立管系统等形式。

一、罐区工艺管组

(1)用于储存轻油的油罐。

用于储存轻油的油罐，由于油品需频繁地进行收发和倒罐作业，通常的做法是一组(同种油品)储油罐设两根管道。同组油罐间可以相互输转，也可以同时进行收发油作业。

(2)用于储存黏油的油罐。

用于储存黏油的油罐，由于油品质量要求较高，同时收发和倒罐作业不频繁，通常是专管专用，采用的方法有单管系统和独立管系统。

单管系统的特点：将不同油品分组布置，每组油品设一根管道与油泵相连；仅需一根管道作为储存同种油品的一组油罐进行收发油作业，但油罐间不能相互输转；储存同种油品的油罐，只要有一个油罐进行收或发的作业就不能进行逆向作业。

独立管系统的特点：一个油罐单独设一根管道与泵相连；布置清晰，同种油品的两个油罐间可以相互倒罐，收发和检修作业互不影响；管材耗量大。

二、卸油管组

卸油管组主要指轻质油品的铁路装卸。因为水路装卸无论是采用输油臂还是耐油胶管，工艺都比较简单，所以此处不进行讨论。

目前，我国对轻质油品的铁路装卸一律采用上部装卸。上部装卸的缺点是当环境温度较高且当地大气压较低时，极易发生装卸困难，甚至气阻断流。

上部卸油采用油泵强制卸油方式。

润滑油装卸多采用下卸方式，工艺简单，但装卸时，应做到专管专用，并应定期扫线。

三、发油工艺概述

1. 发油方式

中小型油库油品的发油主要为公路发油方式，灌装形式有高架（位）罐自流发油和泵送发油两种形式。

2. 发油工艺

常见的发油工艺如图 3-1 所示。

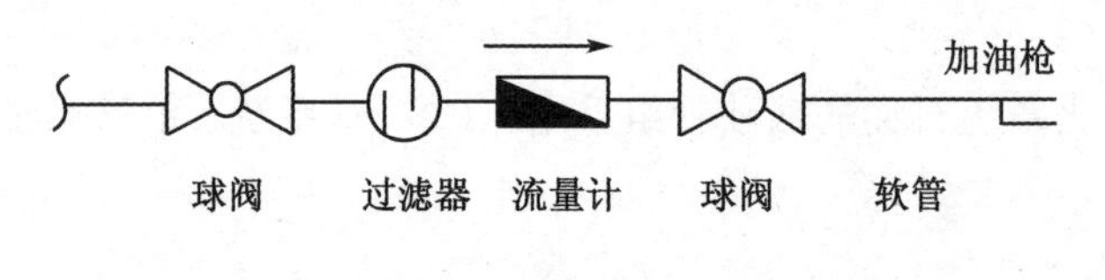

图 3-1　常见的发油工艺

第二节　管道使用与维护管理

一、管道投用前注意事项

管道使用前，必须先用水冲洗，再用压缩空气吹净管内存水。

管道投用前，在处理管道时要注意以下四点。

（1）用于输送不能含水的介质管道，在水洗后应用热风吹干，热风温度一般应不低于 80 ℃。

（2）流量计或控制阀带副线的，吹扫时应走副线；无副线时，卸下控制阀和流量计，用短管代替。

（3）管道吹扫时，压力表应关闭；吹扫经过过滤器时，吹扫后应打开过滤器，清除滤网上杂质，防止滤网堵塞，影响流道畅通。

（4）清洗与吹扫管道不能留有死角，低点之处应逐段排空，直至全线畅通。

二、管道试压

管道试压是对管道强度和严密性进行检验的重要方法，它是新管道投用和管道大修、更新改造后必须进行的检验项目。管道试压有水压试验和气压试验两种方法，应根据施工和使用单位自身条件选择管道试压方法。

1. 水压试验

水压试验的介质是清水，管道充满水后，用试压泵加压。强度试验压力为1.5倍工作压力(最低不少于0.2 MPa)，压力保持稳定且持续5 min不变。严密性试验压力为管道工作压力(最低不小于0.2 MPa)，检查时间不小于1 h。在规定时间内，压力降不大于严密性试验压力的5%，各焊缝及管道附件不渗漏为合格。

2. 气压试验

采用气压试验事前需有安全措施。介质可以是压缩风、蒸汽。强度试验取管道工作压力的1.1倍，压力保持稳定且持续5 min不变。严密性试验压力为管道工作压力，检查时间不少于30 min。用肥皂水检查焊缝和管道附件不渗漏为合格。气压试验压力最低不小于0.2 MPa。试压完毕，应在高点放压排空。

三、管道的使用

1. 熟悉工艺

熟悉管组结构连接形式、坡度方向和管道布置情况，切实掌握管道规格、技术状况及每个阀门的位置和作用；清楚地下管道分布位置，并绘制平面流程示意图，以指导操作。

2. 正确操作

(1)输油管的正确使用。

① 应建立必要的制度，按照操作规程办事，这是防止事故发生的有力措施。

② 收发油作业按照调度指令执行，并仔细核实工艺流程。管道输油开始，初始流速控制在1 m/s以内，汽油、煤油、柴油等轻质油品流速不宜大于4 m/s。输油过程中，操作人员应注意机泵压力、电流和温度，定时检测油罐液位，掌握油罐液位变化情况，并及时沿管道作业流程巡检。

(2)两种以上油品的输送。

① 输送两种以上油品时，要合理安排输油顺序，规定流程和操作参数指标(流量及油泵进出口最高、最低操作压力)。

② 尽可能采取大批量输送，以减少批次。

③ 油品停输时，尽量使油管内只充满一种油品。

④ 如果调度不开时，应使混油段停在管道平坦地段或在倾斜地段让轻质油品在上坡、重质油品在下坡，以减少混油量。

(3)正确开关阀门防止水击破坏。

① 错开阀门或关闭不严、不及时会发生混油、跑油事故。

② 若排出管阀门未打开便启动容积泵，则管道可能超压损坏设备；若开关阀门时操作过快、过猛，会产生水击现象，损坏管道和管件。

(4)及时放空管道。

操作完毕，应及时放空管道，其目的在于以下三点。

① 防止因阀门渗漏，导致油料串混。

② 保证管理安全。如果管道中充满油料，当温度升高时，油料的膨胀大于管体金属的膨胀，使管道压力增高，可能引起管道渗漏、阀门开启困难，甚至胀裂管道。这是因为对于密封管道内充满油料，温升 1 ℃时膨胀压力可增加 0.7 MPa 左右。由于气体具有可压缩性，可以防止温升超压，所以对于未安装胀油管或安全阀的管道系统，可放掉部分油料，使管道内存在一定的气体空间。

③ 对于重油管道，气温较低时应先开伴热管道，管道预热后再开泵送油，防止油品凝管。输油结束要及时扫线。

(5)防止渗漏。

① 法兰、焊缝、阀门填料、伸缩器填料等处是管道容易渗漏的薄弱环节，应加强检查和维护，适时更换法兰垫片和阀门填料。

② 地上管道渗漏比较直观且容易发现，但地下管道检漏比较困难，应根据下列现象判断地下管道是否漏油：

❖ 收发油时油泵出口压力表读数是否有突然下降或比正常读数小的现象，进口真空表的读数是否相应增加；

❖ 一次作业中收油或发油是否有不正常的差额；

❖ 平常管内有无流水般的声响；

❖ 通过管道的地面上有无油迹，周围植物生长是否正常。

上述各种现象在管道大量漏油时能及时发现，但当管道只有微小渗漏时很不容易察觉。

综上所述，若初步断定管道有渗漏情况时，应及时进行液压试验；试验有困难时，可做静压试验。

(6)防止冻害。

寒冷地区入冬前应放尽闸阀或管道低洼处的积水，以防冻裂。

(7)适时清洗和扫线。

① 清洗原因：管道经过一定时间的使用后，在管道的内表面上会覆盖一层铁锈或从油料中析出沉淀物，这样就会减少管道横截面积，并增加流动阻力，降低输送能力及油品质量。所以，管道使用一定时间后，必须根据情况适时清洗。

② 扫线处理：管道长期停用或需动火检修时，均应扫线处理。管道扫线推荐介质见

表 3-1。

表 3-1　管道扫线推荐介质

管道内介质	扫线介质			
	蒸汽	空气	氮气	水
燃料油	好	不用	不用	不能用
汽油/石脑油	不用	不能用	可用	好
煤油/航空煤油	不用	不能用	可用	不能用
柴油	好	不用	不用	不用
润滑油	不能用	好	可用	不能用
液化石油气	不用	不能用	好	可用

注意：

① 有沥青的地下管道，不准用蒸汽吹扫；

② 无论何种扫线介质，都不准往正常使用油罐扫线，以防油品被污染而影响质量；

③ 用蒸汽扫线时，阀门不得开得过快或过大，以防水击损坏管道和设备；

④ 闪点低于 60 ℃的油品管道禁用压缩风扫线，以防油气与空气混合，形成爆炸混合物，引起着火、爆炸。

(8)减少腐蚀。

① 除了采取应有的防腐措施外，平时应经常检查管道锈蚀情况，发现脱漆处，应及时补漆。

② 为防止管道底部锈蚀，在可能时，结合大修转动管道，使其原腹面向上。

③ 管道周围的污水、杂草应随时清除。

④ 地下管道在使用一定年限后，应在腐蚀严重地段挖坑检查地下管道锈蚀情况，以便采取相应措施。

⑤ 还应检查支座、管沟的状况，修理其损坏部分；检查管道的静电接地装置的连接是否牢靠，有无严重腐蚀现象。

3. 油罐呼吸管道的正确使用

(1)熟悉管道连接形式及管道分布位置，切实掌握管道技术状况及技术要求；确保管道平面流程示意图和操作规程齐全，以利于指导操作。

(2)气路畅通无堵塞。及时检查掏渣孔处有无积渣，并清除杂物；检查 U 形压力计，了解管道是否畅通；检查呼吸阀、阻火器、防雨帽及管道等有无异常，开关是否灵活无堵塞卡死。

(3)管道各部位气密性要求不漏气。管件应无破裂、无扭曲变形、无锈蚀穿孔，不合格者及时更换或防腐刷漆。

(4)检查蝶阀、闸阀开启是否到位，开启是否正确。

(5)检查避雷装置接地是否良好。

4. 油库供水管的正确使用

(1)熟悉管道连接形式及管道分布位置，切实掌握管道技术状况及技术要求；确保管道平面流程示意图和操作规程齐全，以利于指导操作。

(2)管道畅通无堵塞，保持不渗、不漏、无变形、无裂纹。注意检查泵的出口压力，了解管道是否畅通或破裂，承接口是否完整无损、不渗不漏；管道阀门、法兰、螺丝等管件无锈蚀，维护完好；钢管防腐层完好，油漆无脱落；等等。

(3)检查阀门开启是否到位；消火栓是否有水，是否被正确开启。

5. 油库蒸汽管道的正确使用

(1)熟悉管道敷设状况及管道分布位置，切实掌握管道技术状况及技术要求；确保管道平面流程图和操作规程齐全，以利于指导操作。

(2)管道运行良好，气路畅通。保持管道不渗、不漏、无变形、无裂纹，管道、阀门、法兰、螺丝等管件无锈蚀，防护层完好；根据季节情况，维护人员对管道及时进行检查。

(3)检查阀门开启是否到位，是否被正确开启。

(4)检查疏水器工作是否正常。

四、管道检查与维护

管道的维护应建立维修技术档案。根据工艺流程、途经区域对系统管网进行明确分工。岗位操作人员应定时、定线、定点巡回检查。管道的检查分外部检查、重点检查和全面检查。检查周期应根据管道的技术状况和使用条件而定。

管道投用后，日常所做检查与维护主要有以下五点。

① 管道及其附件检查应作为岗位操作人员巡回检查的一项重要内容，定时巡回检查，发现问题及时汇报并做记录。

② 管道输油开始时和作业过程中，应沿流程仔细检查各阀门开关是否正确，各法兰、接头、焊缝及其他附件是否完好，各处有无渗漏或跑油。

③ 检查管道保温是否完好，油漆是否脱落，管道支撑有无掉离支座或扭曲变形。

④ 法兰严禁埋在地下，对废弃不用的又与在用管道相连的管段，应及时拆除或断开，防止发生串油或跑油。

⑤ 为了便于识别与管理，各种管道（包括保温）应涂刷不同颜色的油漆。目前，石化系统石油库中常见的管道色标如表 3-2 所列。

表 3-2　管道色标

管道名称	颜色
汽油管道	银白色或红色
煤油/航空煤油管道	黄色
柴油管道	灰色
润滑油管道	深灰色或黑色
泡沫管道	红色
冷却水管道	绿色
真空管道	天蓝色
蒸汽管道	淡红色

1. 输油管道的检查

(1)每月应对管道外表至少进行一次全面的检查，内容包括：

① 管道连接部位(如法兰、丝扣、焊缝等)有无裂缝、渗漏；

② 管道、管件的密封(动、静)有无渗漏；

③ 管道支座及管道本身有无异常震动或变形；

④ 管道上各种仪器、仪表指示值是否正常。

根据季节变化，检查相应内容：入冬前维修人员应对管道进行排水防冻检查；春季化冻季节应认真检查管道，防止冻胀损坏处跑油；夏季应适时做好管道的防洪排洪检查。

(2)每 2 年应对使用 5 年以上的管道进行以下项目的检查：

① 对管道进行壁厚定点测量(可用超声波测厚仪等)；

② 对管道及管件(如阀门、过滤器、补偿器等)进行抽样(不少于管件数的 10%)水压试验。

(3)每年对埋地管道使用防腐检漏仪检查 1 次，对所有发现的漏点，均应挖开或钻孔取样检查。若没有仪器，则应在低洼、潮湿的地方，挖开或钻孔数处进行检查。

(4)管道阴极保护装置。

① 对电气设备的检查每周不得少于 1 次。主要检查电路连接是否牢固、导线是否完好；配电盘熔丝是否完好，观察电气仪表的电压、电源是否正常；恒电位仪的全部零件是否正常，元件有无腐蚀、脱焊、虚焊、损坏，内部是否清洁，硫酸铜电极是否清洁且溶液充足、不泄漏；阳极地床线路是否完好，埋设标志是否明显，电阻值(每月测 1 次)是否合格；接头装置的接线柱与大地绝缘电阻是否大于 100 Ω，端盖螺钉是否锈蚀等；绝缘法兰是否清洁、干燥、漏电。

② 检查片每 1~2 年挖检 1 次，判定阴极保护效果(保护度大于 85% 为合格)，分析检查片的腐蚀原因、特点、性质，注意每取出一组应补充埋设一组。

(5)牺牲阳极保护装置。

① 每月进行1次管对地电位差、阳极对地电位差、阳极对管电位差、保护电位、阳极组输出电流、阳极接地电阻及埋设点土壤电阻率测定，并做好记录。

② 阳极性能变坏时，应增加或更换阳极件。

2. 油罐呼吸管道的检查

(1)常用的油罐呼吸管道应每周检查1次，储备油罐管道应每月检查1次。地面油罐管道在雷雨季节应适当增加检查次数。

(2)检查内容：

① U形压力计，了解管道是否畅通；

② 蝶阀、闸阀开启情况是否到位；

③ 呼吸阀、防雨帽、阻火器及管道有无异常；

④ 掏碴孔处有无积渣；

⑤ 避雷装置接地是否良好。

3. 油库供水管道的检查

(1)油库供水管道每2周应检查1次。

(2)检查内容：

① 泵的出口压力，了解管道是否畅通或破裂；

② 高位水池水位情况；

③ 闸阀开启情况及消火栓是否有水。

4. 油库蒸汽管道的检查

(1)每月应对管道外表至少进行1次全面检查，内容包括：

① 管道连接部位(如法兰、丝扣、焊缝等)有无裂缝；

② 管道支座及管道本身有无异常震动或变形；

③ 回水管是否畅通，冷凝水是否排空；

④ 疏水器是否完好。

(2)秋季冰冻前，维修人员应对管道进行排水防冻检查；春季化冻季节应认真检查管道，防止冻胀损坏；夏季应适时做好管道的防洪工作。

(3)每2年应对使用5年以上的管道进行以下项目的检查：

① 对管道进行壁厚定点测量(或用超声波测厚仪等)；

② 对管道及管件(如阀门、过滤器、补偿器等)进行抽样(不少于管件数的10%)水压试验。

5. 油库通风管道的检查

(1)通风管道每月应检查1次，雨季、通风季节要适当增加检查次数。

(2)风机每月应试运转1次。

(3)检查内容:

① 检查风道出口是否畅通;

② 检查风道插板阀、蝶阀、油水自动分离器是否开闭灵活;

③ 检查水泥风管是否倒塌堵塞,水泥盖板密封是否良好;

④ 检查铁皮风管有无变形、裂口。

五、管道防腐、伴热与保温

1. 防腐

为了延长管道使用寿命,不论输送何种介质的管道,均应刷漆防腐。输送的介质不同,管道铺设方式不同,防腐要求也不尽相同。

普通地面明敷的管道,如不需要保温,只在管外壁先除锈,再涂刷一道红丹底漆,然后涂刷1~2道醇酸磁漆作面漆即可。如需要保温,则先在管道外表面加保温材料后,再包镀锌铁皮,且在铁皮表面刷2道醇酸磁漆。

埋于地下的管道,应根据土层质量、电阻率等参数采取普通级、加强级或特加强级三种不同的防腐方法:① 普通级防腐由"沥青底漆→沥青→聚氯乙烯工业膜"组成,涂层总厚度不小于3 mm;② 加强级防腐由"沥青底漆→沥青→玻璃布→沥青→玻璃布→沥青→聚氯乙烯工业膜"组成,涂层总厚度不小于6 mm;③ 特加强级防腐共9层,涂层总厚度不小于9 mm。

除上述的石油沥青防腐绝缘层以外,埋于地下的管道的防腐方法还有煤焦油沥青防腐绝缘层、环氧煤沥青防腐绝缘层、塑料胶带防腐绝缘层、环氧粉末防腐绝缘层。

2. 伴热

对于黏度大、易凝的石油及其产品(如原油、重柴油、润滑油等),都需加热输送。为减少输送过程中的热损失,除需在管道外进行保温外,有时还需逐段对管道预伴热。

3. 保温

除加热输送的油品管道需要保温外,还有一些介质(如蒸汽、自来水、液化石油气等)管道也需要保温。输送的介质不同,保温目的也不相同。例如,蒸汽管道保温是为了防止热损失,自来水管道保温是为了防止冻凝,而液化石油气管道保温是为了保冷。因此,不同管道的保温结构及使用材质也不相同。

保温管道一般为四层,由里到外分别是防腐层、保温层、防潮层、保护层。

(1)防腐层是在管壁外涂刷1道沥青底漆或1~2道红丹漆,以防止管道外壁氧化腐蚀。

(2)保温层采用导热性能低的材料,如玻璃布、矿渣棉、硅酸铝纤维、泡沫石棉、微孔硅酸钙和海泡石复合保温材料，制成一定形状包于管道或设备外部，保温层厚度视管径大小和介质温度而定。

(3)防潮层是用沥青玻璃布缠绕于保温层外面，用以防止雨雪浸入保温层而破坏保温效果。包扎层数根据设计确定。

(4)保护层用0.5 mm的镀锌铁皮包于防潮层表面，也有用玻璃布缠绕或石棉水泥抹面，这样可以保护保温层不被人为损坏，从而延长保温层寿命。保护层表面应涂刷1~2道醇酸磁漆。

保温管道应格外注意施工质量，主要质量要求有：法兰处应留有卸螺帽间隙，转弯处应留有膨胀间隙，直立管段设托架，保温块应用铁丝捆牢，预制块间隙应用灰浆灌满，玻璃布缠绕应搭接一半，保温层要求密实。该管道色标与前述相同。

六、管道的技术要求

1. 输油管道的技术要求

(1)输油管道的完好标准。

中国石化总公司颁发的《石油库设备完好标准》中规定油库输油管道的完好标准如下。

① 输油管线的安装、防护符合《石油库设计规范》(GBJ 74—84)的要求。

② 管线及附件的外表面无重皮、夹渣、裂缝等缺陷，法兰不能直接埋入地下。

③ 煨制管的曲率半径不小于管子外径的3.5倍，弯管的椭圆度不大于7%。

④ 管线对焊符合《现场设备、工业管道焊接工程施工规范》(GB 50236—2011)的规定。

⑤ 法兰与管线焊接，密封面与管线轴线垂直度符合要求。工作压力小于4 MPa，最大偏差不大于2 mm。

⑥ 连接法兰的两密封面相互平行，两对称点最大与最小间隙之差($a-b$)不超过表3-3中规定的数值。

表3-3 连接法兰的两密封面两对称点最大与最小间隙之差

公称直径/mm	公称压力小于1.6 MPa
	法兰间隙($a-b$)/mm
100	0.2
>100	0.3

⑦ 连接法兰盘不允许加双垫、偏垫。垫片内径比法兰内径大2~3 mm；法兰螺栓齐整满扣，螺丝露出帽2~3扣。

⑧ 新安装及使用中的管线在1.5倍工作压力的条件下试压不渗漏。

⑨ 所有管线均应编号。

⑩ 管线检修记录、试压记录、管网的平面布置和纵断面图，以及焊缝探伤检测记录技术资料齐全、准确。

(2)输油管道需大修的条件。

输油管道大修参考期为3~5年。其大修项目及主要标志见表3-4。

表3-4 输油管道大修项目及主要标志

大修项目	主要标志
埋地管道防腐层修补或重做	防腐局部失效、损坏时，应进行局部修理；如发现平均每10 m有一处漏点，且总数超过10处时，应重新进行防腐处理
更换发生扭曲变形或腐蚀穿孔的管道	管道扭曲变形或腐蚀穿孔严重
重做或修补保温层	保温管道保温层脱落长度占总长度的1/4以上
更换或修理管件、补偿器、支座	管件破裂，补偿器变形，支座倒塌
管道防腐刷漆	参见管道防腐有关内容
电法保护装置的修理和更换	管道电法保护失效

(3)输油管道的报废条件。

① 输油管道超过折旧年限(30年)，管道成片腐蚀(当蚀孔沿管道均匀分布时)，腐蚀余厚小于2.0 mm，且每10 m管段发现2处以上蚀孔时，该管段应予报废。

② 经强度试验不合格的管段或管件应予报废。

2. 油罐呼吸管道的技术要求

(1)油罐呼吸管道的完好标准。

① 严密性好，不漏气，无堵塞，无杂物，气路畅通。

② 蝶阀、闸阀、呼吸阀、阻火器、防雨帽等工作正常、开关灵活，无堵塞卡死。

③ 管道出口离洞口水平距离不小于20 m，且应高于洞口2 m以上。

④ 钢管、铁皮管无锈蚀，防腐良好。

⑤ 呼吸管道流程图、操作规程齐全。

⑥ 技术资料齐全，即有试压记录、检查记录、检修记录。

(2)油罐呼吸管道需大修的条件。

油罐呼吸管道大修参考期为3~5年。其大修项目及主要标志见表3-5。

表3-5 呼吸管道大修项目及主要标志

大修项目	主要标志
更换发生扭曲变形或腐蚀穿孔的管道	管道扭曲变形或腐蚀穿孔严重
更换或修理管件、阻火器、呼吸阀、支座	管件破裂，阻火器变形，呼吸阀锈死，支座倒塌
管道防腐刷漆	参见管道防腐有关内容
对管道进行局部改造	管道漏气、阻塞或换气量不能满足设计要求

(3)油罐呼吸管道报废条件。

管道正负压试验不符合要求(正压为 2200 Pa，负压为 650 Pa)，应予报废。

3. 油库供水管道的技术要求

(1)油库供水管道的完好标准。

① 安装正确，运行良好。

❖ 法兰盘盘面与管道中心线垂直，法兰垫片、螺栓、螺母应齐整、紧固、满扣。

❖ 管道与各建筑物、构筑物之间的距离符合规范要求；穿越铁路、公路、马车道和沟渠的管道要加套管或设管沟；管道支座(架)形式和固定方法正确、牢靠、无变形、不下沉。

❖ 强度试验压力达到工作压力的 1.5 倍，保持不渗、不漏，无变形、裂纹。

❖ 阀门安装位置适当，手轮便于操作，禁止倒装。

❖ 承接口完整无损，不渗、不漏。

② 管件齐全，维护完好。

❖ 管道及阀门、法兰、螺丝等管件无锈蚀。管道锈蚀麻点深度不超过管壁厚度的 25%。

❖ 管道整洁，钢管防腐层完好，油漆无脱落。

❖ 管道里程桩完好，无丢失、移位。

③ 技术资料齐全、准确。

❖ 有检查试压记录。

❖ 有管道敷设图纸。

❖ 有管道流程图。

❖ 有管道检修记录。

(2)油库供水管道需大修的条件。

油库供水管道大修参考期为 3~5 年。其大修项目及主要标志见表 3-6。

表 3-6　油库供水管道大修项目及主要标志

大修项目	主要标志
更换发生扭曲变形或腐蚀穿孔的管道	管道扭曲变形或腐蚀穿孔严重
更换或修理管件、支座、消火栓	管件破裂，支座倒塌，消火栓损坏
管道防腐刷漆	参见管道防腐有关内容
管道更换，重新安装	管道破裂

4. 油库蒸汽管道的技术要求

(1)油库蒸汽管道的完好标准。

① 安装正确，运行良好。

❖ 法兰盘盘面与管道中心线垂直，同组法兰螺栓、螺母应齐整、紧固、满扣。

❖ 管道与各建筑物、构筑物之间的距离符合规范要求；穿越铁路、公路、马车道和沟渠的管道要加套管或设管沟；露天管沟或管道应有排水和防冻措施；补偿伸缩器安装位置适宜；管道支座(架)形式和固定方法正确、牢靠、无变形、不下沉。

❖ 强度试验压力达到工作压力的1.5倍，保持不渗、不漏，无变形、裂纹。

❖ 阀门安装位置适当，手轮便于操作，禁止倒装，截止阀、疏水器安装正确，安全阀控制压力准确。

❖ 放冷凝水管道安装符合规范要求。

② 管件齐全，维护完好。

❖ 管道及阀门、法兰、螺丝等管件无锈蚀，管道锈蚀麻点深度不超过管壁厚度的25%。

❖ 管道整洁，防腐层完好，保温层无脱落。

❖ 管道里程桩完好，无丢失，无移位。

❖ 放冷凝水管道完好。

③ 技术资料齐全、准确。

❖ 有检查试压记录。

❖ 有管道敷设图纸。

❖ 有检修记录。

(2)油库蒸汽管道需大修的条件。

油库蒸汽管道大修参考期为3~5年。其大修项目及主要标志见表3-7。

表3-7　油库蒸汽管道大修项目及主要标志

大修项目	主要标志
埋地管道防腐层修补或重做	防腐局部失效、损坏，应进行局部修理；如发现平均每10 m有1处漏点，且总数超过10处时，应重新进行防腐处理
更换发生扭曲变形或腐蚀穿孔的管道	管道扭曲变形或腐蚀穿孔严重
重做或修补保温层	保温层脱落长度占总长度的1/4以上
更换或修理管件、补偿器、支座	管件破裂，补偿器变形，支座倒塌
管道防腐刷漆	参见管道防腐有关内容

(3)油库蒸汽管道的报废条件。

① 管道超过折旧年限(30年)，管道成片腐蚀，腐蚀余厚小于2.0 mm，且每10 m管段发现2处以上蚀孔时，该管段应予报废。

② 经强度试验不合格的管道或管件应予报废。

5. 油库通风管道的技术要求

(1)油库通风管道的完好标准。

① 严密性好，不漏气，无堵塞，无杂物，气路畅通。

② 插板阀、蝶阀、油水自动分离器开闭灵活、无卡死。

③ 风道出口畅通，距洞口水平距离不小于 20 mm，且高出地面 2.0 m 以上。风道口周围无易燃物。

④ 铁皮风道无锈蚀，防腐良好。

⑤ 水泥风道无倒塌，盖板无断裂。

⑥ 风道流程图、操作规程齐全。

⑦ 技术资料齐全、准确。

❖ 有检查记录。

❖ 有检修记录。

(2)油库通风管道的报废条件。

① 水泥风道大面积倒塌、修补不经济时，应予以报废。

② 铁皮风道锈蚀严重、多处漏气、无法修复时，应予以报废。

七、输油管道的常见故障与检修方法

1. 输油管道的常见故障

输油管道的常见故障如下：管道、闸阀和各种连接件渗漏、松动、脱漆；阀门外壳出现裂纹、锈蚀塞紧；管道焊缝裂纹、重皮锈蚀；管墩、管沟损坏；静电接地装置锈蚀；接地电阻超标准；管道扭曲变形、腐蚀穿孔、保温层脱落、管件破裂、补偿器变形、电位保护失效等。

2. 输油管道检修方法

(1)焊补。

修补输油管道最可靠的方法是焊补。发现管道有裂痕、腐蚀穿孔或有剥层时，应切除至少 500 mm 管段，并以同材质和管径的新管段换焊。对管道未穿透的少量蚀孔，可清除铁锈后用电焊填补，但焊迹必须超出锈蚀外边沿 10 mm。成片腐蚀的管道(当蚀孔沿管道均匀分布时)，必须进行局部更新。

(2)环氧树脂补漏。

环氧树脂可以及时修补管道的腐蚀穿孔、砂眼、裂纹等渗漏处，不受安全条件限制，大大减少明火修焊的危险性，安全可靠且利于生产。配制时，将环氧树脂加热到 40～45 ℃，再加入邻苯二甲酸二丁酯和乙二胺，不断搅拌。气温低时，可将杯子放在热水中保温(30 ℃左右)。环氧树脂每次不宜配制过多，其配制量能在 0.5 h 内用完为宜。补漏应在管内无压力及放空情况下进行，清理管道表面污锈后，先沿渗漏处涂环氧树脂补漏剂，涂层厚度为1~2 mm，在涂层上缠绕一层玻璃布，再在玻璃布上涂补漏剂；按照上述步骤缠绕玻璃布3~5层，最后以补漏剂覆面，干固后即可投入正常使用。

(3)减少静电接地电阻。

由于土壤干燥造成接地电阻增大时，可设法保持土壤潮湿，即在接地周围埋些木炭以保持水分，或者在接地周围埋一些食盐以增加导电能力。接地电阻增大是由于接地极锈蚀严重，可除去锈垢或换上新接地极，也可通过增加接地极数目和采用降阻剂，以达到降低接地电阻的目的。

(4)更换或增加牺牲阳极保护装置。

当阳极性能变坏(保护度不大于85%)时，应增加或更换阳极件。

(5)更换阀门、补偿器填料。

阀门及补偿填料松动、磨损、老化时，应及时更换压紧。

(6)除锈补漆。

发现管道脱漆处应及时除锈补漆；管道外部局部涂漆，一般是每年1次，于每年雨季前后进行，要特别注意焊接处锈蚀情况；为防止地面上管道底部锈蚀穿孔，延长管道使用寿命，对投用多年的管道，应根据锈蚀情况并结合大修，将管道翻转使其腹面向上，进行防腐处理。

(7)管道的防漏和应急抢修。

管道由于腐蚀穿孔、焊缝缺陷、冬季冻裂、高温胀裂及密封垫圈损坏等原因，会发生泄漏。地面管道的渗漏容易发现，而地下管道的泄漏不易发现，只有通过间接的方法加以判断。

① 地下管道渗漏的判断。在巡检过程中，通常借助以下四种情况分析判断地下管道的渗漏：

❖ 收发油时，泵出口压力表读数突然下降或读数比平常偏小，进口真空表读数亦相应增加(真空度减少)；

❖ 一次作业后，收油量和发油量存在较大差别；

❖ 不输油时，管道内有流水般响声；

❖ 地下管道的附近地面或水面有油迹或油花，周围植物出现发黄、枯死现象。

微小渗漏不易发现，为了防止长期漏油的损失，地下输油管道应进行周期性的试压，以及时发现管道有无渗漏现象。

② 防漏措施。管道一旦发生泄漏就会造成损失，为了防止管道渗漏，通常有以下三条防漏措施：

❖ 管道的法兰、焊缝、补偿器填料等处，应加强检查和维护，适时更换垫片和填料；

❖ 地下管道敷设时，切实做好防腐措施，并定期检查防腐层是否完好；

❖ 为保证工作安全可靠，使用中每隔 1~2 年应对管道进行一次强度和严密性复检。

③ 管道应急抢修。作为一种管道维护的特殊工作，应急抢修对减少管道泄漏造成的损失很重要。下面介绍三种应急抢修的方法。

❖ 木塞堵漏。木塞的形状、规格应根据需要预先制作，一旦管道出现穿孔泄漏，用预制好的木塞打紧即可。此法简单、效果好、操作迅速。

❖ 堵漏栓。用于抢修管道穿孔时的一种简便方法。当管道出现穿孔泄漏时，可根据孔洞的大小，选择合适的堵漏栓。使用时，首先使活动杆和螺杆平行并穿入洞内，然后慢慢拉动螺杆，使活动杆和螺杆垂直并紧贴在管道内壁，接着拧动元宝螺母，将密封胶垫压紧即可。

❖ 环箍堵漏。当管道受腐蚀穿孔泄漏，孔洞周围的管壁已很薄，强度也较低时，采用环箍堵漏比较理想。环箍既可用作管道单面穿孔堵漏，也可用作管道双面穿孔堵漏。使用时，用适当大小的橡胶垫片贴在渗漏处，套上弧形铁板拧紧即可。

第四章　石油库生产安全管理

石油库是用来接收、储存及发放油品的仓储设施，是协调油品生产、加工、供应及运输的纽带。鉴于石油库中的油品具有易燃易爆、易挥发及一定流动性的特点，给安全生产带来一定的威胁，因此，石油库的安全管理显得尤为重要。本章将重点介绍石油库日常运行中应遵守的安全规章制度和采取的安全管理措施。

第一节　石油库收发油作业安全措施

石油库收发油作业安全涉及范围广泛，针对作业场所、设备设施、操作岗位等不同方面提出了具体的安全要求。

一、收发油作业中防火防爆的安全措施

机车运送轻质油品时应加挂隔离车，进库时，要分别戴防火罩，基本对位后要脱钩固定，防止溜车。油船或驳船停靠时要减速，抛锚和拉锚链时，应冲水润湿和加垫。汽车入库要戴防火罩，接地拖刷应可靠触地。收留驾驶员及其他入库人员随身携带的火种、手机及钥匙。检查绝缘法兰和绝缘轨缝的可靠性，防止杂散电流串入作业线。同一作业线和同一码头的各种装卸设备的防静电接地应为等电位。

作业人员应穿戴防静电服和鞋帽，不使用碰击能产生火花的工具，活动照明要使用防爆手电筒。鹤管或输油臂装油时要插入底部，如采用分层卸油时应有安全员监守。随液面降低，进油口也相应下降，避免吸入空气。铁路油罐车和油船的装油速度，在出油口淹没前的初始阶段，要控制在 1 m/s 以下。气温过高、接近或超过油品闪点时，根据条件，应采取降温措施，将操作孔用浇水的石棉被盖住，杜绝操作孔附近的非必要操作。不准在危险场所穿脱衣服、挥舞工具和搬动物品。

雷雨天禁止装卸油作业。收发油作业时，拿取工具、开关罐盖、收送鹤管等，都要做到既轻又稳，不应碰掉静电连接线。口袋中的钢笔等物品不得掉落，防止手表碰击。司泵巡线员在油泵运行中，不能撤离岗位，应监视电动机及泵的温升、润滑、冷却水温度、轴承温度、轴封，以及各个接口的泄漏量、压力、真空度、电流、电压、声响、颤动等，发现异常及时排除或停机检查。适时对油泵房进行通风排气，使油泵房内油蒸气浓度不超

过规定值。

二、防止跑、冒油的安全措施

在油库日常工作中，因设备故障或操作失误可能引发跑、冒油事故，为防止此类事故发生，可以采取以下措施。

在装卸和倒装油品作业之前，应仔细检查冒油报警装置和自动停泵装置是否良好，检查管线连接是否牢固严密。输油作业时，要巡查管线，计量员应注意观察罐内的进油情况，油库主任应全面掌握现场作业情况，定时了解各岗位工作进程，督促检查。连续作业时，要组织好交接班，一般不应中途停止作业，若必须停止作业，应将输油管内油品放出一部分，以防止温升时胀裂管线。作业完毕后，应关闭所有阀门，并认真检查有无不安全因素。

油船上的缆绳禁止挂在管线及阀门上，防止拉断油管，损坏阀门。在装卸作业时，码头与油船连接的胶管应有足够的长度，以免由于潮水的涨落，使得船身起伏，拉断胶管。油罐进油或油罐之间相互倒装油品时，应对原有罐装油高度进行准确测量(装有报警和液面指示器的油罐除外)，计算出实际的装油高度，以免装油时发生冒油事故。装油容量应严格控制在安全高度以内，装油过满会使油品在容器内因温度升高膨胀而从容器口冒出。当油面接近安全高度时，应减慢流速，及时换罐。

维修油罐、阀门、管线及其附件时，修理人员要与有关人员密切联系。离开现场或暂时停止修理时，应将拆开的管道用封头堵住，并将修理情况向有关人员交代清楚。修理结束，应经技术员或值班员检查无误后，方可使用。对严寒地区的储油罐、管线、阀门等，在冬季到来之前，应做好充分的防寒准备工作，如放尽罐底及管线内的积水，以防气温骤变而使容器、管线、阀门等冻裂或折断。对容易遭受山洪、暴雨影响的油罐、管线等，应及时采取防洪等安全措施。油库应定期维修及管理好所有阀门，使阀门技术状况完好。收发油作业中，因故中途停泵的油罐，必须关闭其阀门或拔高油管，防止虹吸造成冒油。

若一旦发生跑、冒油事故，可按照下列步骤予以处理：立即停止跑、冒油现场附近所有明火作业，关闭阀门或迅速转罐，防止继续跑、冒油；及时报告有关部门，组织对跑、冒油区域警戒，杜绝烟火，控制车辆和人员出入；如果油料流入江河或农田，应及时与地方有关部门联系，协助处理；迅速集中油库灭火器材和铁锹、铁镐、黄沙、细土等配置到跑油区域，随时扑救可能发生的油火；组织人员利用现有器材回收漏油，最大限度地减少油料损失；收回油料应单独存放；担负跑、冒油区域警戒的人员，应持续至该地区确无火灾爆炸危险性后方可撤离；做好跑、冒油事故的善后工作，调查发生跑、冒油的原因，计算损失及制定防范措施，并报告上级有关部门。

三、防止混油的安全措施

混油是指两种或两种以上不同牌号或不同产地的油品混装在一起，其结果轻则造成降质，重则导致变质。混油虽然不造成油品数量的损失，但是造成油品质量的下降。防止混油的安全措施如下。

接收铁路油罐车(油船)油品时，要认真核对证件，逐车(仓)检查油名、车号、铅封等，经测量和化验合格后方可装卸。发油时，应逐罐检查是否存在其他不同品种的残油，严禁不同油名、牌号的油品混装。同一条管线的管组，严禁混装不同品种、牌号的油品。如因设备有限，必须混装油品时，应先将管线冲洗干净，并在管线有关连接处用隔板隔开或用堵头堵住。为防止罐与罐串油，应保持阀门严密。阀门使用时，混入油品中的机械杂质沉淀在闸板与密封圈之间；使用一段时间后，密封圈上会出现伤痕而使其不严密。因此，油品放空时，应对阀门进行试压检查。变质(降质)油品的掺混和质量调整，需经上级有关部门批准。

在发油、倒装作业中，发现有混油疑点或已经混油时，应立即停止作业，并将混油单独存放，待化验和上级主管部门批准后再做处理。加强计量员、司泵巡线员的责任心，进行收发油作业时，严禁擅自离岗，参加作业的人员不宜中途更换，如确需更换时，须将整个作业的有关情况和注意事项向接替人员交代清楚。收发桶装油品时，应逐桶检查和标记。加强技术培训，严禁让技术不熟练的人或非工作人员操作运行设备。

四、防静电危害的安全措施

1. 铁路油罐车装油时防静电危害的安全措施

(1)排除气体。

装过汽油的油罐，如未经清洗直接装煤油、柴油等油品，会因吸收汽油蒸气而使混合气体达到爆炸范围。例如，自柴油注入装过汽油且未清洗的油罐后，经 10~15 s 便进入爆炸状态。所以对这类油罐车必须先进行清洗，以排除汽油蒸气。

(2)消除人体静电。

装卸油品作业人员，需先用手直接接触接地的静电消除器进行人体放电后，再从事操作。作业人员应穿防静电服、鞋，戴防静电手套。

(3)接地。

装卸油前，油罐车必须可靠接地，使鹤管、油罐车和钢轨成为等电位体。

(4)装油方法。

应将鹤管插入到距油罐底部 200 mm 处。

(5)控制流速。

装轻质油品等易燃液体时，初始油管流速要慢，不得大于 1 m/s，直到鹤管口完全浸入在油品中以后，才可以逐渐提高油管流速。

(6)过滤器的设置。

要求过滤器至装油栈台间留有足够的间距，或者采取设置消除静电器等措施，以便消除过滤器所产生的电荷。

(7)检测及采样。

检尺、测温、采样等工作需要对作业器材做可靠接地，并待装完油静置一定时间后进行。严禁在罐装作业过程中进行检尺、测温和采样作业。

2. 油船装油时防静电危害的安全措施

装油初始阶段，由于管内存有积液，所以应低速装油，流速普遍控制在 1 m/s 以下。一般油品只能使用粗孔的过滤器，这样管线产生的静电较小。当使用精密过滤器时，必须采取相应的消除静电措施。当用空气或稀有气体将软管及金属管内残油驱向油舱时，应注意不要将空气或稀有气体充入油舱。另外，油船上应有防雨水浸入设施，以防止雨水混入油中。禁止通过外部软管从舱口直接罐装挥发性油品及超过其闪点温度作业的其他油品，这种罐装法只限于高闪点油品。船上禁止使用化纤碎布或丝绸擦抹油舱内部，并要合理使用尼龙绳索。在有可燃性油气混合物的场所，为防止金属面之间或金属面与地面之间发生火花，这些金属部件均需有良好的接地装置。在油船上工作的人员应避免穿化纤衣服，并应穿防静电服、鞋。油船装完油后，须经充分静置后方可进行测温、检尺和采样。

3. 汽车油罐车装油时防静电危害的安全措施

卸油之前，必须将车体进行可靠接地。加油鹤管做静电接地的要求同样严格，且与汽车油罐车的静电接地是同一静电接地体。罐装油管流速不宜大于 4.5 m/s。加油鹤管必须插入罐底，距底部不大于 100 mm 为宜，其出油口宜制成 45°斜面切口。加油完毕后，必须经过规定的静置时间才能提升鹤管，拆除静电接地线。改装不同品种的油品时，特别是由汽油车改装煤油、重柴油时，必须放尽底油并清洗油罐，在确认无爆炸性混合气体后，才能进行装油作业。

4. 油罐装油时防静电危害的安全措施

油品在管线输送过程中，虽然产生静电荷，但由于管线内充满油品而没有足够的空气，不具备爆炸着火条件。如果把已带有电荷的油品装入油罐，则因电荷不能迅速泄掉便积聚起来，使油面具有一个较高的电位。此时，若油面上部有浓度适宜的爆炸性混合气体，则十分危险。为此，应采取以下防静电措施。

收油前，应尽可能把油罐底部的水和杂质除尽。严禁从油罐上部注入轻质油品。通过过滤器的油品，在接地管道中继续流经 30 m 以上后，方可进入油罐。加大伸入油罐中的注油管口径，以便流速减慢，在条件允许的情况下，可设置缓和器。进入油罐的注油管尽可能地接近油罐底部，管口呈45°斜面切口。在空罐进油时，初流油管流速应小于1 m/s，当入口管浸没200 mm后，可逐步提高流速。收油时，罐顶除留有定时观察油面高度的人员外，其他人员应尽量避免在罐顶活动。检尺、测温和采样作业必须待罐内油品静置一定时间后，方可进行，且检尺、测温和采样工作须做可靠的静电接地。严禁在进油时进行检尺、测温和采样作业。作业人员应穿戴防静电服、鞋、手套。

五、检尺、测温和采样作业的安全措施

禁止让未经过专业训练的人员进行检尺、测温和采样作业。轻质油品进入储油罐后，须静置一定时间后方可检尺、测温和采样作业。测量人员在检尺、测温和采样前，应清除人体所带静电，作业时应穿防静电服、鞋。凡是用金属材质制成的测温和采样器，必须采用导电性质良好的绳索，并与罐体进行可靠接地。检尺、测温和采样时，不得猛拉猛提，上提速度应不大于0.5 m/s，下落速度应不大于1 m/s。罐测量口必须装有铜(铝)测量护板，钢卷检尺进入油罐时必须紧贴护板下落和上提。严禁在测量时，用化纤布擦拭检尺、测温盒和采样器。测量人员不准携带火柴、打火机作业，上衣口袋内不得装有金属物件，以防跌落在罐口上产生火花。进行上述作业时，应背风进行，避免吸入油蒸气，作业后应立即封闭罐口。

第二节　石油库安全管理制度

石油库具有易燃易爆等危险性，一旦发生事故，就有可能扩展成为更大的灾害。因此，石油库需要周密的安全管理组织、健全的安全管理制度，以实施切实的安全管理措施，对生产活动进行有效的安全管理。石油库安全管理制度包括安全生产责任制、安全教育制度、安全检查制度、特殊作业安全管理制度、事故隐患管理制度、工业卫生管理制度、安全作业禁令和规定等。石油库安全管理制度是石油库安全管理工作的根本依据，具有规范性作用，对各级人员都具有约束力。健全和落实各项安全管理制度是提高石油库安全的根本保证。

一、安全生产责任制

安全生产责任制是以制度的形式明确规定各级领导和员工，在生产活动中应担负的安全责任。落实好安全生产责任制是做好安全工作的关键。石油库主要负责人是本单位安全生产第一责任人，其他领导、职能部门和员工，在各自和部门工作范围内，对实现安全生产负责。安全生产人人有责，实行一岗一责制，做到有岗必有责，上岗必守责。

1. 领导安全职责

石油库主要负责人是企业安全生产第一责任人，对本企业安全生产工作全面负责。负责建立并落实全员安全生产责任制，自觉执行国家安全生产法律法规，始终把握好安全生产的方针、政策，不断研究出现的新问题，提出新思路，采取新措施。逐级抓好安全生产责任制的落实，对本企业的重大隐患做到心中有数，认真抓好治理，落实生产装置、设施技术改造和基本建设安全管理“三同时”。主持召开安全会议，确定本石油库安全生产目标。

落实审定安全生产规划、计划，签发安全规章制度、安全技术规程，切实保证安全生产资金投入，不断改善劳动条件。负责健全安全生产管理机构，充实专职安全技术管理人员。定期听取安全工作汇报，组织对重大事故的调查处理，决定安全生产工作的奖惩。负责副职安全生产责任制的落实、检查和考核。认真履行职责，定期参加基层安全活动。接受安全培训考核，并取得有关规定要求的证书。抓好员工的安全教育培训工作等。

2. 职工安全职责

操作人员应认真学习和严格遵守各项规章制度，遵守劳动纪律，不违章作业，对本岗位的安全生产负直接责任。熟练掌握本岗位操作技能，严格执行工艺纪律和操作纪律，正确操作，做好各项记录。交接班应交接安全情况，交班应为接班创造良好的安全生产条件。正确分析、判断和处理各种事故苗头，把事故消灭在萌芽状态。

在发生事故时，及时如实地向上级报告，按照事故预案正确处理，并保护现场，做好详细记录。按时认真进行巡回检查，发现异常情况及时处理和报告。及时维护设备，保持作业环境整洁，搞好文明生产。上岗按照规定着装，熟练正确地使用各种防护器具和灭火器材。积极参加各种安全活动、岗位技术练兵和事故演练。有权拒绝违章指挥，对他人违章作业加以劝阻和制止。做好直接作业的监护工作，落实各项防范措施。

二、安全教育制度

为了让全体职工正确掌握安全生产知识，提高生产技术水平，充分认识搞好安全生产的重要意义，能够自觉贯彻国家的安全生产方针和法令，认真遵守有关安全生产的规章制度，保证实现安全生产，制定和落实安全教育制度是行之有效的管理方法。

安全教育的内容有安全思想和安全意识教育、守法教育、安全技术和安全知识教育、安全技能和专业工种技术训练等。通过安全教育，首先能提高油库职工工作的责任感和自觉意识。此外，安全技术知识的普及和提高，能使广大职工了解生产过程中存在的职业危害因素及作用规律，提高安全技术操作水平，掌握检测技术、控制技术的有关知识，了解预防工伤事故和职业病的基本常识，增强自我保护意识，有利于安全生产的开展、劳动生产率的提高和劳动条件的改善。

1. 职工的三级安全教育

新职工（包括徒工、外单位调入职工、合同工、代培人员和大专院校实习生等）都应接受公司级、库级、班（组）级三级安全教育并考试合格，方可进入生产岗位。

（1）公司级安全教育（一级安全教育）。

新职工报到后，由人事或安全部门负责组织，进行安全、消防教育，时间不少于8学时。其教育内容是：国家和上级部门有关安全生产的法律、法规和规定；本单位的性质、特点；石油的危险特性知识；安全生产基本知识和消防知识；典型事故分析及教训。新职工经一级安全教育考试合格后，方可分配工作，否则石油库不得接收。

（2）库级安全教育（二级安全教育）。

由石油库安全工作人员或指定负责教育的专职人员负责组织教育，时间不少于40学时。其教育内容是：本库概况、生产或工作特点；本单位安全管理制度及安全技术操作规程；安全设施、工具及个人防护用品，急救器材、消防器材的性能、使用方法等；以往的事故教训。新职工经二级安全教育考试合格后，方可分配到班（组）。

（3）班（组）级安全教育（三级安全教育）。

由班（组）长或班（组）安全员负责组织教育，可采用讲解和实际操作相结合的方式，时间不少于8学时。其教育内容是：本岗位的操作工艺流程、工作特点和注意事项；本岗位（工种）各种设备、工具的性能和安全装置的作用，防护用品的使用、保管方法，消防器材的保管及使用；本岗位（工种）操作规程的安全制度；本岗位（工种）事故教训及防范措施。新职工经三级安全教育考试合格后，方可由指定师傅带领进行工作。

三级安全教育考核情况，应逐级写在安全教育卡片上，经安全部门审核后，方准许发放劳保用品和本工种享受的劳保待遇。未经三级安全教育或考试不合格者不得分配工作，否则，因此发生事故由分配及接收单位领导负责。新职工经过一段时间培训、学习和实际工作后，经有关部门对其操作技术和安全技术进行全面考核，合格后，方可独立工作，持证上岗。

2. 外来人员的安全教育

临时工、外包工、访客等进库前，必须接受石油库的安全教育。对临时工（包括来库施工人员）的安全教育由招工和聘用单位负责。教育内容为本单位特点、入库须知、担任工作的性质、注意事项、事故教训及安全、消防制度。在工作中要指定专人负责安全管理和安全检查；对外包工和外来人员的安全教育，分别由基建部门（或委托单位）和外借人员主管部门负责，教育内容同上；对进入要害部门办事、参观、学习等访客的安全教育由接待部门负责，教育内容为本单位有关安全规定及安全注意事项，并要有专人陪同。

3. 日常安全教育

石油库应开展以班（组）为单位的每周一次的安全活动日，每次活动开展时间不得少于1小时。安全活动日不得被占用。要做到有领导、有计划、有内容、有记录，防止走过场，员工应积极参加。石油库领导应经常参加基层班(组)的安全活动日，以了解和解决安全中存在的问题。

日常安全教育内容包括以下方面。学习安全文件和通报、安全规程、安全技术知识、消防设备操作使用技术等。讨论分析典型事故，总结吸取事故教训。开展事故预防和岗位练兵，组织各类安全技术演练。检查安全制度、操作规程贯彻执行情况和事故隐患整改情况。开展安全技术讲座、攻关和其他安全活动。利用各种会议、广播、简报、图片、安全报告会、故事讲演等形式开展经常性的安全教育。

4. 特殊安全教育

特殊工种(如锅炉工、电工、气电焊工、泵工、计量员、化验员、消防员等)必须接受各主管部门组织的专业性安全技术教育和培训，并经考试合格取得作业证后，方可从事操作(作业)。对于特殊工种，主管部门至少每两年组织一次培训。培训内容主要是专业工种安全技术知识、安全规程和安全事故案例和事故抢救等，以及防灾教育、抗震教育和汛期前的防汛抗灾教育等。

新设备投产前，应对操作人员进行安全教育。新建、扩建、新工艺、新设备和设备改造、更新、投产前，主管部门应写出适应新设备的安全操作规程，对岗位操作人员和有关人员进行专门教育，并经考核合格后方可独立操作。职工在库内工作调动或脱离半年以上重返岗位者，应进行二、三级安全教育，经考核合格后方可进入新的工作岗位。对严重违章违纪职工，应由有关部门单独再教育，经考察认定合格后，方可回到岗位。

三、安全检查制度

安全检查是石油库安全生产管理的重要内容，其工作重点是辨识安全生产管理工作中存在的漏洞和死角，检查现场安全防护设施、作业环境是否存在不安全状态，现场作业人员的行为是否符合安全规范，以及设备、系统运行状况是否符合现场操作规程要求，等等。通过安全检查，不断堵塞管理漏洞，改善劳动作业环境，规范作业人员行为，保证设备系统安全、可靠运行，实现安全生产的目的。

1. 安全检查的内容

安全检查的主要内容包括安全目标、安全工作计划的实施情况，法律、法规及其他要求的遵循情况，运行控制情况，安全管理规定、操作规程执行情况，对设备设施管理的安全监督执行情况，石油库内安全环保、设备设施、关键设备和要害部门、特种设备、普通机械设备运行情况的定期监督，有关压力容器、起重设备等特种设备的技术测量与监测。此外，还包括现场作业的监督执行情况，现场动火作业、受限空间作业、动土作业、起重吊装作业、高处作业、临时用电作业等危险作业活动实施情况，机械设备、电气设备、消防器材的使用保养情况，消防预案、安全隐患整改情况，安全目标、安全工作计划的实施情况。

2. 安全检查的类型

安全检查习惯上分为以下六种类型。

(1)定期安全检查。

定期安全检查一般是通过有计划、有组织、有目的的形式实现，由企业统一组织实施，如月度检查、季度检查、年度检查等。该检查周期的确定，应根据石油库的规模、性质及地区气候、地理环境等确定。定期安全检查一般具有组织规模大、检查范围广、有深度、能及时发现并解决问题等特点。定期安全检查一般和重大危险源评估、现状安全评价等工作结合开展。

(2)经常性安全检查。

经常性安全检查是由石油库的安全生产管理部门、班(组)或岗位组织的日常检查。一般来讲，该检查包括交接班检查、班中检查、特殊检查等几种形式。

① 交接班检查是指在交接班前，岗位人员对岗位作业环境、管辖的设备及系统安全运行状况进行检查，交班人员要向接班人员交代清楚工作情况，接班人员根据自己检查的情况和交班人员的交代，做好对工作中可能发生问题及应急处置措施的预想。

② 班中检查包括岗位作业人员在工作过程中的安全检查，以及石油库领导、安全生产管理部门或安全监督人员对作业情况的巡视或抽查等。

③ 特殊检查是针对设备、系统存在的异常情况，所采取的加强监视运行的措施。一般来讲，该措施由技术人员制定，岗位作业人员执行。

交接班检查和班中检查一般应制定检查路线、检查项目、检查标准，并设置专用的检查记录本。

经常性安全检查发现的问题应记录在记录本上，并及时通过信息系统和电话逐级上报。一般来讲，对危及人身和设备安全的情况，岗位作业人员应根据操作规程、应急处置措施的规定，及时采取有效措施，无须请示，处置后则应立即汇报。

(3)季节性及节假日前后安全生产检查。

季节性安全生产检查由石油库统一组织，检查内容和范围则根据季节变化，按照事故发生的规律对易发的潜在危险、突出重点进行检查，如冬季防冻保温、防火、防煤气中毒，夏季防暑降温、防汛、防雷电等检查。由于节假日(特别是重大节日，如元旦、春节、劳动节、国庆节)前后容易发生事故，因而应在节假日前后进行有针对性的安全检查。

(4)专业(项)安全检查。

专业(项)安全检查是对某个专业(项)问题或在施工(生产)中存在的普遍性安全问题进行的单项定性或定量检查。专业(项)安全检查具有较强的针对性和专业要求，可能有制定好的检查标准或评估标准，以及使用专业性较强的仪器等，该检查用于检查难度较大的项目。

(5)综合性安全检查。

综合性安全检查一般是由上级主管部门组织对石油库进行的安全检查。该检查具有检查内容全面、检查范围广等特点，可以对被检查单位的安全状况进行全面了解。

(6)职工代表不定期对安全生产的检查。

根据《中华人民共和国工会法》《中华人民共和国安全生产法》的有关规定，生产经营单位的工会应定期或不定期组织职工代表进行安全生产检查。重点检查国家安全生产方针、法规的贯彻执行情况，各级人员安全生产责任制和规章制度的落实情况，从业人员安全生产权利的保障情况，生产现场的安全状况，等等。

3. 检查结果的处理

检查结果应及时反馈给相关部门，对检查中发现的潜在不安全因素和不符合项应下达隐患整改通知单，并按照相关规定执行，负责安全的相关部门对所采取隐患整改措施的有效性进行监督检查。

四、特殊作业安全管理制度

近年来，国家有关部门陆续颁布了一些安全标准和规范，明确了动火作业、受限空间作业、高处作业、动土作业、临时用电作业、吊装作业、盲板抽堵作业等常见特殊作业的安全技术要求和管理要求，为企业制定、完善作业许可管理提供了规范依据。

1. 动火作业安全技术

动火作业是指直接或间接产生明火的工艺设置以外的禁火区内可能产生火焰、火花和炽热表面的非常规作业，如使用电焊、气焊(割)、喷灯、电钻、砂轮等进行的作业。

油库主要的动火作业类型有：气焊、电焊等各种焊接作业，以及气割、砂轮机、磨光机等各种金属切割作业；使用喷灯、锅炉、电炉等明火作业；烧(烤、煨)管线、熬沥青、炒砂子、铁锤击打(产生火花)物件、喷砂和产生火花的其他作业；使用临时电源并使用非防爆电气设备和电动工具。

动火作业的危害及常见的不安全行为、不安全状态是引发火灾和爆炸事故的直接原因，对作业人员来说，可能发生灼烫、触电等人身伤害。由于动火作业过程可能涉及高处作业、受限空间作业等，所以在动火过程中也有可能发生高处坠落、中毒窒息、触电、作业环境破坏等事故。

其他不安全行为、不安全状态有：动火作业许可证办理不规范；施工作业负责人、施工作业所在单位的负责人、签发动火作业许可证的人等相关人员不到现场确认，危害因素识别流于形式；动火部位不进行可燃、有毒气体采样分析，动火作业安全措施不落实或落实不到位；施工机具存在各种不安全状态；等等。

动火作业过程中常见不安全行为、不安全状态主要表现在以下几个方面：作业地点周边存在影响动火作业安全的其他作业；动火作业过程中监护人随意离开现场或从事与工作无关的事情；高处动火作业不采取防火花飞溅措施，没有有效的作业平台，不系或安全带系挂不规范；动火作业结束后，对现场不进行检查验收；等等。

动火作业实行分级管理，一般分为三级，即特殊动火作业、一级动火作业和二级动火作业。

由于动火作业的危险性大，作业部位千差万别，所以设备管道内的介质也各不相同，动火作业的环境也大不相同。“动火作业许可证”是动火作业的凭证和依据，不得随意涂改、代签，并应妥善保管。

动火作业实行“三不动火”，即没有经批准的“动火作业许可证”不动火、动火监护人不在现场不动火、安全管控措施不落实不动火。作业过程中的管理是动火作业管理的重中之重，在此过程中，动火监护人和作业人员的良好安全行为对作业安全起着至关重要的作用。

动火期间，一般要求距动火点 30 m 内严禁排放各类可燃气体，15 m 内严禁排放各类可燃液体。在距离动火点 30 m 的空间范围内不得同时进行可燃溶剂清洗和喷漆作业，在 15 m 的空间范围内不得同时进行刷漆作业。装置停工吹扫期间，严禁一切明火作业。动火作业期间，施工人员、监护人要分别随身携带自己应持有的许可证，以便于监督检查。

动火作业结束后，动火人员收好工具，与监护人及参与动火作业的人员一起检查和清理现场，将施工余料运走，用电设备拉闸、上锁，卸下氧气瓶、乙炔瓶上的阀门、胶管等，检查确认现场无余火后方可离开。监护人确认现场满足安全条件后，在“动火作业许可证”的“完工验收”栏中签字。如果第二天继续施工，施工余料或机具可暂放在现场，但要摆放整齐，不得占用消防通道。

焊接和切割作业是动火作业中最为常见的动火形式，是一种明火高温作业，气焊、气割的火焰温度达 3300 ℃，电焊高达 4200 ℃，火星和熔渣能飞溅到 5 m 以外。气焊、气割使用的乙炔是易燃易爆物质，爆炸极限特别宽，只要空气中含有 2.5%的乙炔，遇到明火就会产生爆炸。

2. 受限空间作业安全技术

受限空间作业是风险非常高的作业活动，化工企业每年都有因有章不循、盲目施救等造成伤亡的事件。因此，做好受限空间作业安全管理非常重要。

受限空间是指进出口受限，通风不良，可能存在易燃易爆、有毒有害物质或缺氧，对进入人员的身体健康和生命安全构成威胁的封闭、半封闭设施及场所，如罐、炉膛、锅筒、槽、管道，以及地下室、坑(池)、下水道等。

受限空间作业过程中的危险性分析安全技术要点主要包括：对受限空间作业的概念

理解有偏差，对属于受限空间作业的不办理作业许可证；不重视危害识别，或者对危害识别不准确、认识不清；不重视作业方案编制，或者制定作业方案简单，操作性不强，细节规定不明确；不重视气体化验分析，忽视对可燃、有毒气体检测；对作业环境处理不到位，不能严格落实安全措施，责任人不能到现场检查确认；对外来作业人员的管理不到位；监护人未佩戴明显标志，作业人员不能快速识别；部分监护人技术水平低、责任心差，甚至没有经过岗前培训，发生突发事件时不能履行监护人职责；不重视应急管理，应急预案流于形式，应急器材不到位，发生事故时不能及时施救，或盲目施救造成事故扩大。

对受限空间作业存在的危害分析，应从工艺处置、作业人员个体防护、作业机具、作业环境和关联特殊作业等多方面入手。

在受限空间作业前，必须对作业过程中可能存在的危害进行识别并评估危害可能带来的风险大小。在此基础上，编制作业方案，方案中要有作业程序和安全防护措施等内容，作业方案要由相关单位会签。在进入受限空间前，受限空间作业地点所属单位负责人与施工单位作业负责人应对作业监护人和作业人员进行必要的安全教育。

在受限空间作业前，应制定应急预案。应急预案的内容要包括作业人员紧急状况时的逃生路线和救护方法，监护人与作业人员约定的联络信号，现场应配备的救生设施和灭火器材，等等。现场人员应熟知应急预案内容。出入口内外不得有障碍物，应保证其畅通无阻，便于人员出入和抢救疏散。

在进入受限空间之前，应做好工艺处理，包括清洗与置换、隔离、通风和降温。根据受限空间盛装的介质特性，对受限空间进行清洗或置换。对盛装过能产生自聚物的设备容器，作业前应进行工艺处理，如采取蒸煮、置换等方法。与受限空间相连的所有工艺管道要加盲板隔离，不允许用关闭阀门、水封代替盲板，不允许有工艺介质进入受限空间内。对受限空间进行清洗置换、加盲板隔离后，应进行通风，将受限空间内的介质气相部分置换出受限空间。在受限空间作业前，应将温度降至适宜人员进入作业的温度。

受限空间作业要安排专人现场监护，作业期间，作业监护人严禁离岗。受限空间作业人员必须穿戴好工作服、安全帽、劳保工作鞋等，衣袖、裤子不得卷起，皮肤不要裸露在外面；不能穿戴沾附着油脂的工作服；当进入受限空间需要佩戴空气呼吸器或使用长导管面具时，还应检查空气呼吸器余压是否充足，长导管管路有无泄漏等。

3. 高处作业安全技术

高处作业是指在距坠落基准面 2 m 及以上有可能坠落的高处进行的作业。

高处作业按照作业高度(h)分为 4 个区段：2 m$\leqslant h\leqslant$5 m，5 m$<h\leqslant$15 m，15 m$<h\leqslant$30 m，$h>$30 m。

高处作业分级按照表 4-1 进行。

表 4-1　高处作业分级

分类方法	作业高度(h)			
	2 m≤h≤5 m	5 m<h≤15 m	15 m<h≤30 m	h>30 m
A	Ⅰ	Ⅱ	Ⅲ	Ⅳ
B	Ⅱ	Ⅲ	Ⅳ	Ⅳ

当作业存在以下危险因素的一种或一种以上时，按照表 4-1 规定的 B 类方法分级；当作业不存在以下危险因素时，按照表 4-1 规定的 A 类方法分级。

高处作业的危险因素分为以下几类：阵风风力五级(风速 8.0 m/s)以上；平均气温不高于 5 ℃的作业环境；接触冷水温度不高于 12 ℃的作业；作业场地有冰、雪、霜、水、油等易滑物，作业场所光线不足，能见度差，作业活动范围与危险电压带电体的距离小于表 4-2 中的规定；摆动，立足处不是平面或只有很小的平面，即任一边小于 500 mm 的矩形平面、直径小于 500 mm 的圆形平面或具有类似尺寸的其他形状的平面，致使作业者无法维持正常姿势；存在有毒气体或空气中氧的体积分数低于 19.5%的作业环境；可能会引起各种灾害事故的作业环境和抢救突然发生的各种灾害事故。

表 4-2　作业活动范围与危险电压带电体的距离

危险电压带电体的电压等级/kV	距离/m	危险电压带电体的电压等级/kV	距离/m
≤10	1.7	220	4.0
35	2.0	380	5.0
63~110	2.5	500	6.0

高处作业危险性分析安全技术要点包括：作业地点的洞、坑无盖板或检修过程中移去盖板；平台、扶梯的栏杆不符合安全要求；不挂安全带或安全带不合格、没有使用“双大钩五点式”(全身式)安全带；在管带上施工，没有设置系挂安全带的生命绳；梯子使用不当或梯子不符合安全要求；在石棉瓦之类不坚固的结构上作业，且未采取任何安全措施；使用不合格的脚手架、吊篮、吊板、梯子；高处作业用力不当、重心失稳；临时拆除的护栏、格栅没有保护措施；工器具、配件没有防坠落措施；等等。

施工单位作业负责人应根据高处作业的分级和类别向审批单位提出申请，办理“高处作业证”；“高处作业证”审批人员应在作业现场检查确认安全措施后，方可批准；对于作业期较长的项目，在作业期内，施工单位作业负责人应经常深入现场检查，发现隐患及时整改，并做好记录；若作业条件发生重大变化，应重新办理“高处作业证”。

使用人员应接受个人防坠落装备培训，能够识别坠落隐患，并正确使用个人防坠落装备；装备的所有组件应与制造商的说明书一致；所有的设备，包括安全带、系索、安全帽、救生索等，不得存在损坏、化学腐蚀、机械损伤等情况，锚固点和连接器经检验合格；在每次使用前，必须对个人防坠落装备所有附件进行检查，并消除工作面的不稳定和人员晃动带来的坠落隐患；在坠落过程中，有可能撞上低层物体，对这种可能性也要采取相应措施；施工现场要配备必要的救生设施、灭火器材和通信器材等。

高处作业人员必须系好安全带，戴好安全帽，衣着要灵便，禁止穿带钉、易滑鞋，安全带、安全帽要符合相关标准，安全带的各种部件不得任意拆除。安全带使用时必须挂在施工作业处上方的牢固构件上，应高挂(系)低用，不得采用低于肩部水平的挂(系)方法，不得挂(系)在有尖锐棱角的部位，安全带挂(系)点下方应有足够的净空。

4. 动土作业安全技术

动土作业是指挖土、打桩、钻探、坑探、地锚入土深度在0.5 m以上，使用推土机、压路机等施工机械进行填土或平整场地等可能对地下隐蔽设施产生影响的作业。

动土作业过程中存在诸多不安全因素，施工作业前要充分考虑动土作业过程中存在的危害，并对这些危害进行风险评估。对于地下情况复杂、危险性较大的动土项目，开工前，项目管理部门应组织调度、工艺、设备、电仪、网络通信、给排水、消防、安全等隐蔽设施的主管单位及属地单位向作业单位交底，明确地下管网、设施的位置、走向及可能存在的危害。

项目管理部门应组织相关单位对作业单位编制的施工方案进行审查。对涉及电力、电信、地下供排水管线、生产工艺埋地管道等地下设施，施工单位应设专人进行施工安全监督。动土作业人员在相关专业技术人员的指导下，熟悉地下电缆、管道等地下设施的走向、方位，在施工现场做出标识。

动土作业前，基层单位必须向施工单位进行现场检查交底，基层单位有关专业技术人员会同施工单位作业负责人及有关专业技术人员、监护人，对作业现场的设备设施进行现场检查，对动土作业内容、可能存在的风险及施工作业环境进行交底，结合施工作业环境对作业许可证列出的有关安全措施逐条确认，并将确认后的补充措施填入相应栏内。

施工单位作业负责人应向施工作业人员进行作业程序和安全技术交底，并指派作业监护人。

安全技术交底主要包括两个方面的内容：一是在作业(施工)方案的基础上按照作业(施工)的要求，对作业(施工)方案进行细化和补充；二是要将作业人员(操作者)的安全注意事项讲清楚，保证作业人员的人身安全。

动土开挖时，应防止邻近建(构)筑物、道路、管道等下沉和变形，必要时采取防护措施，加强观测，防止位移和沉降；要由上至下逐层挖掘，严禁采用挖空底脚和挖洞的方法。挖掘前，应确定是否需要对附近结构物进行临时支撑。如果挖掘作业危及邻近的房屋、墙壁、道路或其他结构物，应当使用支撑系统或其他保护措施，确保建(构)筑物的稳固性。当挖掘深度超过1.2 m，可能存在危险性气体场所，或者与地漏、下水井、阀门井相连时，要增加挖掘作业相关安全措施，如进行气体检测等。当在电力电缆防护区内动土作业，不切断电源时，应确保工具接地良好、施工者穿戴绝缘个人防护用品，采用人工破土方式，严禁机械开挖。应事先做好地面和地下积水的排水措施，采用导流渠、构筑堤防或其他适当的措施，防止地表水或地下水进入挖掘处造成塌方。视土壤性质、湿度和挖掘深度设置安全边坡或固壁支撑。挖出的泥土堆放处和堆放的材料至少距坑、槽、井、沟边沿0.8 m，高度不得超过1.5 m。所有人员不准在坑、槽、井、沟内休息；同时多人作业挖土，应相距在2 m以上，防止工具伤人。动土作业区域周围应设围栏和警示牌，夜间应设警示灯等警示标志，以免人员误入；如破土深度超过2 m或道路施工，要用保护性围栏而非警示性围栏，严禁用帆布等遮盖敞口而不设围栏。动土作业过程中，一旦出现滑坡、塌方或其他险情时，作业人员应立即停止作业，关闭用电设施的电源，并有序撤离现场。

动土作业结束后，由施工单位作业负责人、监护人、项目现场主管人员分别对相关内容进行现场确认。满足各项安全条件后，项目现场主管告知相关岗位及人员，由项目部门对施工现场进行检查验收。

5. 临时用电作业安全技术

临时用电是指正式运行的电源上所接的非永久性用电。在正式运行的供电系统上加接或拆除的如电缆线路、变压器、配电箱等设备，以及使用电动机、电焊机、潜水泵、通风机、电动工具、照明器具等一切临时性用电负荷，均为临时用电。

对于临时用电作业应采取以下安全防护措施：生产装置、罐区和具有火灾、爆炸危险场所内，不得随意接临时电源，装置生产、检修、施工确需临时用电时，须办理许可证，由配送电单位指定电源接入点；施工单位用电负责人持“特种作业操作证(电工)”、“动火作业许可证”(具有火灾、爆炸危险场所特征)或持工作任务单(一般场所、固定动火区等)到配送电单位办理“临时用电作业许可证”手续。“临时用电作业许可证”签发前，配送电单位和施工单位都应针对作业内容、作业环境等进行危害识别，制定相应的作业程序及安全措施；对于基本建设使用的6 kV临时电源，用电者需向单位电气主管部门提出申请，按照电气设备运行的相关规定办理手续；严禁临时用电单位未经审批变更用电地点和工作内容；配送电单位要将临时用电设施纳入正常电气运行巡回检查范围，确保每天不少于两次巡回检查，并建立检查记录；在临时用电有效期内，如遇施工过程中停工、人员离开时，临时用电单位要从受电端向供电端逐次切断临时用电开关；待重新施工时，对线路、设备进行检查确认后，方可送电。

配送电单位检查的重点内容：总配电箱电压表、电流表指示是否正确；现场临时用电使用设备是否符合临时用电申请内容；设备和线路是否符合要求，是否采取架空或穿管保护方式，有无过负荷、过热现象；“临时用电作业许可证”是否在有效期限；移动用电设备的配电是否满足“一机一闸一保护”，保护接地、接零装置是否完好；等等。

作业结束后，施工单位应及时通知负责配送电单位停电，并做相应确认后，拆除临时用电线路。线路拆除后，配送电单位应到现场进行检查，确认现场已清理，临时变动的防小动物、防火和防雨等安全设施已恢复。对未能及时拆除的临时用电设施，用电单位负责继续管理，不得留有安全隐患。

6. 吊装作业安全技术

吊装作业是指利用各种吊装机具，将设备、工件、器具、材料等吊起，使其发生位置变化的作业过程。

起重机械是指用于垂直升降或垂直升降并水平移动重物的机电设备，其范围为额定起重量不小于0.5 t的升降机、额定起重量不小于1 t且提升高度不小于2 m的起重机，以及承重形式固定的电动葫芦等。常用的大型起重机械设备有桥式起重机、臂架类起重机、升降机、电梯等；大量应用的是轻小型起重机械，如千斤顶、手拉葫芦、电葫芦等。

吊装作业按照吊装重物质量(m)的不同，可以分为一级吊装作业，$m>100$ t；二级吊装作业，40 t$\leqslant m\leqslant$100 t；三级吊装作业，$m<40$ t。

吊装作业前危险性分析安全技术要点包括：作业人员无证上岗；起重工及其他操作人员不戴安全帽或穿戴不规范；作业区域不拉警戒线，起重机械与地面之间不设垫木，起重机械支撑在井盖、电缆沟槽的盖板上，支腿未完全伸出；吊装作业警戒区内、起重机吊臂或吊钩下，无关人员随意通过或逗留；使用未经正规设计、制造、检验的自制、改造和修复的吊具、索具等简易起重机械或辅助设施；停工或休息时，将吊物、吊笼、吊具和吊索悬在空中；利用管道管架、电杆、机电设备、脚手架等作吊装锚点。

吊装作业容易因吊索具缺陷、与附近设备设施和建筑物未保持安全距离、操作不当等引起吊物坠落、挤压碰撞和机体倾翻等事故。

吊装作业前，应根据相关要求，编制吊装作业施工方案，明确吊装安全技术要点和保证安全的技术措施。吊装作业施工方案由施工单位组织吊装专业技术人员编制，建设单位根据实际情况分级审批，并对施工安全措施和应急预案进行审查。

起重机械进入施工现场前，施工单位应向建设单位或项目部(组)进行报验，审查合格后，方可进场。报验的材料应包括国家特种设备监督检验部门颁发的起重机检验报告、起重机械合格证、起重人员相应的操作资格证书、起重机械的保险、安全年检合格证明等。

吊装作业场地应平整、坚实，具有足够的承载能力；需进行地基处理的，应严格按照施工方案实施，经具有相应资质的第三方检验，并取得合格报告。此外，室外作业遇到大雪、暴雨、大雾及6级以上大风时，不得进行吊装作业。

吊装作业前，基层单位必须向施工单位进行现场检查交底，基层单位有关专业技术人员会同施工单位作业负责人及有关专业技术人员、监护人，对作业现场的设备设施进行现场检查，对吊装作业内容、可能存在的风险及施工作业环境进行交底，结合施工作业环境对作业许可证列出的有关安全措施逐条确认，并将补充措施确认后填入相应栏内。

基层单位项目负责人应对起重机械作业人员的资格、吊装作业施工方案是否审批进行确认，符合要求后方可填写“吊装作业许可证”。

吊装作业终止后，只是表明吊物已经安全就位，但起重机还处于工作状态，吊装作业风险还未完全消除，因此，落实吊装后的安全措施尤为重要。吊装作业完成后，应将吊钩和起重臂放至规定的稳妥位置，所有控制手柄均应归零；使用电气控制的起重机，应切断总电源开关；在轨道上工作的起重机要有效锚定。

7. 盲板抽堵作业安全技术

盲板抽堵作业是指在设备、管道上安装和拆卸盲板的作业。停车检修的设备必须与运行系统或无关联的系统进行隔离，使用开关阀门的方式进行隔离是不安全的，因为阀门经过长期的介质冲刷、腐蚀、结垢或杂质的积存，难保严密，一旦易燃易爆、有毒、腐蚀性、高温、窒息性介质窜入检修设备中，极易造成事故。所以，在实际工作中，最可靠的办法是将检修设备用盲板进行隔离，装置开车前再将盲板抽掉。抽堵盲板工作既有很大的危险性，又有较复杂的技术性，必须由熟悉生产工艺的人员负责，并严加管理。

盲板拆装作业本身有可能发生物体打击、高空坠落、火灾、爆炸、中毒窒息等事故。在作业过程中，如工作人员站位不好、使用工具有缺陷、操作失误、有关人员配合不好等，便有可能发生物体打击事故。在高处作业时，若使用的劳动防护用品不合格或使用方法不正确，如安全带、脚手架有缺陷等，有可能发生高空坠落事故；高处作业时，操作失误也可能发生高处坠物，砸坏下部的设备、管线，或者砸伤人员；若系统置换、清洗不彻底，残留易燃易爆或有毒有害介质，使用的非防爆工具或使用的劳动保护用品不合格，在作业过程中有可能发生火灾、爆炸或中毒窒息事故。

盲板应按照管道内介质的性质、压力、温度选用适合的材料，一般可用20号钢、16MnR，禁止使用铸铁、铸钢材质。管道内介质已经放空或介质压力不大于2.5 MPa时，可以使用光面盲板，其厚度不应小于管壁厚度，或者根据表4-3选取。管道内介质没有放空且介质压力大于2.5 MPa，或者需要其他形式的盲板(如凹凸面盲板、槽型盲板、8字盲板等)时，生产单位需委托设计单位按照设计规范设计、制造，并经超声波探伤合格。

表4-3　光面盲板厚度规格　　单位：mm

管线直径	盲板厚度		
	压力为1.0 MPa	压力为1.6 MPa	压力为2.5 MPa
25	4	4	4
32	4	4.5	4.5
40	4	4.5	4.5
50	6	6	6

表4-3(续)

管线直径	盲板厚度		
	压力为1.0 MPa	压力为1.6 MPa	压力为2.5 MPa
65	6	8	8
80	6	8	8
100	8	8	10
125	8	10	12
150	10	12	14
200	12	14	18
250	14	16	20
300	16	20	24
350	18	22	26
400	20	24	30

盲板的直径应依据管道法兰密封面直径制作，盲板的直径应不小于法兰密封面直径。一般盲板应有1个或2个手柄，便于辨识、抽堵，8字盲板可不设手柄。至于盲板垫片，应根据管道内介质性质、压力、温度选用合适的材料进行制作。

盲板抽堵作业实施作业许可证管理，作业前应办理“盲板抽堵作业许可证”。施工单位作业负责人持施工任务单，到生产单位办理作业许可证，生产单位负责人与施工单位作业负责人针对作业内容，进行危害识别，制定相应的作业程序及安全措施，对作业复杂、危险性大的场所还要制定应急预案。

装置大检修时，需要抽堵的盲板较多，生产单位要根据装置的检修计划，预先绘制盲板位置图，对盲板进行统一编号，注明抽堵盲板的部位和盲板的规格，该项工作要设专人负责；对于日常抢修或施工作业中需要加装的盲板数量较少时，也应绘制盲板位置图。

作业单位按照盲板位置图及盲板编号进行作业，作业过程中，监护人不得离开作业现场，生产单位可设专人统一指挥作业，逐一确认并做好记录。

每个盲板应设标牌进行标识，标牌编号应与盲板位置图上的盲板编号一致。作业结束后，应由施工单位和生产车间的专人共同确认。

盲板抽堵作业完成后，企业生产指挥部门应组织基层单位填写盲板管理台账，生产指挥部门应建立盲板动态管理图，实时掌握全厂工艺设备、管道上的所有盲板使用状态。基层单位应建立盲板管理台账，台账内容与生产指挥部门实时保持一致。

五、事故隐患管理制度

2007年4月9日，国务院颁布了《生产安全事故报告和调查处理条例》，对生产安全事故的等级划分、报告时限及调查处理的范围、权限和程序等事项都进行了具体规定，为生产安全事故的报告和调查处理提供了法律依据。

1. 事故等级

根据生产安全事故（以下简称事故）造成的人员伤亡或直接经济损失，事故一般分为以下四个等级：

（1）特别重大事故，是指造成30人以上死亡，或者100人以上重伤（包括急性工业中毒，下同），或者1亿元以上直接经济损失的事故；

（2）重大事故，是指造成10人以上30人以下死亡，或者50人以上100人以下重伤，或者5000万元以上1亿元以下直接经济损失的事故；

（3）较大事故，是指造成3人以上10人以下死亡，或者10人以上50人以下重伤，或者1000万元以上5000万元以下直接经济损失的事故；

（4）一般事故，是指造成3人以下死亡，或者10人以下重伤，或者1000万元以下直接经济损失的事故。

注：上述内容中，所称的“以上”包括本数，所称的“以下”不包括本数。

2. 事故报告

事故报告应当及时、准确、完整，任何单位和个人不得迟报、漏报、谎报或者瞒报。事故发生后，事故现场有关人员应当立即向本单位负责人报告；本单位负责人接到报告后，应于1小时内向事故发生地县级以上人民政府安全生产监督管理部门和负有安全生产监督管理职责的有关部门报告。

报告事故应当包括下列内容：事故发生单位概况；事故发生的时间、地点，以及事故现场情况；事故的简要经过；事故已经造成或者可能造成的伤亡人数（包括下落不明的人数）和初步估计的直接经济损失；已经采取的措施；其他应当报告的情况。事故报告后出现新情况的，应当及时补报。

事故发生单位负责人接到事故报告后，应立即启动事故相应应急预案，或者采取有效措施，组织抢救，防止事故扩大，减少人员伤亡和财产损失。事故发生后，有关单位和人员应当妥善保护事故现场及相关证据，不得破坏事故现场、毁灭相关证据。因抢救人员、防止事故扩大及疏通交通等原因，需要移动事故现场物件的，应当做出标志，绘制现场简图并做出书面记录，妥善保存现场重要痕迹、物证。

3. 事故调查

特别重大事故由国务院或者国务院授权有关部门组织事故调查组进行调查。

重大事故、较大事故、一般事故分别由事故发生地省级人民政府、设区的市级人民政府、县级人民政府负责调查。省级人民政府、设区的市级人民政府、县级人民政府可以直接组织事故调查组进行调查，也可以授权或者委托有关部门组织事故调查组进行调查。

未造成人员伤亡的一般事故，县级人民政府也可以委托事故发生单位组织事故调查组进行调查。

事故调查组应履行以下职责。

(1)查明事故发生的经过。包括：事故发生前事故发生单位生产作业状况；事故发生的具体时间、地点；事故现场状况及事故现场保护情况；事故发生后采取的应急处置措施情况；事故报告经过；事故抢救及事故救援情况；事故的善后处理情况；其他与事故发生经过有关的情况。

(2)查明事故发生的原因。包括：事故发生的直接原因、间接原因、其他原因。

(3)查明人员伤亡情况。包括：事故发生前事故发生单位生产作业人员分布情况；事故发生时人员涉险情况；事故当场人员伤亡情况及人员失踪情况；事故抢救过程中人员伤亡情况；最终伤亡情况；其他与事故发生有关的人员伤亡情况。

(4)查明事故的直接经济损失。包括：人员伤亡后所支出的费用，如医疗费用、丧葬及抚恤费用、补助及救济费用、歇工工资等；事故善后处理费用，如处理事故的事务性费用、现场抢救费用、现场清理费用、事故罚款和赔偿费用等；事故造成的财产损失费用，如固定资产损失价值、流动资产损失价值等。

(5)认定事故性质和事故责任分析。通过事故调查分析，对事故的性质要有明确结论。其中，对认定为自然事故(非责任事故或者不可抗拒的事故)的，可不再认定或者追究事故责任人；对认定为责任事故的，要按照责任大小和承担责任的不同分别认定直接责任者、主要责任者、领导责任者。

(6)对事故责任者提出处理建议。通过事故调查分析，在认定事故的性质和事故责任的基础上，对事故责任者提出行政处分、纪律处分、行政处罚、追究刑事责任、追究民事责任的建议。

(7)总结事故教训。通过事故调查分析，在认定事故的性质和事故责任者的基础上，要认真总结事故教训，主要是对于安全生产管理、安全生产投入、安全生产条件、事故应急救援等方面存在的薄弱环节、漏洞和隐患，要认真对照问题查找根源、吸取教训。

(8)提出防范和整改措施。防范和整改措施是在事故调查分析的基础上，针对事故发生单位在安全生产方面的薄弱环节、漏洞、隐患等提出的，要具备针对性、可操作性、普遍适用性和时效性。

(9)提交事故调查报告。事故调查报告在事故调查组全面履行职责的前提下由事故调查组完成，是事故调查工作成果的集中体现。事故调查报告在事故调查组组长的主持下完成，其内容应当符合《生产安全事故报告和调查处理条例》的规定，并在规定的时限内提交事故调查报告。事故调查报告应包括事故发生单位概况、事故发生经过和事故救援情况、事故造成的人员伤亡和直接经济损失、事故发生的原因和事故性质、事故责任的认定，以及对事故责任者的处理建议、事故防范和整改措施。

4. 事故处理

事故处理要坚持“四不放过”原则，即事故原因未查清不放过，责任人员未处理不放过，整改措施未落实不放过，有关人员未受到教育不放过。

对下列人员应按照有关规定严肃处理：对工作不负责任，不严格执行各项规章制度，违反劳动纪律，造成事故的主要责任者；对已列入事故隐患治理或安全技术措施的项目，既不按期实施，又不采取应急措施而造成事故的主要责任者；因违章指挥、强令冒险作业或不听劝阻而造成事故的主要责任者；因忽视劳动重要任务，削减劳动保护技术措施而造成事故的主要责任者；因设备长期失修、带病运转，又不采取紧急措施而造成事故的主要责任者；发生事故后，不按“四不放过”原则处理，不认真吸取教训，不采取整改措施，造成事故重复发生的主要责任者。

因忽视安全生产、违章指挥、违章作业、玩忽职守，或者发现事故隐患、危害情况而不采取有效措施以致造成伤亡事故的，由当地行政主管部门予以处罚；构成犯罪的，送交司法机关，依法追究刑事责任。企业应当认真吸取事故教训，落实防范和整改措施，防止事故再次发生，整改措施的落实情况应接受工会和职工的监督。

5. 事故档案与记录

涉事单位应负责保管事故台账，内容包括事故时间、事故类别、伤亡人数、损失大小、事故经过、救援过程、事故教训、“四不放过”原则处理等。

六、工业卫生管理制度

工业卫生管理制度是根据《中华人民共和国劳动法》，针对油库特点，而制定有关环境保护、防毒及防止职业病的规定。该制度包括石油库含油污水和污物的处理规定、油气污染防护规定、噪声污染防护规定、环境绿化要求、职工身体检查管理规定及劳保用品的发放规定。工业卫生管理制度的有效执行，切实关系到职工的身体健康，改善油库环境质量，对提高劳动效率和生产效益有间接促进作用。

七、安全作业禁令和规定

石油库要严格执行《油库防火防爆十大禁令》《中华人民共和国消防法》《要害部门防火安全措施》。严格遵守操作规程和岗位责任制，加强部门、岗位工种之间的联系，做好罐、泵、管道、阀门等作业动态的自查和巡回检查。装卸油料时，严格控制初始速度，掌握油罐安全收油高度，严禁液面超高，防止跑、混油及人身设备事故的发生。

油罐区及泵房内不得使用铁制工具敲击，不得堆放易燃物品以及与作业无关的其他杂物。油罐收发油作业时禁止放水。放水一般需两人以上白天进行，严禁污水直接排入下水道，放水完毕经检查无误后方可离开。油罐防火堤阀门不得任意开启，以防发生事故使油料外流。动态阀门要挂警示标牌，无作业的阀门一律关闭上锁。维持库区整洁、消防通道畅通。新员工进库必须进行上岗前安全教育，取得合格证书后方能上岗，实习期未满的新工人不得单独操作。坚持每周一次安全活动，对照有关安全规章制度，检查安全生产情况，对事故做到“四不放过”。

1. 入库安全须知

(1)未经允许、未接受安全教育者不准入库。

(2)车辆入库须装防火帽。不准乱动库内任何设备、设施。

(3)不准擅自摆放库内易燃易爆物品。

(4)不准私自带香烟火种、易燃易爆品入库。

(5)不准在易燃易爆区使用手机等非防爆器具。

(6)不准穿铁钉鞋和易起静电服装进入易燃易爆区。

(7)未经批准，不得在库内施工和作业。

2. 人身安全十大禁令

(1)安全教育考核不合格者，严禁独立上岗操作。

(2)不按照规定着装或班前饮酒者，严禁进入生产或施工区域。

(3)不戴安全帽者，严禁进入生产或施工现场。

(4)未办理高处作业票及不系安全带者，严禁高处作业。

(5)未办理有限空间作业票者，严禁进入有限空间作业。

(6)未办理维修作业票者，严禁拆卸停用与系统连通的管道、机泵、阀门等设备。

(7)未办理电气作业票者，严禁电气施工作业。

(8)未办理施工动土作业票者，严禁破土施工。

(9)严禁使用防护装置不完好的设备。

(10)设备的转动部件，在运转中严禁擦洗或拆卸。

3. 防火防爆十大禁令

(1)严禁携带香烟火种、手机和易燃易爆、有毒、易腐蚀物品入库。

(2)严禁未按照规定办理动火作业票，在库内进行施工动火或生活用火。

(3)严禁穿易产生静电的服装进入爆炸危险场所。

(4)严禁穿带有铁钉的鞋进入爆炸危险场所。

(5)严禁用汽油等易挥发溶剂擦洗设备、衣服、工具及地面等。

(6)严禁未经批准的各种机动车辆进入爆炸危险场所。

(7)严禁就地排放易燃易爆物料及其他化学品。

(8)严禁在爆炸危险场所内使用非防爆设备、器材、工具。

(9)严禁堵塞消防通道及任意挪用或损坏消防设施。

(10)严禁损坏库内各类防火防爆设施。

4. 油罐区安全须知

(1)严禁非工作人员入库。

(2)严禁将火种、易燃品、非防爆通信工具、电器带入库区。

(3)严禁穿化纤服装、钉子鞋进入库区。

(4)严禁佩戴首饰登罐作业。

(5)禁止在暴风雨和雷雨时进行作业。

(6)禁止敲打或移动罐区设备、消防器材。

(7)油罐装油不准超过安全高度。

(8)进出油流速不准超过呼吸阀的允许流通量。

(9)进油期间计量人员不准脱岗(有油罐自动计量仪器者除外)。

(10)罐前阀门的启闭作业必须实行双人复核制或加锁管理。

(11)计量和检修人员必须经常检查呼吸阀并按季清理阻火器。

(12)巡检人员必须按照规定时间逐罐、逐点进行检查。

第三节　石油库消防安全

石油库作为储存原油、成品油最常见的场所，分布于输油管道首末站、炼厂等地。一方面，为了保障能源安全，国家的战略储备油也以石油库的形式快速发展；另一方面，为了供应城市生活用油，多数地区也布局了一定规模的成品油库。然而，由于各种原因导致石油库火灾事故频发，严重威胁到生产安全，也在一定程度上给社会稳定带来不良影响。为此，如何采取正确的预防措施及在发生火灾事故后如何及时、快速、有效地扑救，一直是值得关注的问题。

一、油品的火灾危险性分类

石油库是指收发、储存原油、成品油及其他易燃和可燃液体化学品的独立设施，是一类火灾危险性相对较高的物品储存场所。

根据《石油库设计规范》(GB 50074—2014)和《石油化工企业设计防火标准(2018年版)》(GB 50160—2008)，石油库储存液化烃、易燃和可燃液体的火灾危险性分为三类，与《建筑设计防火规范》(GB 50016—2014)基本一致。液化烃主要包括液化石油气(以 C3，C4 组分或以其为主组成的混合物)及乙烯、乙烷、丙烯等单组分液化烃类。易燃和可燃液体包括烃类液体和醇、醚、醛、酮、酸、酯类及氨、硫、卤素化合物。石油库储存液化烃、可燃液体的火灾危险性分类及举例见表 4-4。

表 4-4　石油库储存液化烃、可燃液体的火灾危险性分类及举例

名称	类别		特征或液体闪点(Ft)/℃	举例
液化烃	甲	A	15 ℃时的蒸气压力大于 0.1 MPa 的烃类液体及其他类似的液体	液化氯甲烷、液化顺式-2 丁烯、液化乙烯、液化乙烷、液化反式-2 丁烯、液化环丙烷、液化丙烯、液化丙烷、液化环丁烷、液化新戊烷、液化丁烯、液化丁烷、液化氯乙烯、液化环氧乙烷、液化丁二烯、液化异丁烷、液化异丁烯、液化石油气、二甲胺、三甲胺、二甲基亚砜、液化甲醚(二甲醚)
可燃液体	甲	B	甲$_{A}$ 类以外，$Ft<28$	原油、石脑油、汽油、戊烷、异戊烷、异戊二烯、己烷、异己烷、环己烷、庚烷、异庚烷、辛烷、异辛烷、苯、甲苯、乙苯、邻二甲苯、间二甲苯、对二甲苯、甲醇、乙醇、丙醇、异丙醇、异丁醇、石油醚、乙醚、乙醛、环氧丙烷、二氯乙烷、乙胺、二乙胺、丙酮、丁醛、三乙胺、醋酸乙烯、二氯乙烯、甲乙酮、丙烯腈、甲酸甲酯、醋酸乙酯、醋酸异丙酯、醋酸丙酯、醋酸异丁酯、甲酸丁酯、醋酸丁酯、醋酸异戊酯、甲酸戊酯、丙烯酸甲酯、甲基叔丁基醚、吡啶、液态有机过氧化物、二硫化碳
可燃液体	乙	A	$28\leqslant Ft<45$	煤油、喷气燃料、丙苯、异丙苯、环氧氯丙烷、苯乙烯、丁醇、戊醇、异戊醇、氯苯、乙二胺、环己酮、冰醋酸、液氨
可燃液体	乙	B	$45\leqslant Ft<60$	轻柴油、环戊烷、硅酸乙酯、氯乙醇、氯丙醇、二甲基甲酰胺、二乙基苯、液硫
可燃液体	丙	A	$60\leqslant Ft\leqslant 120$	重柴油、20 号重油、苯胺、锭子油、酚、甲酚、甲醛、糠醛、苯甲醛、环己醇、甲基丙烯酸、甲酸、乙二醇丁醚、糖醇、乙二醇、丙二醇、辛醇、单乙醇胺、二甲基乙酰胺
可燃液体	丙	B	$Ft>120$	蜡油、100 号重油、渣油、变压器油、润滑油、液体沥青、二乙二醇醚、三乙二醇醚、邻苯二甲酸二丁酯、甘油、联苯-联苯醚混合物、二氯甲烷、二乙醇胺、三乙醇胺、二乙二醇、三乙二醇

由于储存易燃和可燃液体的火灾危险性会受操作环境影响，如当乙、丙类液体的操作温度高于其闪点时，气体挥发量增加，危险性也随之增加，因此，在表 4-4 的基础上，石油库储存易燃和可燃液体的火灾危险性分类还应符合操作温度，超过其闪点的乙类液体应视为甲$_{B}$ 类、操作温度超过其闪点的丙$_{A}$ 类液体应视为乙$_{A}$ 类、操作温度超过其沸点的丙$_{B}$ 类液体应视为乙$_{A}$ 类、操作温度超过其闪点的丙$_{B}$ 类液体应视为乙$_{B}$ 类等规定。

此外，闪点低于 60 ℃但不低于 55 ℃的轻柴油，其储运设施的操作温度不高于 40 ℃

时，可视为丙$_A$类液体。

二、燃烧与爆炸机理

1. 燃烧

燃烧是指可燃物与氧化剂作用发生激烈的氧化还原反应，并伴有放热，通常有火焰、发光和(或)发烟现象。燃烧过程中，燃烧区的温度较高，使其中白炽的固体粒子和某些不稳定(或受激发)的中间物质分子内的电子发生能级跃迁，从而发出各种波长的光。发光的气相燃烧区称为火焰，它是燃烧过程中最明显的标志。由于燃烧不完全等原因，燃烧产物中会产生一些小颗粒，这就形成了烟。

燃烧的发生和发展必须具备三个必要条件，即可燃物、助燃物和引火源，通常称为燃烧三要素。燃烧发生时，上述三个条件必须同时具备。但要导致燃烧的发生，不仅需要满足三要素共存的条件，而且必须保证可燃物与助燃物混合浓度处于一定范围之内，同时点火能量必须超过一定值，即三者达到一定量的要求且存在相互作用的过程。因此，燃烧发生的充要条件可表述为：具备足够数量或浓度的可燃物；具备足够数量或浓度的助燃物；具备足够能量的引火源；上述三者相互作用。

液体可燃物燃烧时，火焰并不是紧贴在液面上，而是在空间的某个位置上。这表明，在燃烧之前液体可燃物先蒸发形成可燃蒸气，可燃蒸气再发生扩散并与空气掺混形成可燃混合气，着火燃烧后在空间某处形成火焰。液体可燃物能否发生燃烧与液体的蒸气压、闪点、沸点和蒸发速率等参数密切相关，燃烧速率的快慢与液体可燃物的燃点和化学性质密切相关。

对于不同类别的可燃液体，因它们的物理、化学性质存在差异，所以燃烧特征也有所不同。可燃液态烃类燃烧时，通常产生橘色火焰，不完全燃烧时散发浓密的黑色烟云；醇类燃烧时，通常产生透明的蓝色火焰，几乎不产生烟雾；某些醚类燃烧时，液体表面伴有明显的沸腾状，这类物质的火灾较难扑灭；多种成分混合液体(如原油)燃烧时，会按照沸点的高低，先后蒸发出不同的可燃气体组分。

液体燃烧可能出现闪燃、沸溢和喷溅等特殊现象。

闪燃是指可燃性液体挥发出来的蒸气与空气混合并达到一定的浓度，遇明火发生一闪即灭的燃烧。发生闪燃的原因是易燃或可燃液体在闪燃温度下蒸发的速度比较慢，蒸发出来的蒸气仅能维持一刹那的燃烧，来不及补充新的蒸气维持稳定的燃烧，因而一闪即灭。但闪燃却是引起火灾事故的先兆之一。闪点则是指易燃或可燃液体表面产生闪燃的最低温度。

含有水分和黏度较大的原油、重油、渣油、沥青油等燃烧时，由于水的沸点低，其在油的底部先汽化，形成气泡向上运动，在液面夹带着燃烧的油向空中飞溅，这种现象称为沸溢(扬沸和喷溅)。以原油为例，其黏度比较大且含有一定的水分，并以乳化水和水垫两种形式存在。乳化水是指原油在开采运输过程中，其中的水由于强力搅拌而成细小的水珠且悬浮于油中的水分。放置许久以后，原油中的油水分离，水因密度大而沉降在底部，从而形成水垫。

燃烧过程中，这些沸程较宽的重质油品产生热波，在热波向液体深层运动时，由于温度远高于水的沸点，因而热波会使油品中的乳化水汽化，大量的水蒸气就要穿过油层向液面上浮，在向上移动过程中形成油包气的气泡，即油的一部分形成了含有大量水蒸气气泡的泡沫。这必然使液体体积膨胀并向外溢出，同时部分未形成泡沫的油品也被下面的水蒸气膨胀力抛出罐外，使液面猛烈沸腾起来，这种现象就是沸溢。通常，将含水并在燃烧时可产生热波作用的油品称为沸溢性油品。

上述沸溢过程说明，沸溢形成必须具备三个条件：油品具有形成热波的特性，即沸程宽，密度相差较大；原油中含有乳化水，水遇热波变成水蒸气；原油黏度较大，使水蒸气不容易从下向上穿过油层。

在重质油品燃烧过程中，随着热波温度的逐渐升高，热波向下传播的距离也不断加大。当热波达到水垫时，水垫的水大量蒸发，水蒸气体积迅速膨胀，以至把水垫上面的液体层抛向空中，向罐外喷射，这种现象叫喷溅。一般情况下，发生沸溢要比发生喷溅的时间早得多。发生沸溢的时间与原油的种类、水分含量有关。根据实验，含有1%水分的原油，经45~60 min燃烧就会发生沸溢。喷溅发生的时间与油层厚度、热波移动速度及油的燃烧线速度有关。

2. 爆炸

爆炸是指在周围环境中瞬间形成高压的化学反应或状态变化，通常伴有强烈放热、发光和声响。爆炸是由物理变化和化学变化引起的。在发生爆炸时，势能(化学能或机械能)突然转变为动能，有高压气体生成或释放出高压气体，这些高压气体随之做机械功，如移动、改变或抛射周围的物体。一旦发生爆炸，将会对邻近的物体产生极大的破坏作用。这是由于构成爆炸体系的高压气体作用到周围物体上，使物体受力不平衡，从而遭到破坏。

按照物质产生爆炸的原因和性质不同，通常将爆炸分为物理爆炸、化学爆炸和核爆炸三种。其中，物理爆炸和化学爆炸最为常见。

爆炸极限即可燃的气体、水蒸气或粉尘与空气混合后，遇火会发生爆炸的浓度范围。能引起爆炸的最高浓度称为爆炸上限，能引起爆炸的最低浓度称为爆炸下限，爆炸上限和下限之间称为爆炸范围。

气体和液体的爆炸极限通常用体积分数表示。不同的物质由于其理化性质不同，其爆炸极限也不相同。即使是同一种物质，在不同的外界条件下，其爆炸极限也不相同。通常，在氧气中的爆炸极限要比在空气中的爆炸极限大。部分可燃气体在空气和氧气中的爆炸极限见表4-5。

表 4-5　部分可燃气体在空气和氧气中的爆炸极限

物质名称	在空气中(体积分数)		在氧气中(体积分数)	
	下限	上限	下限	上限
甲烷	5.0%	15.0%	5.4%	60.0%
乙烷	3.0%	12.45%	3.0%	66.0%
丙烷	2.1%	9.5%	2.3%	55.0%
丁烷	1.5%	8.5%	1.8%	49.0%
环丙烷	2.4%	10.4%	2.5%	63.0%
乙烯	2.75%	34.0%	3.0%	80.0%
丙烯	2.0%	11.0%	2.1%	53.0%
乙炔	2.5%	82.0%	2.8%	93.0%

在一定条件下，可燃气体、水蒸气、粉尘与空气形成的爆炸性混合物在用电火花作为点火源进行点火试验时，电火花存在一个能量界限条件，即低于某一能量值，混合物只受热升温而不会被引燃，反之则会发生剧烈化学反应导致燃烧和爆炸。能够引燃某种可燃混合物所需的最低电火花能量值称为最小点火能，通常单位为 mJ。表 4-6 中列出了部分可燃气体在一定条件下于空气中的最小点火能。

表 4-6　部分可燃气体在空气中的最小点火能　　单位：mJ

物质名称	最小点火能	物质名称	最小点火能
乙烷	0.285	乙炔	0.020
丙烷	0.305	乙烯	0.096
甲烷	0.470	丙炔	0.152
庚烷	0.700	丙烯	0.282

3. 储罐火灾的特点

储罐存储的物料是易燃易爆的油品，其发生火灾后对周围的储罐、设备及人员都会造成严重的威胁。大型储罐更是由于体积特征，使灭火难度加大。储罐火灾主要有以下三个特点。

(1)火势迅猛。

大型储罐发生火灾后，表面大面积的油品被火焰加热而蒸发加速，油蒸气由于相对密度小而形成上升气流，导致罐内局部出现压力下降现象，从而使储罐吸入空气并和油蒸气混合物燃烧转变成火舌。随着火势扩大，油品表面接受的辐射热大大增强，产生的油蒸气使火焰燃烧愈演愈烈，火势增加十分迅猛。

(2)辐射热强，火焰温度高。

火焰加热油品的主要方式是热辐射。油品在受到热辐射以后，池表面油品温度迅速被加热到沸点，从而形成较薄的高温层。与此同时，不断产生的油蒸气持续进入燃烧区域维持燃烧。高温层的厚度随着燃烧时间的增加也不断增大。并且油品在燃烧时释放大量的热，使储罐周围温度上升，火焰中心最高温度可达1050~1400 ℃，由于火焰温度极高，其对周围环境的辐射热也很高，危险性也相应增大。

(3)易形成大面积火灾。

由于油品具有一定的流动性，发生火灾事故后随着储罐的破裂、塌陷或变形，极容易导致火灾的流动扩散。尤其是黏度较低的油品，其流动性强，形成大面积火灾的可能性大，且重油的流动性也会随着燃烧温度的升高而增强，从而发展为大面积火灾，甚至全表面火灾。

储罐火灾由于罐型不同、油品种类不同或起火原因不同，火灾模式也有差异，主要有以下四种。

① 先爆炸后燃烧。油品蒸发产生的油蒸气与空气混合达到某一比例时，遇明火便会引发爆炸。爆炸过程中产生的高温迅速加热油品而形成更多的油蒸气。当油蒸气和空气混合不充分时，则会在高温的作用下开始燃烧，如此形成了先爆炸后燃烧的模式。

② 燃烧中发生爆炸。油品在燃烧时可能由于以下情况而使燃烧升级为爆炸。一是明火引燃超过爆炸上限的油蒸气，因罐内流入空气而使油蒸气浓度处于爆炸极限区间内，便导致燃烧升级为爆炸；二是油品在高温下产生大量油蒸气，罐内压力急剧升高超过罐体极限压力，从而引发罐体爆炸；三是邻近储罐由于受到热辐射作用，罐内油蒸气和空气的爆炸性混合物，在遇到明火或高温时引发爆炸。

③ 稳定性燃烧。如果油蒸气和空气形成的爆炸性混合物一直没有受到高温或明火的作用，或者外界条件维持不变，则混合物会持续稳定燃烧直到油品耗尽。

④ 爆炸后不发生燃烧。当油品温度低于闪点，储罐内只有油蒸气和空气的爆炸性混合物，或者油蒸气浓度接近爆炸下限时，在油品很少近乎没有的时候，遇到明火或高温，便会发生爆炸。而由于油品的缺乏，并不能进行燃烧。

三、火灾分类

按照《火灾分类》(GB/T 4968—2008)的规定，火灾分为A，B，C，D，E，F六类。

A类火灾：固体物质火灾。例如，木材、棉、毛、麻、纸张及其制品等燃烧的火灾。

B类火灾：液体火灾或可熔化的固体物质火灾。例如，汽油、煤油、柴油、原油、甲醇、乙醇、沥青、石蜡等燃烧的火灾。

C类火灾：气体火灾。例如，煤气、天然气、甲烷、乙烷、丙烷、氢气等燃烧的火灾。

D类火灾：金属火灾。例如，钾、钠、镁、钛、锆、锂、铝镁合金等燃烧的火灾。

E类火灾：带电火灾即物体带电燃烧的火灾。例如，发电机房、变压器室、配电间、仪器仪表间和电子计算机房等在燃烧时不能及时或不宜断电的电气设备带电燃烧的火灾。

F 类火灾：烹饪器具内的烹饪物(如动物油脂或植物油脂)火灾。

四、灭火基本方法

1. 冷却灭火

可燃物一旦达到着火点，就会燃烧或持续燃烧。在一定条件下，将可燃物的温度降到着火点以下，燃烧即停止。对于可燃固体，将其冷却在燃点以下；对于可燃液体，将其冷却在闪点以下，燃烧反应就会中止。用水扑灭一般固体物质引起的火灾，主要是通过冷却作用实现的。水具有较大的比热容和很高的汽化热，冷却性能很好。在用水灭火的过程中，水大量地吸收热量，使燃烧物的温度迅速降低，火焰熄灭，火势得到控制，达到灭火效果。

2. 隔离灭火

在燃烧三要素中，可燃物是燃烧的主要因素。将可燃物与氧气、火焰隔离，可以中止燃烧、扑灭火灾。例如，自动喷水-泡沫联用灭火系统，在喷水的同时喷出泡沫，泡沫覆盖在燃烧物表面，在起到冷却作用的同时，将可燃物与空气分隔，从而达到灭火效果。再如，在扑灭可燃液体或可燃气体火灾时，应迅速关闭输送可燃流体管道的阀门，切断流向着火区的可燃流体的输送途径，同时打开通向安全区域的阀门，使已经燃烧、即将燃烧或受到火势威胁的容器中的可燃液体、可燃气体转移。

3. 窒息灭火

可燃物的燃烧是氧化反应，需要在最低氧浓度以上才能进行，低于最低氧浓度，燃烧不能继续，即达到灭火效果。一般氧体积分数低于15%时，燃烧就不能持续下去。在着火场所内，可以通过注入二氧化碳、氮气、水蒸气等非助燃气体，降低空间内的氧浓度，以达到窒息灭火的目的。另外，水喷雾灭火系统喷出的水滴由于吸收热量而转化成水蒸气，当空气中水蒸气体积分数达到35%时，燃烧即停止，这也是窒息灭火的应用。

4. 化学抑制灭火

由于有焰燃烧是通过链式反应进行的，如果能有效地抑制自由基的产生或降低火焰中的自由基浓度，即可使燃烧中止。化学抑制灭火的常见灭火剂有干粉灭火剂和七氟丙烷灭火剂。化学抑制灭火速度快，使用得当可有效地扑灭初起火灾，减少人员伤亡和财产损失。该方法对于有焰燃烧火灾效果好，而对于深位火灾，由于渗透性较差，灭火效果不理想。在条件许可的情况下，采用化学抑制灭火的灭火剂与水、泡沫等灭火剂联用会取得明显效果。

五、石油库常用灭火剂

灭火剂是能够在燃烧区域内有效地破坏燃烧条件、中止燃烧，从而达到灭火目的的物质。灭火机理是当灭火剂被喷射到燃烧物质和燃烧区域后，通过一系列的物理及化学作用使燃烧物冷却，燃烧物与氧气隔绝，燃烧区域内氧浓度降低，燃烧的链式反应中断，最终导致维持燃烧的必要条件受到破坏，从而停止燃烧，达到灭火的目的。因此，选用的灭火剂必须具备以下条件：灭火效率高，能以最快的速度扑灭火灾；使用方便，设备简单；来源丰富，灭火费用低，投资成本少；对人体或设备基本无害，气味过重或有腐蚀性的灭火剂都不适宜。因此，必须充分了解各种灭火剂的性能、灭火原理和适用范围。

目前使用的灭火剂，除水以外，已发展了许多种类型，如泡沫、干粉、二氧化碳等。灭火剂的灭火效果，不仅要有相应的灭火设备和器材的配合，更重要的是根据它们各自不同的性能，正确地应用到不同的灭火场合，这样才能充分发挥其作用。因此，掌握各种灭火剂的性能、灭火原理及适用范围，并能正确地选用灭火剂，对灭火具有重要作用。

1. 水

水是最常用的天然灭火剂，水和水蒸气都是不燃性物质。水的密度比油大，又不溶于石油产品，故用水直接射向油品燃烧面，非但不能扑救油品火灾，反而会因液面升高或油滴飞溅而使火灾扩大。只有把水喷洒在燃烧物上，水吸热后变成水蒸气，起到冷却和降温作用，才能控制火势蔓延和发展。所以在扑救油品火灾时，多以雾状水的形式进行灭火，冷却效果比较好。水和水蒸气的灭火机理主要是冷却和窒息作用。

(1)冷却作用。

水的比热容和蒸发潜热都比较大，每千克水可吸收 2.26×10^{3} kJ 的热量。当水与炽热的燃烧物质接触且吸热汽化时，会吸收大量热，降低燃烧物的温度从而灭火。

(2)窒息作用。

雾状水滴与火焰接触后，水滴吸热，很快汽化成水蒸气，体积急剧增大，每千克水大约可转化为 1.7 m^{3} 水蒸气，阻止空气进入燃烧区，降低区域内氧的含量。一般情况下，当空气中水蒸气体积分数达到35%以上时，燃烧就会停止。

(3)乳化作用。

雾状水滴与重质油品相遇，在油品表面形成一层乳化层，可降低油品蒸发速度，减缓燃烧。

(4)冲击作用。

水由消防泵加压后，具有很大的动能和冲击力，可以冲散燃烧物，使燃烧物强度显著降低。

水和水蒸气的灭火应用范围是有限的。水主要用来冷却油罐及相应的装卸油设施。雾状水可扑救原油、重油及一般可燃性物质火灾等，如扑救槽车、低液位小直径储罐及装卸油栈桥、阀门及泵房的火灾等，但不易扑救与水能起化学反应的物质的火灾。水不能直接扑救带电电气设备火灾。水蒸气适用于扑救石油库泵房、灌桶间、面积小于500 m^{2}的厂房、污水处理场地的隔油池火灾，但不适宜扑救与水蒸气混合后能发生爆炸事故场合的火灾。

2. 二氧化碳灭火剂

二氧化碳是无色无味、不燃烧、不助燃、不导电、无腐蚀性气体，其物理性质如表4-7所列。

表4-7　二氧化碳物理性质

相对分子质量	44
熔点/℃	-56.6
沸点/℃	-78.5
临界温度/℃	31
临界压力/MPa	7.39
临界容积/($m^3 \cdot kg^{-1}$)	0.51
临界密度/($kg \cdot m^{-3}$)	448
液态比重(0 ℃，3.4856 MPa)	0.914
蒸气压/MPa	5.786

二氧化碳的灭火机理主要是窒息，其次是冷却。在常温常压下，二氧化碳的物态为气态；当储存于密封高压气瓶中，低于临界温度31.4 ℃时，二氧化碳是以气、液两相共存的。在灭火过程中，二氧化碳从储存气瓶中释放出来，压力骤然下降，由液态转变成气态，分布于燃烧物的周围，稀释空气中的氧含量。同时，二氧化碳释放时又因焓降的关系，温度急剧下降，形成细微的固体干冰粒子，干冰吸取周围的热量而升华，能起到冷却燃烧物的作用。

二氧化碳不适宜扑救600 V以上带电电气设备的火灾，不适宜扑救本身能供氧的化学物质的火灾；多用于扑救珍贵仪器设备、易燃可燃材料和燃烧面积不大的油品等处的火灾，如泵房、灌装间、加油站等处的火灾。还应注意，二氧化碳对铝制件有腐蚀作用。

3. 干粉灭火剂

干粉灭火剂是由灭火基料（如小苏打、磷酸铵盐等）和适量的流动助剂（硬脂酸镁、云母粉、滑石粉等）及防潮剂（硅油）在一定工艺条件下研磨、混配制成的固体粉末灭火剂。这类灭火剂具有灭火效力大、速度快、无毒、不腐蚀、不导电、久储不变质等优点，是石油库中主要的化学灭火剂。

干粉灭火剂按照适用范围，主要分为BC类、ABC类及D类，详见表4-8。

表 4-8　干粉灭火剂分类

分类	品种	使用范围
BC 类(普通)	以碳酸氢钠为基料的改性钠盐干粉	扑救可燃液体、可燃气体及带电设备的火灾
	以碳酸氢钠为基料的钠盐干粉	
	以碳酸氢钾为基料的紫钾盐干粉	
	以氯化钾为基料的钾盐干粉	
	以尿素和碳酸氢钠(钾)反应物为基料的氨基干粉	
ABC 类(多用)	以磷酸盐为基料的干粉	扑救可燃固体、液体、气体及带电设备火灾
	以聚磷酸铵为基料的干粉	
	以硫酸铵和磷酸铵盐的混合物为基料的干粉	
D 类	以氯化钠为基料的干粉	扑救轻金属火灾
	以碳酸钠为基料的干粉	
	以氯化钾为基料的干粉	
	以氯化钡为基料的干粉	

灭火时，干粉在动力气体(氮气、二氧化碳)的推动下射向火焰进行灭火。干粉在灭火过程中，粉雾与火焰接触、混合，发生一系列物理作用和化学反应，其灭火机理包括化学抑制、隔离、冷却与窒息。

(1)化学抑制作用。

燃烧过程是一个连锁反应过程，OH·和 H·中的“·”是维持燃烧连锁反应的关键自由基，它们具有很高的能量，非常活泼，但使用寿命很短，一经生成，立即引发下一步反应，生成更多的自由基，使燃烧过程得以延续且不断扩大。干粉灭火剂的灭火组分是燃烧的非活性物质，当把干粉灭火剂加入燃烧区与火焰混合后，干粉粉末与火焰中的自由基接触时捕获 OH·和 H·，自由基被瞬时吸附在粉末表面。当大量的粉末以雾状形式喷向火焰时，火焰中的自由基被大量吸附和转化，使自由基数量急剧减少，致使燃烧反应链中断，最终使火焰熄灭。

(2)隔离作用。

干粉灭火系统喷出的固体粉末覆盖在燃烧物表面，构成阻碍燃烧的隔离层。特别是当粉末覆盖达到一定厚度时，还可以起到防止复燃的作用。

(3)冷却与窒息作用。

干粉灭火剂在动力气体的推动下喷向燃烧区进行灭火时，干粉灭火剂的基料在火焰高温作用下产生一系列分解反应，钠盐和钾盐干粉在燃烧区吸收部分热量，能够放出水蒸气和二氧化碳气体，起到冷却和稀释可燃气体的作用。磷酸盐等化合物还能够起到炭化的作用，它附着于着火固体表面可炭化，碳化物是热的不良导体，可减缓燃烧，降低火焰温度。

4. 泡沫灭火剂

泡沫灭火剂的灭火机理主要有以下三个方面。

① 隔离窒息作用。泡沫灭火剂在燃烧物表面形成泡沫覆盖层，使燃烧面与空气隔绝，同时泡沫受热蒸发产生的水蒸气，可以降低燃烧物附近氧气的浓度，起到窒息灭火作用。

② 辐射热阻隔作用。泡沫层能够阻止燃烧区域的热量作用于燃烧物质的表面，可以防止可燃物本身和附近可燃物质的蒸发。

③ 吸热冷却作用。泡沫析出的水分可对燃烧物表面进行冷却。

水溶性液体火灾必须选用抗溶性泡沫液。扑救水溶性液体火灾应采用液上喷射或半液下喷射泡沫，不能采用液下喷射泡沫。对于非水溶性液体火灾，当采用液上喷射泡沫灭火时，选用蛋白、氟蛋白、成膜氟蛋白或水成膜泡沫液均可；当采用液下喷射泡沫灭火时，必须选用氟蛋白、成膜氟蛋白或水成膜泡沫液。泡沫液的储存温度应为0~40 ℃。

(1)蛋白泡沫灭火剂。

蛋白泡沫灭火剂是以动物性蛋白质或植物性蛋白质的水解浓缩液为基料，加入适当的稳定剂、防腐剂和防冻剂等添加剂的起泡性液体。按照与水的混合比例来分，蛋白泡沫灭火剂有6%和3%两种；按照制造原料来分，其有植物蛋白和动物蛋白两种。目前生产的蛋白泡沫灭火剂，以动物蛋白型居多。

蛋白泡沫灭火剂主要用于扑救各种不溶于水的可燃、易燃液体，如石油产品、油脂等火灾，也可扑救木材等一般可燃性固体的火灾。由于蛋白泡沫灭火剂具有良好的热稳定性，因而其在油罐火灾灭火中被广泛应用。此外，由于其析液慢，可以较长时间密封油面，所以在防止油罐火灾蔓延时，常将泡沫喷入未着火的油罐，以防止被附近着火的油罐辐射热引燃。使用蛋白泡沫灭火剂扑救原油及重油储罐火灾时，要注意可能引起的油品沸溢或喷溅。因为原油或重油在燃烧一段时间后，会在油面上形成一个热油层，其温度高于水的沸点，随着燃烧时间的延长，油层的厚度也逐渐增加，这时把泡沫喷到热油层上时，将使泡沫中的水迅速汽化，并夹带油品，形成大量燃烧着的油品从罐中溢出或喷溅出来的现象。

蛋白泡沫灭火剂不能用于扑救加醇汽油(醇质量分数在10%以上)、电气、气体等火灾；不能采用液下喷射的方式扑救油罐火灾；不能与一般的干粉灭火剂联用。

(2)氟蛋白泡沫灭火剂。

含有氟碳表面活性剂的蛋白泡沫灭火剂称为氟蛋白泡沫灭火剂。为了克服蛋白泡沫流动性差、抗油类的污染能力低及灭火效率不高等缺点，研制出了“6201”氟碳表面活性剂，并制成添加了“6201”预制液的氟蛋白泡沫灭火剂，应用于大型油罐的泡沫液下喷射灭火系统。6%型和3%型氟蛋白泡沫液中分别含有体积分数为1%和2%的“6201”预制液。

氟蛋白泡沫灭火剂的灭火原理与蛋白泡沫灭火剂的灭火原理基本相同。由于“6201”氟碳表面活性剂是憎油性的，具有高效的表面活性作用，所以在泡沫液和水的混合液中添加少量的“6201”氟碳表面活性剂，能够有效改变泡沫性能，提高泡沫的耐火性和流动性，降低表面张力，提高泡沫抵抗油类污染的能力，其灭火效率较蛋白泡沫灭火剂得到很大提升。

氟蛋白泡沫灭火剂的使用方法与蛋白泡沫灭火剂的使用方法相同。它主要用于扑救各种非水溶性可燃、易燃液体和一般可燃固体的火灾，特别被广泛应用于扑救非水溶性可燃、易燃液体的大型储罐、散装中转装置、生产加工装置、油码头的火灾及飞机火灾。在扑救大面积油类火灾中，氟蛋白泡沫灭火剂与干粉灭火剂联用则效果更好。它的显著特点是可以采用液下喷射的方式扑救油罐火灾，但使用液下喷射方式扑救原油及重油火灾时，要注意防止油品的沸溢或喷溅。

(3)水成膜泡沫灭火剂。

水成膜泡沫灭火剂由氟碳表面活性剂、无氟表面活性剂和改进泡沫性能的添加剂(如泡沫稳定剂、抗冻剂、助溶剂和增稠剂等)及水组成。

水成膜泡沫灭火剂扑救石油产品的火灾时依靠泡沫和水膜的双重作用，其中泡沫起主导作用。水成膜泡沫灭火剂由于其中氟碳表面活性剂和其他添加剂的作用，具有非常好的流动性。当把它喷射到油面上时，泡沫能迅速在油面上展开，并由氟碳表面活性剂和无氟表面活性剂共同作用，形成一层很薄的水膜，这层很薄的水膜漂浮于油面上，使可燃性油与空气隔绝，阻止了燃油的蒸发，并有助于泡沫的流动，加速灭火。

水成膜泡沫灭火剂主要适用于扑救一般非水溶性可燃、易燃液体的火灾，且能够迅速地控制火灾的蔓延和扑灭火灾。它与各种干粉灭火剂联用时，效果更好。水成膜泡沫灭火剂也与氟蛋白泡沫灭火剂一样，可以采用液下喷射的方式扑救油罐火灾。因为该泡沫具有非常好的流动性，能绕过障碍物流动，所以用于扑救因飞机坠毁、设备破裂而造成的流散液体火灾，效果也很好。

水成膜泡沫灭火剂的使用混合比(质量比)为6%和3%，适用于通用的低倍数泡沫灭火设备。但25%的水成膜泡沫析液时间很短，仅为蛋白泡沫或氟蛋白泡沫的1/2左右，因而泡沫不够稳定，消失较快，所以在防止复燃与隔离热液面的性能方面，不如蛋白泡沫和氟蛋白泡沫。另外，水成膜泡沫如遇已烧得灼热的油罐壁时，容易被罐壁的高温破坏，失去水分，变成极薄的泡沫骨架，这时除需用水冷却罐壁外，还要喷射大量的新鲜泡沫。

(4)高倍数泡沫灭火剂。

高倍数泡沫灭火剂是一种以合成表面活性剂为基料的泡沫灭火剂，与水按照一定比例混合后，通过高倍数泡沫产生器，生成数百上千倍的泡沫，因而称为高倍数泡沫。该型泡沫灭火剂是按照一定比例的高倍数泡沫灭火剂水溶液通过高倍数泡沫产生器而生产的，它的发泡倍数高达200~1000倍，气泡直径一般在10 mm以上。由于它的体积膨胀大，发泡量大，泡沫可以迅速充满着火空间以覆盖燃烧物，使燃烧物与空气隔绝，同时泡沫受热后产生的大量水蒸气吸热，使燃烧区温度急剧下降，可以阻止火势蔓延，因此，高倍数泡沫灭火剂具有混合液供给强度小、泡沫供给量大、灭火迅速、安全可靠、水渍损失少、灭火现场处理简单等特点。

高倍数泡沫灭火剂不能用于扑救油罐火灾。因为油罐内油品燃烧时，油罐上空的上升气流升力很大，而泡沫的比重很小，不能覆盖到油面上，达不到有效的灭火目的。

六、灭火器的配置及使用

1. 灭火器的分类

灭火器是一种轻便的灭火工具，它由筒体、器头（阀门）、喷嘴等部件组成，借助驱动压力将所充装的灭火剂喷出，从而达到灭火的目的。

不同种类的灭火器适用于不同物质的火灾，其结构和使用方法也各不相同。灭火器种类较多，按照其移动方式，可分为手提式灭火器和推车式灭火器；按照驱动灭火剂的动力来源，可分为储气瓶式灭火器和储压式灭火器；按照所充装的灭火剂可分为水基型灭火器、干粉灭火器、二氧化碳灭火器、洁净气体灭火器等；按照灭火类型可分为A类灭火器、B类灭火器、C类灭火器、D类灭火器、E类灭火器等。

各类灭火器一般都有特定的型号与标识。我国灭火器的型号是按照《消防产品分类及型号编制导则》（GA/T 1250—2015）编制的。消防产品的型号一般应由类别代号、品种代号、产品代号、特征和主参数代号、自定义代号等部分构成。消防产品类别和品种代号分别由一位大写汉语拼音字母表示，这些字母应选择类别、品种的代表性文字的汉语拼音字头字母。产品代号应按照同一品种内不重复的原则，由产品标准做出具体规定。产品代号宜由两位大写汉语拼音字母构成，这些字母应选择产品的代表性文字的汉语拼音字头字母。消防产品的特征代号应由一至两位大写汉语拼音字母构成，字母应来自代表产品特征文字的汉语拼音字头字母。主参数代号应由阿拉伯数字和/或字母构成，可直观、清晰地表示出产品的主要技术性能或主要结构的参数。若存在两个或两个以上的主参数，应在各参数代号之间用“/”分隔。自定义代号一般由产品制造商自行规定，用一位大写英文字母表示，宜按照A，B，C，…顺序采用，首次发布的产品可不标注。

2. 常用灭火器分类。

（1）清水灭火器。

清水灭火器是指筒体中充装清洁水，并以二氧化碳（氮气）为驱动气体的灭火器。该灭火器一般有6 L和9 L两种规格。

清水灭火器由保险帽、提圈、筒体、二氧化碳（氮气）气体储气瓶和喷嘴等部件组成，使用时摘下保险帽，用手掌拍击开启杆顶端灭火器头(阀门)，清水便会从喷嘴喷出。它主要用于扑救固体物质火灾，如木材、棉麻、纺织品等的初起火灾，但不适用于扑救油类、电气、轻金属及可燃气体火灾。清水灭火器的有效喷水时间为1 min左右。所以，当灭火器中的水喷出时，应迅速将灭火器提起，将水流对准燃烧最猛烈处喷射；同时，清水灭火器在使用时应始终与地面保持大致垂直状态，不能颠倒或横卧，否则会影响水流的喷出。

(2)水基型泡沫灭火器。

水基型泡沫灭火器一般使用水成膜泡沫灭火剂(AFFF)，以氮气为驱动气体。水成膜泡沫灭火剂可在烃类物质表面迅速形成一层能抑制其蒸发的水膜，靠泡沫和水膜的双重作用迅速有效地灭火，是化学泡沫灭火器的更新换代产品。它能扑灭可燃固体和液体的初起火灾，更多地用于扑救石油及石油产品等非水溶性物质的火灾(抗溶性泡沫灭火器可用于扑救水溶性易燃、可燃液体火灾)。水基型泡沫灭火器具有操作简单、灭火效率高、使用时无需倒置、有效期长、抗复燃、双重灭火等优点，是木竹类、织物、纸张及油类物质的开发、加工、储运等场所的消防必备品，并广泛应用于油田、油库、轮船、工厂、商店等场所。

(3)干粉灭火器。

干粉灭火器是利用氮气作为驱动气体，将筒内的干粉喷出进行灭火的灭火器。干粉灭火器内充装的是干粉灭火剂。干粉灭火剂是用于灭火的干燥且易于流动的微细粉末，由具有灭火效能的无机盐和少量的添加剂经干燥、粉碎、混合而成的微细固体粉末组成。它是一种在消防中得到广泛应用的灭火剂，且主要用于灭火器中。除扑救金属火灾的专用干粉化学灭火剂外，目前国内已经生产的产品有磷酸铵盐、碳酸氢钠、氯化钠、氯化钾干粉灭火剂等。

干粉灭火器不仅可扑灭一般的可燃固体火灾，还可扑灭油、气等燃烧引起的火灾，主要用于扑救石油、有机溶剂等易燃液体、可燃气体和电气设备的初起火灾，广泛用于油田、油库、炼油厂、化工厂、化工仓库、船舶、飞机场及工矿企业等。

使用手提式干粉灭火器时，应手提灭火器的提把或肩扛灭火器到火场。在距燃烧物3 m左右放下灭火器，拔出保险销，一只手握住开启压把，另一只手握在喷射软管前端的喷嘴处。如果灭火器无喷射软管，则可一只手握住开启压把，另一只手扶住灭火器底部的底圈部分，先将喷嘴对准燃烧处，再用力握紧开启压把，向火焰根部扫射。在使用干粉灭火器灭火的过程中要注意，如果在室外，应尽量选择在上风方向使用。

(4)二氧化碳灭火器。

二氧化碳灭火器内充装的是二氧化碳气体，靠自身的压力驱动喷出二氧化碳进行灭火。二氧化碳是一种不燃烧的气体。它在灭火时具有两大作用：一是窒息作用。当把二氧化碳释放到灭火空间时，由于二氧化碳迅速汽化而稀释燃烧区的空气，当使空气的氧气含量减少到低于维持物质燃烧所需的极限含氧量时，物质就不会继续燃烧，从而熄灭。二是冷却作用。当二氧化碳从瓶中释放出来时，由于液体迅速膨胀为气体，会产生冷却效果，致使部分二氧化碳瞬间转变为固态的干冰，干冰迅速汽化时要从周围环境中吸收大量的热量，从而达到灭火的目的。二氧化碳灭火器具有流动性好、喷射率高、不腐蚀容器和不易变质等优良性能，可以用来扑救图书、档案、贵重设备、精密仪器、600 V 以下电气设备及油类的初起火灾。

对于手提式二氧化碳灭火器，灭火时只要将灭火器提到火场，在距燃烧物 3 m 左右处放下灭火器，拔出保险销，一只手握住喇叭筒根部的手柄，另一只手紧握启闭阀的压把，即可喷射二氧化碳进行灭火。对于没有喷射软管的二氧化碳灭火器，应把喇叭筒往上扳 70°~90°，灭火时，当可燃物呈流淌状燃烧时，使用者应将二氧化碳灭火剂的喷流由近而远向火焰喷射。如果可燃液体在容器内燃烧，则使用者应将喇叭筒提起，从容器的一侧上部向燃烧的容器中喷射，但不能使二氧化碳射流直接冲击可燃液面，以防止将可燃液体冲出容器而扩大火势。值得注意的是，使用二氧化碳灭火器时，在室外应选择上风方向喷射，使用时宜戴手套，不能直接用手抓住喇叭筒外壁或金属连接管，以防冻伤；在室内狭小空间使用该灭火器时，灭火后应迅速撤离，避免窒息。

3. 灭火器的构造

不同规格类型的灭火器不仅灭火机理不一样，其构造也根据其灭火机理与使用功能而有所不同，如手提式灭火器与推车式灭火器、储气瓶式灭火器与储压式灭火器的结构有明显差别。

(1)手提储压式灭火器。

手提储压式灭火器主要由筒体、器头(阀门)、喷(头)管、保险销、灭火剂、驱动气体(一般为氮气，与灭火剂一起充装在灭火器筒体内，额定压力一般为 1.2~1.5 MPa)、压力表及铭牌等组成，如图 4-1 所示。在待用状态下，灭火器内驱动气体的压力通过压力表显示出来，以便判断灭火器是否失效。市场上的干粉灭火器、水基型灭火器都是储压式结构。

手提式二氧化碳灭火器结构与手提储压式灭火器结构相似，只是充装压力较高而已，一般在 5.0 MPa 左右，且二氧化碳既是灭火剂又是驱动气体。以前二氧化碳灭火器除鸭嘴式外，还有一种手轮式结构，但由于操作不便、开启速度慢等原因，现已明令淘汰。

(2)推车式灭火器。

推车式灭火器主要由灭火器筒体、阀门机构、喷管、喷枪、车架、灭火剂、驱动气体(一般为氮气，与灭火剂一起密封在灭火器筒体内)、压力表及铭牌等组成，如图 4-2 所示。

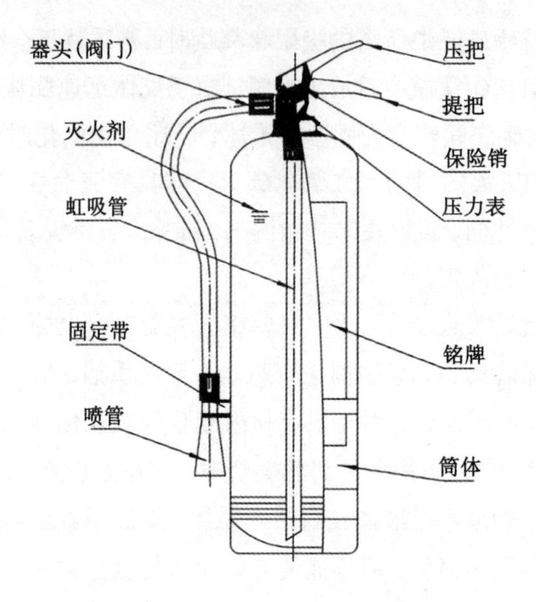

图 4-1　手提储压式灭火器结构图

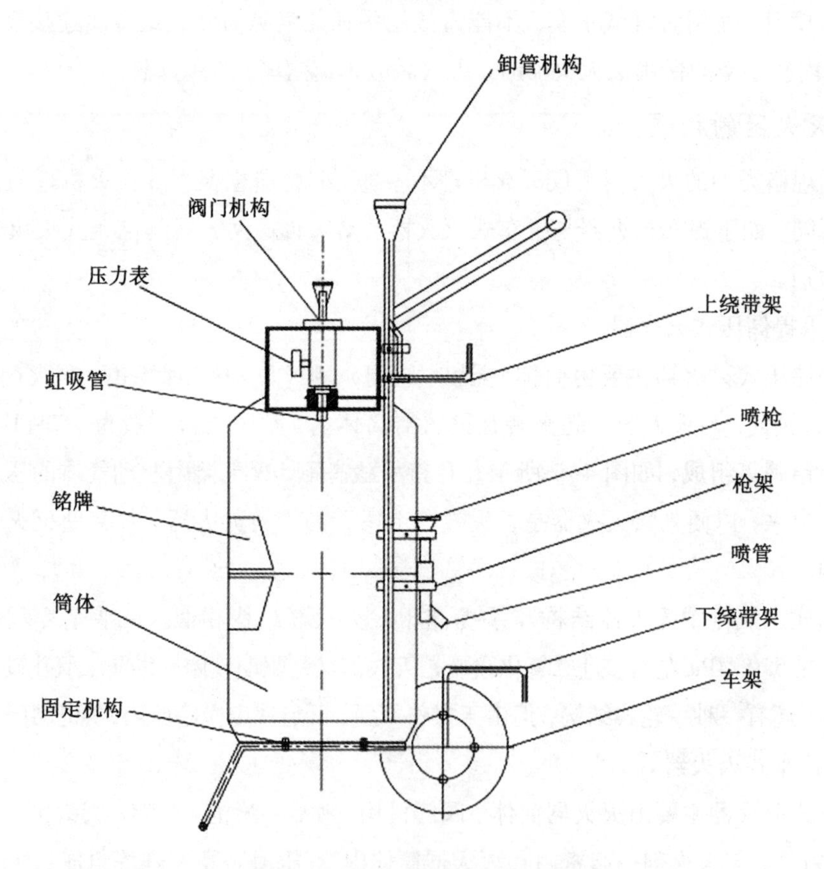

图 4-2　推车式灭火器结构图

推车式灭火器一般由两人配合操作。使用时，两人一起将灭火器推或拉到燃烧处，在距燃烧物 10 m 左右停下，一人快速取下喷枪（二氧化碳灭火器为喇叭筒）并展开喷射软管，然后握住喷枪（二氧化碳灭火器为喇叭筒根部的手柄），另一人快速按照逆时针方向旋动手轮，并开到最大位置。该灭火器的灭火方法和注意事项与手提式灭火器的基本一致。

4. 灭火器的配置

（1）灭火器配置场所的危险等级。

工业建筑灭火器配置场所的危险等级，根据其生产、使用和储存物品的火灾危险性、可燃物数量、火灾蔓延速度、扑救难易程度等因素，可划分为以下三级。

① 严重危险级。火灾危险性大，可燃物多，起火后蔓延迅速，扑救困难，容易造成重大财产损失的场所。

② 中危险级。火灾危险性较大，可燃物较多，起火后蔓延较迅速，扑救较难的场所。

③ 轻危险级。火灾危险性较小，可燃物较少，起火后蔓延较缓慢，扑救较易的场所。

工业建筑内生产、使用和储存可燃物的火灾危险性是划分危险等级的主要因素。《建筑设计防火规范》（GB 50016—2014）对厂房和库房中可燃物的火灾危险性分类划分工业建筑场所的危险等级，见表 4-9。

表 4-9　灭火器配置场所与危险等级的对应关系

配置场所	危险等级		
	严重危险级	中危险级	轻危险级
厂房	甲、乙类物品生产场所	丙类物品生产场所	丁、戊类物品生产场所
库房	甲、乙类物品储存场所	丙类物品储存场所	丁、戊类物品储存场所

（2）灭火器的设置。

灭火器应设置在位置明显和便于取用的地点，且不得影响安全疏散。对有视线障碍的灭火器设置点，应设置指示其位置的发光标志。灭火器的摆放应稳固，铭牌应朝外。手提式灭火器宜设置在灭火器箱内或挂钩、托架上，其顶部离地面高度不应大于 1. 50 m，底部离地面高度不宜小于 0. 08 m。灭火器箱不得上锁。灭火器不宜设置在潮湿或强腐蚀性的地点，当必须设置时，应有相应的保护措施。灭火器设置在室外时，应有相应的保护措施。灭火器不得设置在超出其使用温度范围的地点。一个计算单元内配置的灭火器数量不得少于 2 具。每个设置点的灭火器数量不宜多于 5 具。

（3）灭火器的选择。

灭火器的选择应考虑灭火器配置场所的火灾种类和危险等级，灭火器的灭火效能和通用性，灭火剂对保护物品的无损程度，灭火器设置点环境温度和使用灭火器人员的体能。

（4）灭火器配置场所单元划分。

根据灭火器配置场所的危险等级和火灾种类，参考其使用性质、平面布局与保护面积，将危险等级与火灾种类不相同的各个场所分别作为一个独立单元计算；或者将危险等级与火灾种类均相同，平面布局、保护面积和使用性质亦相近，且彼此相邻相接的若干场所合并作为一个组合单元计算。单元的保护面积以实际使用面积为准，通过计算或测量得出。油桶堆场和油罐区的保护面积应按实际堆放面积和油罐面积计算，不计算堆场外围及油罐与防火堤内的环形面积。

(5)单元内需配备灭火级别计算。

在确定了计算单元的保护面积后，应根据式(4-1)计算该单元应配置的灭火器的最小灭火级别：

$$Q=\frac{KS}{U} \tag{4-1}$$

式中，Q——计算单元的最小配置灭火级别(A 或 B)；

S——计算单元的保护面积，m^2；

U——A 类或 B 类火灾场所单位灭火级别最大保护面积，m^2；

K——修正系数。

火灾场所单位灭火级别的最大保护面积依据火灾危险等级和火灾种类从表 4-10 或表 4-11 中选取。

表 4-10　A 类火灾场所灭火器的最低配置基准

危险等级	严重危险级	中危险级	轻危险级
单具灭火器最小配置灭火级别	3A	2A	1A
单位灭火级别最大保护面积/m^2	50	75	100

表 4-11　B，C 类火灾场所灭火器的最低配置基准

危险等级	严重危险级	中危险级	轻危险级
单具灭火器最小配置灭火级别	89B	55B	21B
单位灭火级别最大保护面积/m^2	0.5	1	1.5

修正系数按照表 4-12 中规定选取。

表 4-12　修正系数

计算单元	K
未设室内消火栓系统和灭火系统	1
设有室内消火栓系统	0.9
设有灭火系统	0.7
设有室内消火栓系统和灭火系统	0.5
可燃物露天堆场，甲、乙、丙类液体储罐区，可燃气体储罐区	0.3

储罐组按照防火堤内面积每 400 m^{2}应配置 1 具 8 kg 手提式干粉灭火器；当计算数量超过 6 具时，可按照 6 具配置。

(6)单元中每个灭火器设置点最小配置灭火级别计算。

灭火器的灭火级别表示灭火器能够扑灭不同种类火灾的效能，由表示灭火效能的数字和灭火种类的字母组成，如 3A，5A，8B，20B 等。其中，数字表示灭火级别的大小，字母表示灭火级别的单位及使用扑救火灾的种类。各类灭火器的灭火级别见表 4-13。

表 4-13　各类灭火器使用灭火对象、规格与灭火级别

灭火器类型		灭火剂充装量		灭火器类型	灭火级别及使用对象				
		容量/L	质量/kg	规格代码(型号)	A 类	B 类	C 类	D 类	E 类
水型	手提式	3		MS/Q3	1A	×	×	×	×
				MS/T3		55B			
		6		MS/Q6	1A	×			
				MS/T6		55B			
		9		MS/Q9	2A	×			
				MS/T9		89B			
	推车式	20		MST20	4A	×			
		45		MST40	4A	×			
		60		MST60	4A	×			
		125		MST125	6A	×			
泡沫型(化学泡沫)	手提式	3		MP3，MP/AR3	1A	55B	×	×	×
		4		MP4，MP/AR4	1A	55B			
		6		MP6，MP/AR6	1A	55B			
		9		MP9，MP/AR9	2A	89B			
	推车式	20		MPT20，MPT/AR20	4A	113B	×	×	×
		45		MPT40，MPT/AR40	4A	144B			
		60		MPT60，MPT/AR60	4A	233B			
		125		MPT125，MPT/AR125	6A	297B			

表4-13(续)

灭火器类型		灭火剂充装量		灭火器类型	灭火级别及使用对象				
		容量/L	质量/kg	规格代码(型号)	A类	B类	C类	D类	E类
干粉（碳酸氢钠）	手提式		1	MF1	×	21B	○	×	▲
			2	MF2		21B			
			3	MF3		34B			
			4	MF4		55B			
			5	MF5		89B			
			6	MF6		89B			
			8	MF8		144B			
			10	MF10		144B			
	推车式		20	MFT20	×	183B	○	×	▲
			50	MFT50		297B			
			100	MFT100		297B			
			125	MFT125		297B			
干粉（磷酸铵型）	手提式		1	MF/ABC1	1A	21B	○	×	▲
			2	MF/ABC2	1A	21B			
			3	MF/ABC3	2A	34B			
			4	MF/ABC4	2A	55B			
			5	MF/ABC5	3A	89B			
			6	MF/ABC6	3A	89B			
			8	MF/ABC8	4A	144B			
			10	MF/ABC10	6A	144B			
	推车式		20	MFT/ABC20	6A	183B	○	×	▲
			50	MFT/ABC50	8A	297B			
			100	MFT/ABC100	10A	297B			
			125	MFT/ABC125	10A	297B			
二氧化碳	手提式		2	MT2	×	21B	○	×	○
			3	MT3		21B			
			5	MT5		34B			
			7	MT7		55B			
	推车式		10	MTT10	×	55B	○	×	○
			20	MTT20		70B			
			30	MTT30		113B			
			50	MTT50		183B			

注：○表示“适用对象”；▲表示“精密仪器设备不宜选用”；×表示“不用”。

计算单元中每个灭火器设置点的最小配置灭火级别按照式(4-2)计算：

$$Q_e = \frac{Q}{N} \tag{4-2}$$

式中，Q_e——灭火器配置场所每个设置点的灭火级别(A或B)；

N——计算单元中灭火器设置的点数。

(7)灭火器设置点的确定。

每个灭火器设置点实配灭火器的灭火级别和数量不得小于计算出的需配灭火级别和数量。计算单元中的灭火器设置点的位置和数量应依据火灾的危险等级、灭火器类型(手提式或推车式)，按照不大于表4-14中规定的最大保护距离合理设置，且应保证最不利点至少在1具灭火器的保护范围内。

表4-14　灭火器的最大保护距离

<table>
<tr><th rowspan="2">等级</th><th colspan="2">A类火灾</th><th colspan="2">B，C类火灾</th><th>D类火灾</th><th>E类火灾</th></tr>
<tr><th>手提式</th><th>推车式</th><th>手提式</th><th>推车式</th><td rowspan="4">最大保护距离应根据具体情况研究确定</td><td rowspan="4">最大保护距离不应低于该场所内A类或B类火灾的规定</td></tr>
<tr><td>严重危险级</td><td>15 m</td><td>30 m</td><td>9 m</td><td>18 m</td></tr>
<tr><td>中危险级</td><td>20 m</td><td>40 m</td><td>12 m</td><td>24 m</td></tr>
<tr><td>轻危险级</td><td>25 m</td><td>50 m</td><td>15 m</td><td>30 m</td></tr>
</table>

(8)其他灭火器材设置要求。

石油库主要场所灭火毯、灭火沙配置数量不应少于表4-15中的规定。

表4-15　石油库主要场所灭火毯、灭火沙最低配置要求

场所	灭火毯/块		灭火沙/m³
	四级及以上石油库	五级石油库	
罐组	4~6	2	2
覆土储罐出入口	2~4	2~4	1
桶装液体库房	4~6	2	1
易燃和可燃液体泵站	—	—	2
灌油间	4~6	3	1
铁路易燃和可燃液体装卸栈桥	4~6	2	—
汽车易燃和可燃液体装卸场地	4~6	2	1
易燃和可燃液体装卸码头	4~6	—	2
消防泵房	—	—	2
变配电间	—	—	2
管道桥涵	—	—	2
雨水支沟接主沟处	—	—	2

七、油库灭火系统

1. 消防给水系统

(1)消防水源。

在市政给水管道、进水管道或天然水源不能满足消防用水量，以及市政给水管道为枝状或只有一条进水管的情况下，且室外消火栓设计流量大于 20 L/s 时，应设消防水池。

特级石油库的储罐计算总容量大于或等于 2.4×10^6 m^3 时，其消防用水量应为同时扑救消防设置要求最高的一个原油储罐和扑救消防设置要求最高的一个非原油储罐火灾所需配置泡沫用水量及冷却储罐最大用水量的总和。其他级别石油库储罐区的消防用水量，应为扑救消防设置要求最高的一个储罐火灾配置泡沫用水量及冷却储罐所需最大用水量的总和。

消防水池进水管应根据消防水池有效容积和补水时间确定，补水时间不宜大于48 h，但当消防水池有效总容积大于2000 m^3时，补水时间不应大于96 h，消防水池进水管管径应经计算确定，且不应小于 DN100。

当消防水池的总蓄水有效容积大于 500 m^3时，宜设两格能独立使用的消防水池；当其总蓄水有效容积大于 1000 m^3时，应设置能独立使用的两座消防水池。每格(座)消防水池应设置独立的出水管，并应设置满足最低有效水位的连通管，且其管径应能满足消防给水设计流量的要求。

供消防车取水的消防水池，应设供消防车取水的取水口或取水井，吸水高度不应大于 6 m；取水口或取水井与甲、乙、丙类液体储罐的距离不宜小于 40 m，与液化石油气储罐的距离不宜小于 60 m，当采取防止辐射热的保护措施时，与液化石油气储罐的距离可减小为 40 m。

水池的容积分为有效容积(储水容积)和无效容积(附加容积)，其总容积为有效容积与无效容积之和。

消防水池有效容积的计算公式如下：

$$V_a=(Q_p-Q_b)t \tag{4-3}$$

式中，V_a——消防水池的有效容积，m^3；

Q_p——消火栓、自动喷水灭火系统的设计流量，m^3/h；

Q_b——在火灾延续时间内可连续补充的流量，m^3/h；

t——火灾延续时间，h。

不同场所的火灾延续时间见表 4-16。

表 4-16　不同场所的火灾延续时间

场所与火灾危险性		火灾延续时间/h
甲、乙、丙类可燃液体储罐	直径大于 20 m 的地上固定顶储罐和直径大于 20 m 浮盘用易熔材料制作的内浮顶储罐	9
	其他地上立式储罐	6
	覆土立式油罐	4
液化烃储罐，沸点低于 45 ℃甲类液体、液氨储罐		6

(2)消防给水设计流量。

① 石油库消防给水设计流量。着火的地上固定顶油罐及距该油罐罐壁 1.5D(D 为着火油罐直径)范围内相邻的地上油罐，均应冷却。当相邻的地上油罐超过三座时，应按照三座中较大的相邻油罐计算冷却水量。着火的外浮顶、内浮顶油罐应冷却，其相邻油罐可不冷却。当着火的内浮顶油罐用易熔材料制作时，其相邻油罐也应冷却。着火的覆土油罐及其相邻的覆土油罐可不冷却，但应考虑灭火时的保护用水量(指人身掩护和冷却地面及油罐附件的水量)。着火的地上卧式油罐应冷却，距着火罐直径与长度之和的一半范围内的相邻罐也应冷却。

单罐容量大于或等于 3000 m^3 或者罐壁高度大于或等于 15 m 的储罐，应设固定式消防冷却水系统；单罐容量小于 3000 m^3 且罐壁高度小于 15 m 的储罐，可设移动式消防冷却水系统。

甲、乙、丙类可燃液体储罐的消防给水设计流量应按照最大罐组确定，并按照泡沫灭火系统设计流量、固定冷却水系统设计流量与室外消火栓设计流量之和确定。固定冷却水系统设计流量应按照着火罐与邻近罐最大设计流量经计算确定，固定式冷却水系统设计流量应按照表 4-17 或表 4-18 中规定的设计参数经计算确定。当储罐采用固定式冷却水系统时，室外消火栓设计流量不应小于表 4-19 中的规定；当采用移动式冷却水系统时，室外消火栓设计流量应按照表 4-17 或表 4-18 中规定的设计参数经计算确定，且不应小于 15 L/s。

表 4-17　地上立式储罐消防冷却水供水范围和喷水强度

储罐及消防冷却形式			供水范围	喷水强度	备注
移动式水枪冷却	着火罐	固定顶油罐	罐周全长	0.6(0.8) L/(s·m)	
		外浮顶油罐		0.45(0.6) L/(s·m)	浮顶用易熔材料制作的内浮顶油罐按照固定顶油罐计算
		内浮顶油罐			
	相邻罐	不保温	罐周半长	0.35(0.5) L/(s·m)	
		保温		0.2 L/(s·m)	

表4-17(续)

<table>
<tr><th colspan="3">储罐及消防冷却形式</th><th>供水范围</th><th>喷水强度</th><th>备注</th></tr>
<tr><td rowspan="4">固定式</td><td rowspan="3">着火罐</td><td>固定顶油罐</td><td rowspan="3">罐壁表面积</td><td>2.5 L/(min·m^2)</td><td></td></tr>
<tr><td>外浮顶油罐</td><td rowspan="2">2.0 L/(min·m^2)</td><td rowspan="2">浮顶用易熔材料制作的内浮顶油罐按照固定顶油罐计算</td></tr>
<tr><td>内浮顶油罐</td></tr>
<tr><td colspan="2">相邻罐</td><td>罐壁表面积的一半</td><td>2.0 L/(min·m^2)</td><td>按照实际冷却面积计算，但不得小于罐壁表面积的1/2</td></tr>
</table>

注：1.“移动式水枪冷却”栏中，喷水强度是按照使用ϕ16 mm口径水枪确定的，括号内数据为使用ϕ19 mm口径水枪时的数据。

2. 着火罐单支水枪保护范围：ϕ16 mm口径水枪为8~10 m，ϕ19 mm口径水枪为9~11 m；邻近罐单支水枪保护范围：ϕ16 mm口径水枪为14~20 m，ϕ19 mm口径水枪为15~25 m。

表4-18　卧式储罐、无覆土地下及半地下立式储罐冷却水系统的供水范围和喷水强度

项目	储罐形式	保护范围	喷水强度
移动式冷却	着火罐	罐壁表面积	0.1 L/(s·m^2)
	邻近罐	罐壁表面积的1/2	0.1 L/(s·m^2)
固定式冷却	着火罐	罐壁表面积	6 L/(min·m^2)
	邻近罐	罐壁表面积的1/2	6 L/(min·m^2)

注：1. 当计算出的着火罐冷却水系统设计流量小于15 L/s时，应采用15 L/s。

2. 着火罐直径与长度之和的一半范围内的邻近卧式罐应进行冷却；着火罐直径的1.5倍范围内的邻近地下、半地下立式罐应冷却。

3. 当邻近储罐超过4个时，冷却水系统可按照4个罐的设计流量计算。

4. 当临近罐采用不燃材料作绝热层时，其冷却水系统喷水强度可按照本表减少50%，但设计流量不应小于7.5 L/s。

5. 无覆土半地下、地下卧式罐冷却水系统的保护范围和喷水强度应按照本表地上卧式罐的保护范围和喷水强度确定。

表4-19　甲、乙、丙类可燃液体地上立式储罐区的室外消火栓设计流量

单罐储存容积(W)/m^3	消火栓设计流量/(L·s^{-1})
$W\leqslant5000$	15
$5000<W\leqslant30000$	30
$30000<W\leqslant100000$	45
$W>100000$	60

覆土油罐的室外消火栓设计流量应按照最大单罐周长和喷水强度计算确定，喷水强度不应小于 0.3 L/(s · m)；当计算设计流量小于 15 L/s 时，应采用 15 L/s。

② 液化烃罐区消防给水设计流量。此消防给水设计流量应按照最大罐组确定，并按照固定冷却水系统设计流量与室外消火栓设计流量之和确定，同时应符合下列规定：固定冷却水系统设计流量应按照表 4-20 中规定的设计参数经计算确定；室外消火栓设计流量不应小于表 4-21 中的规定。

表 4-20 液化烃储罐固定冷却水系统设计流量

项目	储罐形式		保护范围	喷水强度/(L · min^{-1} · m^{-2})
全冷冻式	着火罐	单防罐外壁为钢制	罐壁表面积	2.5
			罐顶表面积	4
		双防罐、全防罐外壁为钢筋混凝土结构	—	—
	邻近罐		罐壁表面积的 1/2	2.5
全压力式及半冷冻式	着火罐		罐壁表面积	9
	邻近罐		罐壁表面积的 1/2	9

注：1. 全冷冻式液化烃储罐，当双防罐、全防罐外壁为钢筋混凝土结构时，罐顶和罐壁的冷却水量可不计，但管道进出口等局部危险处应设置水喷雾系统冷却，供水强度不应小于 20 L/(min · m^2)。

2. 距着火罐罐壁 1.5 倍着火罐直径范围内的邻近罐应设置冷却水系统，当邻近罐超过 3 个时，冷却水系统可按照 3 个罐的设计流量计算。

3. 当储罐采用固定消防水炮作为固定冷却设施时，其设计流量不宜小于水喷雾系统计算流量的 1.3 倍。

表 4-21 液化烃罐区的室外消火栓设计流量

单罐储存容积(W)/m^3	室外消火栓设计流量/(L · s^{-1})
$W \leqslant 100$	15
$100 < W \leqslant 400$	30
$400 < W \leqslant 650$	45
$650 < W \leqslant 1000$	60
$W > 1000$	80

注：1. 罐区的室外消火栓设计流量应按照罐组内最大单罐计算。

2. 当储罐区四周设固定消防水炮作为辅助冷却设施时，辅助冷却水设计流量不应小于室外消火栓设计流量。

(3) 消防冷却水用量计算。

① 固定冷却水系统的用水量计算。

着火罐冷却用水量计算公式如下：

$$Q_1=\frac{q_1tA_1}{1000} \tag{4-4}$$

式中，Q_1——着火罐冷却用水量，m^3；

q_1——着火罐冷却水供给强度，$L/(min \cdot m^2)$；

t——冷却水供给时间，min；

A_1——罐壁冷却面积，m^2。

邻近罐冷却用水量计算公式如下：

$$Q_2=\frac{nq_2tA_2}{1000} \tag{4-5}$$

式中，Q_2——邻近罐冷却用水量，m^3；

n——邻近罐数量；

q_2——邻近罐冷却水供给强度，$L/(min \cdot m^2)$；

t——冷却水供给时间，min；

A_2——罐壁冷却面积的一半，m^2。

固定式冷却系统储罐冷却用水总量即着火罐冷却用水量和邻近罐冷却用水量之和。

② 移动式冷却水系统的用水量计算。

储罐冷却用水总量计算公式如下：

$$Q=(q_1L_1+nq_2L_2)t \tag{4-6}$$

式中，Q——储罐冷却用水总量，m^3；

q_1——着火罐冷却水供给强度，$L/(s \cdot m)$；

L_1——着火罐冷却范围(油罐周长)，m；

q_2——邻近罐冷却水供给强度，$L/(s \cdot m)$；

L_2——邻近罐冷却范围(油罐周长的一半)，m；

n——邻近罐数量；

t——冷却水供给时间，s。

水枪数量计算公式如下：

$$N=\frac{Q_1+Q_2}{q_3} \tag{4-7}$$

式中，Q_1——着火罐移动式冷却用水量，L/s；

Q_2——邻近罐移动式冷却用水量，L/s；

q_3——每只水枪的流量。

消火栓数量计算公式如下：

$$M=\frac{N}{2} \tag{4-8}$$

式中，N——水枪数量，个。

消防车数量，应根据消防车供水能力、水枪数量和喷嘴口径计算后确定，计算公式如下：

$$\text{消防车的数量(辆)}=\frac{\text{冷却所需水枪数量}}{\text{每辆消防车可供的水枪数量}} \tag{4-9}$$

(4)消防泵站。

消防泵站应为一、二级耐火等级建筑。附设在其他建筑内的消防泵站，应用耐火极限不低于1 h的非燃烧体外围结构与其他房间隔开，并应有直通室外的出口。

一级石油库的消防冷却水泵和泡沫消防水泵应至少各设置1台备用泵。二、三级石油库的消防冷却水泵和泡沫消防水泵应设置备用泵，当两者的压力、流量接近时，可共用1台备用泵。四、五级石油库的消防冷却水泵和泡沫消防水泵可不设备用泵。备用泵的流量、扬程不应小于最大主泵的工作能力。当一、二、三级石油库的消防水泵有2个独立电源供电时，主泵应采用电动泵，备用泵可采用电动泵，也可采用柴油机泵。当只有1个电源供电时，消防水泵应采用下列方式之一：主泵和备用泵全部采用柴油机泵；主泵采用电动泵，配备规格（流量、扬程）和数量不小于主泵的柴油机泵作备用泵；主泵采用柴油机泵，备用泵采用电动泵。消防水泵应采用正压启动。

消防水泵应能手动启停和自动启动，且应确保从接到启泵信号到水泵正常运转的自动启动时间不大于2 min。消防水泵不应设置自动停泵的控制功能，停泵应由具有管理权限的工作人员根据火灾扑救情况确定。

消防水泵控制柜在平时应使消防水泵处于自动启泵状态，应设置机械应急启泵功能，并应保证在控制柜内的控制线路发生故障时，可以由具有管理权限的人员在紧急时启动消防水泵。机械应急启动时，应确保消防水泵在报警后5 min内正常工作。

消防水泵的双电源自动切换时间不应大于2 s，一路电源与内燃机动力的切换时间不应大于15 s。

(5)消防供水管道。

一、二、三级石油库地上储罐区的消防给水管道应环状敷设；覆土油罐区和四、五级石油库储罐区的消防给水管道可枝状敷设；山区石油库的单罐容量小于或等于5000 m^3且储罐单排布置的储罐区，其消防给水管道可枝状敷设。一、二、三级石油库地上储罐区的消防水环形管道的进水管道不应少于2条，每条管道应能通过全部消防用水量。消防给水系统应保持充水状态。严寒地区的消防给水管道，冬季可不充水。

向环状管网输水的进水管不应少于2条，当其中一条发生故障时，其余进水管应仍能满足消防用水总量的供给要求。消防给水管道应采用阀门分成若干独立段，每段内室外消火栓的数量不宜超过5个。消防给水管道的直径应根据流量、流速和压力要求经计算确定，但不应小于DN100。

(6)消火栓的设置。

消防冷却水系统应设置消火栓，消火栓设置数量应按照油罐冷却灭火所需消防水量及消火栓保护半径确定。消火栓应设在防火堤或防护墙外，距着火罐罐壁 15 m 内的消火栓不应计算在内；固定式消防冷却水系统所设置的消火栓的间距不应大于 60 m；寒冷地区消防水管道上设置的消火栓应有防冻、放空措施。

2. 消防泡沫灭火系统

(1)泡沫灭火系统分类。

① 按照喷射方式分类，泡沫灭火系统可分为液上喷射、液下喷射和半液下喷射三种。

❖ 液上喷射泡沫灭火系统。该系统是指泡沫从液面上喷入被保护储罐内的灭火系统，如图 4-3 所示。与液下喷射泡沫灭火系统相比，该系统具有泡沫不易受油的污染、可以使用廉价的普通蛋白泡沫等优点。它有固定式、半固定式和移动式三种类型。

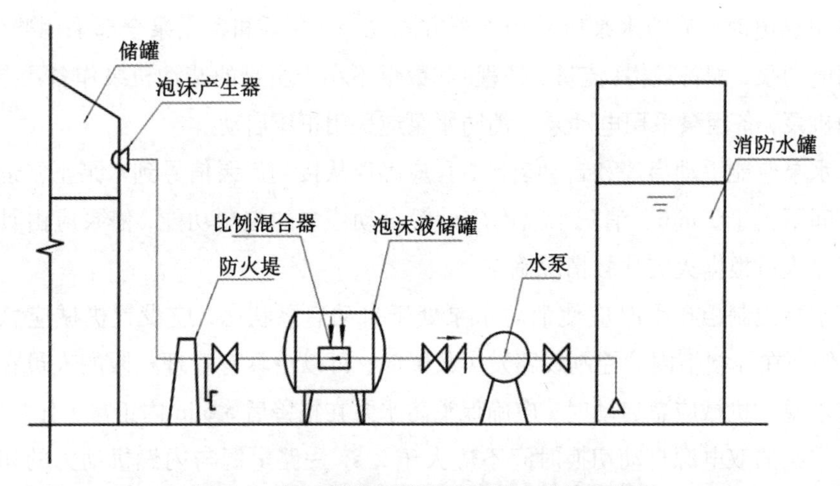

图 4-3 固定式液上喷射泡沫灭火系统结构图

❖ 液下喷射泡沫灭火系统。该系统是指泡沫从液面下喷入被保护储罐内的灭火系统，如图 4-4 所示。泡沫在注入液体燃烧层下部之后，上升至液体表面并扩散开，形成一个泡沫层。该系统通常设计为固定式和半固定式。

❖ 半液下喷射泡沫灭火系统。该系统是指泡沫从储罐底部注入，并通过软管浮升到液体燃料表面进行灭火的灭火系统，如图 4-5 所示。

② 按照系统结构分类，泡沫灭火系统可分为固定式、半固定式和移动式三种。

❖ 固定式泡沫灭火系统。该系统是指由固定的泡沫消防泵或泡沫混合液泵、泡沫比例混合器(装置)、泡沫产生器(或喷头)和管道等组成的灭火系统。

❖ 半固定式泡沫灭火系统。该系统是指由固定的泡沫产生器与部分连接管道、泡沫消防车或机动消防泵，用水带连接组成的灭火系统。

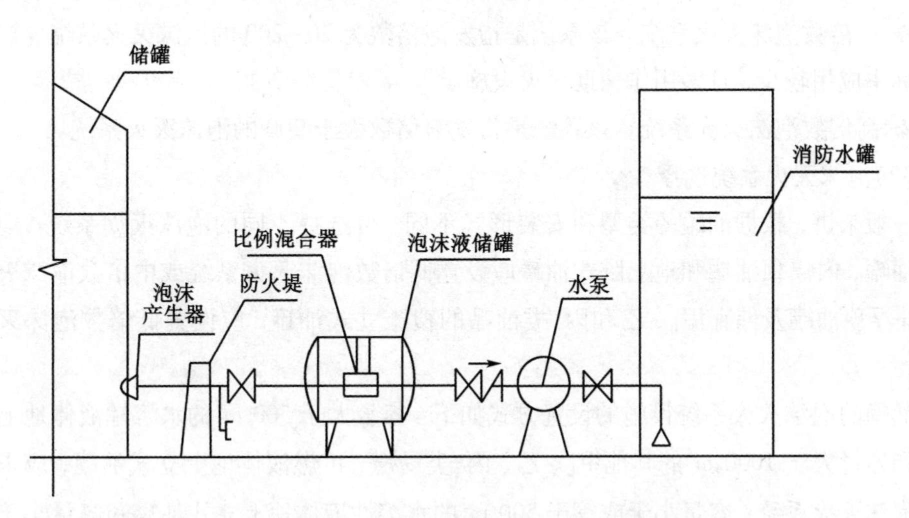

图 4-4　固定式液下喷射泡沫灭火系统结构图

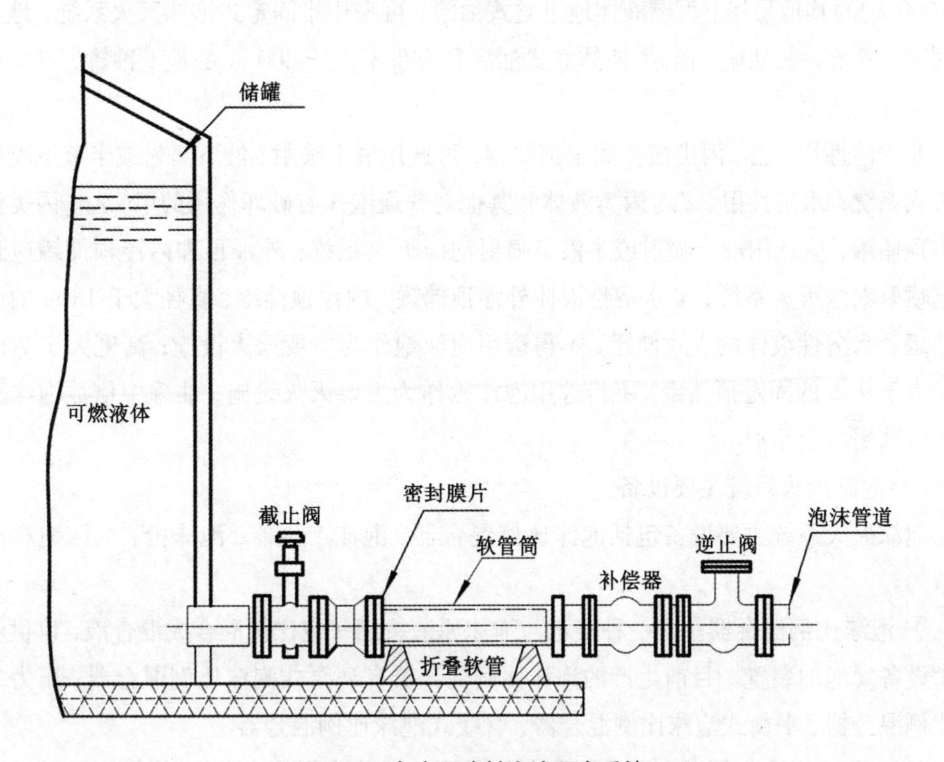

图 4-5　半液下喷射泡沫灭火系统

❖ 移动式泡沫灭火系统。该系统是指由消防车、机动消防泵或有压水源、泡沫比例混合器、泡沫枪、泡沫炮或移动式泡沫产生器、用水带等连接组成的灭火系统。

③ 按照发泡倍数分类，泡沫灭火系统可以分为低倍数、中倍数和高倍数三种。

❖ 低倍数泡沫灭火系统。该系统是指发泡倍数小于 20 的泡沫灭火系统。该系统是油罐及石油化工装置区等场所的首选灭火系统。

❖ 中倍数泡沫灭火系统。该系统是指发泡倍数为20~200的泡沫灭火系统。该系统在实际中应用较少，且多用作辅助灭火设施。

❖ 高倍数泡沫灭火系统。该系统是指发泡倍数大于200的泡沫灭火系统。

(2)泡沫灭火系统选择。

一般来讲，根据油罐的类型和安装形式不同，可选择不同的泡沫灭火系统：地上固定顶油罐、内浮顶油罐和地上卧式油罐应设置低倍数泡沫灭火系统或中倍数泡沫灭火系统；外浮顶油罐及储存甲$_B$、乙和丙$_A$类油品的覆土立式油罐，应设置低倍数泡沫灭火系统。

油罐的泡沫灭火系统设施的设置方式如下：容量大于500 m^3的水溶性液体地上立式油罐和容量大于1000 m^3的其他甲$_B$、乙、丙$_A$类易燃、可燃液体地上立式油罐，应采用固定式泡沫灭火系统；容量小于或等于500 m^3的水溶性液体地上立式油罐和容量小于或等于1000 m^3的其他易燃、可燃液体地上立式油罐，可采用半固定式泡沫灭火系统；地上卧式油罐、覆土立式油罐、丙$_B$类液体立式油罐和容量不大于200 m^3的地上油罐，可采用移动式泡沫灭火系统。

非水溶性甲、乙、丙类液体固定顶储罐，可选用液上喷射、液下喷射或半液下喷射泡沫灭火系统；水溶性甲、乙、丙类液体和其他对普通泡沫有破坏作用的甲、乙、丙类液体固定顶储罐，应选用液上喷射或半液下喷射泡沫灭火系统；外浮顶和内浮顶储罐应选用液上喷射泡沫灭火系统；非水溶性液体外浮顶储罐、内浮顶储罐、直径大于18 m的固定顶储罐及水溶性液体的立式储罐，不得选用泡沫炮作为主要灭火设施；高度大于7 m或直径大于9 m的固定顶储罐，不得选用泡沫枪作为主要灭火设施；油罐中倍数泡沫灭火系统应选用液上喷射。

(3)泡沫灭火系统主要设备。

泡沫灭火系统主要设备包括泡沫比例混合器、泡沫产生器、泡沫枪、泡沫炮和泡沫钩管等。

① 泡沫比例混合器。即一种使水与泡沫原液按照一定比例混合成混合液，以供泡沫产生设备发泡的装置。目前生产的泡沫比例混合器有环泵式泡沫比例混合器、压力式泡沫比例混合器、平衡式泡沫比例混合器、管线式泡沫比例混合器。

❖ 环泵式泡沫比例混合器的限制条件较多，设计难度较大，达到混合比时间较长；但其结构简单、工程造价低，配套的泡沫液储罐为常压储罐，便于操作、维护、检修、试验。其主要适用于建有独立泡沫消防泵站的场所，尤其适用于储罐规格单一的甲、乙、丙类液体储罐区。

❖ 压力式泡沫比例混合器是工厂生产的由比例混合器与泡沫液储罐组成的独立装置。它不仅适用于低倍数泡沫灭火系统，还适用于全厂统一采用高压或稳高压消防给水系统的石油化工企业，尤其适用于分散设置独立泡沫站的石油化工生产装置区。

压力式泡沫比例混合器分为无囊式压力比例混合装置和囊式压力比例混合装置两种，它们主要由比例混合器与泡沫液压力储罐及管道构成。

❖ 平衡式泡沫比例混合装置的比例混合精度较高，适用的泡沫混合液流量范围较大，泡沫液储罐为常压储罐。平衡压力流量控制阀与泡沫比例混合器有分体式和一体式两种。平衡式泡沫比例混合器的适用范围较广，尤其适用于设置若干个独立泡沫站的大型甲、乙、丙类液体储罐区，多采用水力驱动式平衡式泡沫比例混合器。

❖ 管线式泡沫比例混合器是利用文丘里管的原理在混合腔内形成负压，在大气压力作用下将容器内的泡沫液吸到腔内与水混合。不同的是，管线式泡沫比例混合器直接安装在主管线上，泡沫液与水直接混合形成混合液，系统压力损失较大。由于管线式泡沫比例混合器的混合比精度通常不高，因此在固定式泡沫灭火系统中很少使用，其主要用于移动式泡沫灭火系统，与泡沫炮、泡沫枪、泡沫产生器装配为一体使用。

② 泡沫产生器。即产生泡沫用于灭火的设备，固定安装在油品储罐或其他泡沫设备上。当泡沫车或固定消防泵供给的泡沫混合液经输送管道通过泡沫产生器时，吸入大量的空气，形成空气泡沫，用以扑灭油品火灾。泡沫产生器有横式、立式、高背压式和油槽式等类型。

❖ 横式泡沫产生器是石油库泡沫灭火系统中最常用的泡沫产生设备，由产生器、泡沫室和导板组成。产生器由孔板、产生器本体、滤尘罩构成，其中孔板用来控制混合液流量，滤尘罩安装在空气进口上，以防杂物吸入。泡沫室由泡沫室本体、滤网、玻璃盖等构成，其中滤网用来分散混合液流，使之与空气充分混合，形成泡沫。玻璃盖厚度约为2 mm，表面有十字的玻璃痕，喷射泡沫时只要有0.1 MPa左右的压力冲击，即可破碎。导板用来将泡沫导向管壁，使其平稳地覆盖到着火的液面上。

❖ 立式泡沫产生器过去使用较为普遍，其基本原理与横式泡沫产生器的类同，一般用于扑救立式地面油罐火灾。

❖ 高背压泡沫产生器是液下喷射泡沫灭火系统的专用设备，是以氟蛋白泡沫混合液为工作介质的一种抽吸空气的喷射器，能产生具有一定压力的氟蛋白泡沫。

③ 泡沫枪。即产生和喷射泡沫，用以扑灭小型油罐、流散液体火焰及一般固体物质火灾的移动泡沫灭火设备。泡沫枪由吸液管、吸液管接头、枪体、管牙接口、滤网、喷嘴、枪筒等部件组成。

泡沫枪可与泡沫消防车配套使用，但必须保证泡沫枪进口压力不小于0.7 MPa，否则会影响使用性能。

④ 泡沫炮。即产生和喷射泡沫的消防炮，由消防水泵供水自吸空气泡沫液产生和喷射空气泡沫，主要适用扑救油品类火灾，也可喷射水流扑救一般物质火灾。

泡沫炮分为专用泡沫炮及泡沫和水两用炮，设置形式分为固定式和移动式两种。

⑤ 泡沫钩管。即一种移动式泡沫灭火设备，用来产生和喷射空气泡沫，扑救小型油罐或没有固定式和半固定式灭火设备的油罐火灾。泡沫钩管仅 PG16 型一种，其性能见表 4-22。

表 4-22 泡沫钩管性能

型号	工作压力/MPa	泡沫液量/($L \cdot s^{-1}$)	泡沫发生量/($L \cdot s^{-1}$)	钩管长度/mm
PG16	0.50	16	100	3820

泡沫钩管由钩管和泡沫产生器组成，钩管上端有弯形喷管，可钩挂在着火的油罐上，向罐内喷射泡沫，钩管下端装有口径为 65 mm 的管牙接口，与泡沫产生器连接。泡沫产生器可控制空气泡沫混合液流量，同水带相连。

(4)低倍数液上空气泡沫计算。

① 泡沫混合液供给强度。即单位时间内、单位面积上的泡沫混合液供给数量，单位为 $L/(min \cdot m^2)$。泡沫混合液供给强度与油品种类、油罐形式、泡沫质量、喷射泡沫方式及消防队的技术力量等因素有关。着火的固定顶油罐及浮盘为浅盘或浮舱用易熔材料制作的内浮顶油罐，其泡沫混合液供给强度和连续供给时间不应小于表 4-23 中的规定。

表 4-23 泡沫混合液供给强度和连续供给时间

泡沫液类别	供给强度/($L \cdot min^{-1} \cdot m^{-2}$)	连续供给时间/min	
		甲、乙类	丙类
蛋白	6.0	40	30
氟蛋白、水成膜、成膜氟蛋白	5.0	45	30

注：如果采用大于本表中的混合液供给强度，连续供给时间可按照相应比例缩小，但不得小于本表规定时间的 80%。

外浮顶储罐及单、双盘式内浮顶储罐泡沫混合液供给强度不应小于 12.5 $L/(min \cdot m^2)$，连续供给时间不应小于 30 min。

② 保护面积。即火灾发生后，可能燃烧的面积。固定顶油罐的保护面积，应按照其横截面积确定。钢制双盘式与浮船式外浮顶储罐的保护面积，可按照罐壁与泡沫堰板间的环形面积确定。钢制隔舱式单盘与双盘内浮顶储罐的保护面积，可按照罐壁与泡沫堰板间的环形面积确定。其他内浮顶储罐应按照固定顶储罐对待。流散液体燃烧面积是指油品可能泄漏而疏散出来的流散液体火焰面积，常指防火堤所围面积。

③ 泡沫产生器设置数量。固定顶油罐、浅盘式和浮盘采用易熔材料制作的内浮顶储罐泡沫产生器的设置数量应根据计算所需的流量确定，且设置数量不应小于表 4-24 中的规定。

表 4-24　泡沫产生器设置数量

油罐直径 D/m	设置数量/个
$D\leqslant 10$	1
$10<D\leqslant 25$	2
$25<D\leqslant 30$	3
$30<D\leqslant 35$	4

注：当油罐直径大于 35 m 时，其横截面积每增加 300 m^2，应至少增加 1 个泡沫产生器。

钢制双盘式与浮船式外浮顶油罐、钢制隔舱式单盘与双盘内浮顶油罐泡沫产生器的设置数量应根据计算所需的流量确定，且设置数量应按表 4-25 中的规定予以校核。

表 4-25　单个泡沫产生器的最大保护周长

泡沫喷射口设置部位	堰板高度/m		保护周长/m
罐壁顶部、密封圈或挡雨板上方	软密封	$\geqslant 0.9$	24
	机械密封	<0.6	12
		$\geqslant 0.6$	24
金属挡雨板下方	<0.6		18
	$\geqslant 0.6$		24

④ 泡沫枪数量。设置固定式泡沫灭火系统的油罐区，应在其防火堤外设置用于扑救液体流散火灾的辅助泡沫枪，其数量及泡沫混合液连续供给时间，不应小于表 4-26 中的规定。每支辅助泡沫枪的泡沫混合液流量不应小于 240 L/min。

表 4-26　泡沫枪数量和连续供给时间

储罐直径 D/m	配备泡沫枪数/支	连续供给时间/min
$D\leqslant 10$	1	10
$10<D\leqslant 20$	1	20
$20<D\leqslant 30$	2	20
$30<D\leqslant 40$	2	30
$D>40$	3	30

⑤ 泡沫液储备量。其不应小于油罐灭火设备在规定时间内的泡沫液用量、扑救该油罐流散液体所需泡沫枪在规定时间内的泡沫液用量及充满泡沫混合液管道的泡沫液用量之和，即

$$Q=m(Q_{罐}+Q_{枪}+Q_{管}) \tag{4-10}$$

式中，Q——泡沫液储备量，m^3；

$Q_{罐}$——油罐灭火的泡沫混合液用量，m^3；

$Q_{枪}$——油罐流散液体灭火的泡沫混合液用量，m^3；

$Q_{管}$——管道内的泡沫混合液用量，m^3；

m——泡沫混合液中泡沫液所占的百分比(3%或6%)。

八、油库火灾的扑救方法

油罐火灾燃烧猛烈、火焰温度高、辐射热强、罐体易破坏，时常造成火灾蔓延扩散，扑救时需要的人力物力多、危险性大。由于油罐的类型不同，着火和破坏的情况不同，所以采用的灭火方法和灭火器材也不同。因此，要及时迅速地控制火势，扑灭油罐火灾，必须了解火灾情况，采用正确的灭火方法，应用适当的灭火器材，尽可能把损失降低到最小程度。

1. 油罐火灾的扑救

(1)喷射火炬型油罐火灾的扑救。

火灾发生时，油罐顶盖未被炸掉，油蒸气通过油罐裂缝、透气阀、量油孔等处冒出，在罐外形成稳定的火炬型燃烧。对于这种燃烧，可采用如下方法扑救。

① 水封法。用数支强有力的直流水枪从不同的方向交叉射向裂缝或空洞火焰的根部，使火焰与尚未燃烧的油蒸气分隔开，造成瞬间可燃气体中断供应，使火焰熄灭；或者使数支水枪射流同时由下向上移动，用密集的水流将火焰“抬走”。

用直流水流扑救裂缝喷油燃烧时，每个裂缝喷油火点至少使用3~4支水枪的强力水流喷射，最好使用带架水枪。

② 覆盖法。即使用覆盖物盖住火焰，造成瞬时燃烧缺氧，致使火焰熄灭。该方法适用于扑救油罐壁裂缝、呼吸阀、量油孔处火炬型燃烧火焰。操作时先进行人员分工：一部分人员负责拿覆盖物灭火，另一部分人员负责射水掩护。在覆盖之前，用水流对覆盖物及燃烧部位进行冷却。进行灭火时，覆盖人员携带覆盖物，在掩护人员的射水掩护下，自上风方向靠近火焰，迅速覆盖，将火焰窒息。若油罐上孔洞较多，同时形成多个火炬燃烧，应用水流充分冷却油罐的全部表面，尽量使罐内温度及蒸气压降低后，再从上风方向将火炬逐个扑灭。

扑救火炬型燃烧的覆盖物可用湿毛毡及浸湿的棉被、麻袋、石棉被等。对从缝隙流淌出的燃烧油，可用沙土或其他覆盖物覆盖，也可喷射泡沫覆盖灭火。

扑救这类火灾时，应注意：在扑救人员登罐顶前，要通过观察火焰颜色来判断油罐是否会爆炸，防止人员伤亡；灭火时，不能立即将着火罐内的油料抽走，防止因罐内压力降低而吸入空气，形成爆炸混合气，引起爆炸事故。

(2)无顶盖型油罐火灾的扑救。

油罐爆炸后，罐顶常被掀掉、炸破或塌落，随后液面上形成稳定燃烧。油罐上的固定式或半固定式灭火设备同时可能会受到破坏。扑救此类火灾，可参照如下方法。

首先集中力量冷却着火油罐，不使其变形、破裂；同时，冷却邻近受热辐射的油罐，特别是下风位置的邻罐。为了防止邻罐的油蒸气被引燃或引爆，应用石棉被等把邻罐的透气阀、量油孔等覆盖起来。

若油罐所设固定灭火设施未受影响，应立即启动进行灭火。若无固定泡沫灭火设施或因爆炸被破坏，则应迅速组织力量，采用移动式泡沫灭火装备(如泡沫枪、泡沫炮等)进行灭火。使用移动式泡沫枪或泡沫炮时，阵地应选在停靠油罐的上风方向，尽可能在地势较高处，并与油罐保持一定距离。

(3)油品外溢型油罐火灾的扑救。

油罐破裂后油品外溢，残存的油罐及其防火堤内均有油品燃烧，油罐周围全是燃烧的油火，灭火人员难以接近油罐灭火。这时，即使固定泡沫灭火设备未被破坏，也不能使用。因为着火油罐中火焰即便能被扑灭，但罐外仍有流淌火，会使得罐内被扑灭的油火很快复燃。扑救这类火灾时，如有可能应先冷却着火油罐，避免油罐在火焰中进一步破裂和损坏，使更多的油品流出罐外；如果油罐破坏得十分严重，如只剩一底座或底部破裂，可不必冷却，而应集中力量先扑救防火堤内的油火，再扑救油罐火灾，或者两处火灾同时扑救。扑救防火堤内的油火时，要集中足够的泡沫枪或泡沫炮，形成包围态势，从防火堤边沿开始喷射泡沫，使泡沫逐渐向中心流动，从而覆盖整个燃烧液面，进而扑灭罐内火灾。

在扑救过程中，应注意油品流淌状况，防止因其流出堤外，而导致火势扩大。必要时，要及时加高加固防火堤。对大面积地面流淌性火灾，应采取围堵防流、分片消灭的灭火方法。

(4)重质油品油罐火灾的扑救。

扑救重质油品油罐火灾时，争取时间尽快扑灭是非常重要的。如果燃烧时间延长，重质油品就会沸溢及喷溅，造成扑救困难。重质油品的燃烧、发生沸溢及喷溅的主要原因之一是其液面下形成随时间不断增厚的高温油层。破坏其高温油层的形成或冷却降低其温度是防止沸溢及喷溅的有效措施。倒油搅拌是一种降低高温油层温度的方法。在罐内液位较高的情况下，用油泵将油罐下部的冷油抽出，注入油罐的上部，使冷热油混合从而降低热油温度，这样可为施放泡沫灭火剂创造有利条件。倒油操作时，不得将罐底水垫层的水带入热油层；同时要加强罐壁的水冷却，并做好灭火准备；当发现火情异常时，应立即停止倒油。

防止沸溢及喷溅，还可从排出罐底的水垫层入手。排水防溅是一种可行方法，即通过油罐底部的虹吸栓将沉积在罐底的水层排出，消除发生沸溢及喷溅的条件。在排水操作前，应估算出水垫层的厚度及所需排水时间。排水时，应有专人监视排水口，防止排水过量出现跑油。

扑救火灾中，要指定专人观察油罐的燃烧情况，判断发生喷溅的时间，保护扑救人员的安全。油罐发生喷溅的时间与罐内重质油品的油层厚度、油品的含水量、油层的传热速度及液面的燃烧速度有关。重质油品(包括原油)在燃烧过程中，发生喷溅的时间可用式(4-11)进行计算：

$$t=\frac{H-h}{v_0-v_t}-kH \tag{4-11}$$

式中，t——估算的喷溅发生时间，h；

H——油罐内油液面的高度，m；

h——罐底水垫层上表面的高度，m；

v_0——油品的燃烧线速度(见表4-26)，m/h；

v_t——油品的热波传播速度(见表4-26)，m/h；

k——提前系数，当储油温度低于燃点时 $k=0$，当储油温度高于燃点时 $k=0.1$ h/m。

表4-27　几种油品的燃烧线速度和热波传播速度

油品名称		燃烧线速度/($m \cdot h^{-1}$)	热波传播速度/($m \cdot h^{-1}$)
轻质原油	含水量小于0.3%	0.10~0.46	0.38~0.90
	含水量大于0.3%	0.10~0.43	0.43~1.27
重质原油或重油	含水量小于0.3%	0.075~0.130	0.50~0.75
	含水量大于0.3%	0.075~0.130	0.30~1.27
煤油		0.125~0.200	0
汽油		0.15~0.30	0

根据燃烧油罐外部变化特征，可判断即将出现的沸溢及喷溅。重质油罐沸溢及喷溅前，会有如下征兆：① 发出巨大的声响；② 火焰明显增高，火光显著增亮，呈鲜红色或略带黄色；③ 烟雾由浓变淡、变稀；④ 罐壁或其上部发生颤动；⑤ 罐内出现零星噼啪声或啪啪作响。在出现这些征兆后，往往持续数秒到数十秒就会发生沸溢及喷溅。

同时，对于大量的地面重质油品火灾，可视情况采取挖沟导流的方法，将油品导入安全的指定地点，再利用干粉或泡沫进行灭火。

(5)油品洞库火灾的扑救。

油品洞库将油罐等主要设备设置在人工开挖的山洞或自然洞内，洞库油罐的平面布置形式主要有葡萄式、穿廊房间式、走廊房间式、单枝葡萄式等。洞库各种储输油设备与外部相对封闭，进出洞库内的洞口数量有限(一般为 2 个左右)。因此，洞库火灾的发生、发展及其扑救方法有特殊规律性。

一般来说，油品洞库火灾主要有以下六种情况：一是洞库油罐稳定燃烧；二是油罐在燃烧中爆炸，但未造成罐壁破裂；三是油罐燃烧并爆炸，且罐壁破裂，造成油品漫流，火灾在洞内蔓延；四是弥漫在洞库巷道内的油蒸气遇着火源引起爆炸，造成巷道塌落、罐壁变形等，但并未引起燃烧；五是油罐爆炸着火并引爆巷道内油蒸气，造成巷道塌落破坏，油罐变形甚至破裂，油品漫流，火灾扩大；六是洞库内其他物资(如油布)自燃等燃烧引起的火灾，范围小，可及时用灭火器等扑灭。

对于坑道处的火灾可采用喷水方式扑救。罐内油火较大，最好关闭洞库密封门，堵塞孔洞，使火焰窒息，或者输入高倍数泡沫进行灭火。如果初期洞内出现小火，应用灭火器材及早扑灭。

对于地下罐或半地下罐，由于罐壁外有护体，油罐失火或炸坏破裂后可使油料在护体内燃烧，火灾的扩散蔓延能力相对较小。但火柱贴近地面，辐射热强，尽管邻罐在护体的掩护下所受的辐射热较小，但邻罐暴露在外的透气阀、量油孔等冒出的油蒸气也有被引燃引爆的可能。因此，灭火时，应在水雾的掩护下先将邻罐的透气阀、量油孔等可靠地覆盖住，再组织力量扑救油罐火灾。如果混凝土顶或护体炸裂崩塌，一般不容易造成油料流淌燃烧，只是增大了着火面积；若造成油品顺沟流淌，则扑救比较困难，应先在油流方向的下游筑堤堵塞，控制其扩大，再想其他方法扑救。

2. 油泵房火灾的扑救

引起油泵房火灾的原因较多，常见原因有：填料安装过紧致使填料过热冒烟，引燃泵房中集聚的油蒸气；油泵空转造成泵壳高温，引燃油蒸气；使用非防爆式电动机及电气设备；铁器碰击产生火花或外来火源等，引燃油蒸气；静电接地不符合要求而引起放电等。鉴于以上原因，应特别注意泵房内泵和管线不得出现渗漏油现象，地上的洒油或因滴漏而放置的集油盒等应及时处理，防止泵房内油蒸气浓度超标。

发现火情后，首先应停止油泵运转，切断泵房电源，关闭闸阀，断绝来油；然后把泵房周围的下水道覆盖密封好，防止油品流淌而扩大燃烧；同时用水枪冷却周围的设施和建筑物。对于泵房大面积火灾，较好的办法是用水蒸气灭火。泵房内设有固定或半固定式的蒸汽设备时，着火后可通过供给蒸汽来降低燃烧区中氧的含量，使火焰熄灭。一般蒸汽体积分数达到 35%时，火焰即可熄灭。

没有蒸汽灭火设备时，可根据燃烧油品、燃烧面积、着火部位等，采用灭火器或石棉被等进行扑救。一般泵房内除油蒸气爆炸导致管线破裂而造成油品流淌的较大火灾外，主要是油泵、油管漏油处及接油盘最易失火，这些部位火灾只要使用轻便灭火器，就能达到灭火的目的。若泵房内油品流散引起较大面积火灾，可采用泡沫扑救，即向泵房内输送空气泡沫或高倍泡沫等。

3. 铁路油罐车火灾的扑救

铁路油罐车在装卸过程中，往往由于铁器碰击、静电、雷击或杂散电流等造成罐口燃烧等火灾。在铁路运行中，还会出现撞车、翻车等现象，从而导致大面积的火灾。

(1)油罐车罐口火灾。

铁路油罐车罐口火灾，一般形成稳定性燃烧，火焰呈火炬状，火焰温度较高，对装卸油栈桥、鹤管及油罐车本身有很大的威胁。通常可采用下列方法扑灭油罐车罐口火灾：如果火焰仅在罐口部位，可采用窒息法扑灭，一般可采用石棉被等覆盖物盖住罐口，使油蒸气与空气隔绝，燃烧即停止；或采用干粉灭火器，直接向罐口喷射，扑灭火灾；如果火焰较大，可采用直流水枪，组成水幕，以隔绝空气，扑灭火灾。

(2)油罐车油品溢流火灾。

对于油罐车油品溢流火灾，应根据不同情况，采取相应的灭火方法。灭火指挥人员应迅速查明火灾情况，首先应冷却燃烧油罐和邻近油罐，防止油罐被进一步破坏。根据地形和地势修筑阻火设施(如筑堤、挖沟等)，防止油品进一步流散，控制火势扩大。然后组织泡沫或喷雾水流，对流散液体火灾实施灭火。在扑灭油罐车周围液体火灾之后，应采用泡沫钩管、泡沫炮或喷雾水枪及时扑灭油罐车火灾。

4. 油船火灾的扑救

油船发生火灾的原因较多，其着火规律与油罐车的相似，不同的是装卸油品管道或船舱破裂后，油品流散至水面，在水面上燃烧和扩散。这不仅影响油船的未燃烧舱室，而且威胁码头、船只及下游其他建筑物的安全。油船着火，甲板面小，灭火作业和消防技术装备的运用均受到很大限制，扑救困难。

根据油船火灾特点和消防力量情况，对于油船的初期火灾，往往因在舱口处燃烧，可采用覆盖物覆盖窒息灭火，或者采用水枪冲击扑灭舱口或甲板裂口火焰。若船体爆裂，油品外流，或者重质油品喷溅，造成船上大面积火灾，可采用船上的自备灭火设备(如蒸汽、泡沫等)扑救火灾；若自备灭火设备损坏，可采用移动式泡沫灭火设备(如泡沫枪、干粉炮等)进行扑救。同时对甲板不断地进行冷却，对邻近不能驶离的船舶和建、构筑物进行可靠的防卫。甲板上的火灾，一般情况下可采用覆盖物、泡沫、沙土等方式扑救。重质油品燃烧发生沸溢时，应先冷却船体，当温度下降或喷溢停止后，再用干粉或泡沫扑灭火灾。

对于漂浮在水面上的油火，要先控制，后扑灭。这就是说，必须先控制着火油品不要在水面上四处漂流，所以可用漂浮物或木排将油火困住，在短时间内把油火压制到岸边安全地点，再用泡沫扑救。如果一时不能制作围栏物品，可先利用消防船或消防车，使其在下风位置用强力水流阻塞火焰或把火焰压制到一处或岸边，再用泡沫灭火。

扑灭油船火灾时，应注意：在装卸油过程中发生火灾，应首先切断岸上的电源，拆下输油管线，把船拖到安全地点，防止火势扩大；灭火过程中，应保护好船上的重要设备，减少火灾损失；重质油品发生火灾时，应注意防止水流进入油舱内，以免造成沸溢；灭火中，人员应注意防止摔倒或落水。

5. 桶装库房火灾的扑救

油桶火灾，无论是漏洒在地面上的油品燃烧，还是桶内、桶外油品燃烧，如果扑救不及时，必将引起油桶爆炸甚至连续爆炸，使桶内油品四处飞溅，火灾迅速蔓延扩大，在短时间内即可造成一片火海的严重局面。

油桶爆炸的情况不尽相同，随油桶质量好坏、桶内油品多少、油品种类不同、受热温度高低而异。一般情况下，当受热温度上升到 700 ℃以上时，桶内油品迅速汽化，油桶不能承受桶内压力(超过 0.2 MPa 时)，汽化的液体将炸开，呈火球状冲入天空，火球升起高度可达 20~30 m，然后呈焰火状四散落下。轻质油品大多不等落地已燃尽，润滑油则落地后仍能继续燃烧。若油桶质量低劣，刚在被加热后，桶内压力不足 0.2 MPa 时就会从质量薄弱处炸开。由于压力不大，有时尚不足 0.1 MPa，所以油品不会飞起，仅从裂口处不断往外喷出、燃烧。油桶在火焰的直接烧烤下，一般持续 3~5 min 即发生爆炸。油桶爆炸之前，大部分先是桶底、桶顶鼓起，随后发生爆炸。油桶爆炸仅裂开 3~30 cm 的裂口，而不是将油桶炸得四分五裂。

对于油桶火灾，由于极易爆炸，火灾扩大蔓延的可能性极大，且桶垛有较大空隙，泡沫不易全部覆盖，所以为扑救带来很大困难。造成油桶火灾的原因较多，如油桶渗漏遇明火，倒装时铁器磕碰出火花，堆场日晒使温度升高而发生爆炸燃烧，盛装过满油品膨胀使桶爆炸后遇火燃烧，等等。

(1)油桶火灾的扑救。

对于油桶外部漏油燃烧，应迅速用覆盖物覆盖，用沙土掩埋或灭火器扑救，切勿惊慌，以防止火灾扩大。对于敞开桶盖或掀去全部顶盖的油桶内油品着火，可利用覆盖法扑救，也可利用灭火器扑救。因为这种燃烧不会使油桶爆炸，所以可以从着火油桶的上风方向接近灭火。一切敞口容器都可用同样方法扑救。

对于桶垛或盛装油桶的车船着火，注意不要急于去灭火，应首先疏散周围的可燃物，或将车、船拉到安全地点，然后用水充分冷却燃烧区内的油桶和附近油桶。在冷却时，冷却水可能使桶内喷燃的油品漫流，所以应筑简易土堤围住油火。经一段时间的冷却后，应使用各种灭火器材积极灭火。对于泡沫能够覆盖的火场，可用移动式泡沫灭火设备或泡沫消防车灭火；有较大空隙的桶垛则不宜用泡沫灭火，可用多支水枪，以强大水流打熄燃烧的火焰。桶垛或车船油桶火灾，均要组织人力用沙土掩埋，这样可有效灭火。对于润滑油桶火灾，要防止爆炸后的燃烧油火引起附近建（构）筑物着火。

（2）桶装库房火灾的扑救。

桶装库房的建筑物发生火灾，会引起库房内油桶火灾。油桶火灾能引起可燃建筑物火灾，其会造成建筑物和油桶同时燃烧，油桶爆炸，油品流散，火势扩大，导致整个库房发生大面积火灾。燃烧时间越长，爆炸的油桶越多，流散油品也越多。情况比较严重时，油品可能漫过库房门槛至库房外燃烧。若火灾持续时间太长（达 40～50 min），钢筋混凝土的一、二级耐火建筑物在高温作用下亦将遭到严重破坏。

扑救桶装库房火灾的方法同扑救其他油品火灾的方法一样，关键是抓紧时间扑救，积极采用防卫措施，尽快控制火势。对于桶装库房着火而油桶尚未燃烧的火灾，应迅速组织力量扑灭燃烧部位的火焰，同时用水枪保护受到威胁的油桶，防止火灾蔓延。如果是部分油桶起火，但未爆炸，而建筑物尚未起火时，应用泡沫枪向燃烧的油桶喷射泡沫，及时扑救油桶火灾；同时应组织力量对未燃烧的邻近油桶和建筑物进行冷却，防止火势扩大。若个别独立的油桶发生燃烧火灾事故，也可采用覆盖物进行覆盖灭火，或者采用简易的泡沫灭火器及沙土等进行扑救。

对于油桶和库房均在燃烧，且油桶不断发生爆炸的火灾，应根据火场特点，集中一定力量首先冷却油桶，防止油桶继续爆炸，同时组织一部分力量扑救建筑物的火灾（扑救建筑物火灾的水流落到油桶上亦有一定的冷却作用）。然后集中优势，采用泡沫灭火设备（如泡沫枪、泡沫炮等），向燃烧着的油桶和地面流散的液体火焰集中扑救，迅速扑灭火灾（使用泡沫灭火时，可停止水枪对油桶的冷却，以免水流对泡沫造成不必要的破坏作用）。应该指出的是，这种火场用水量大，流散液体火焰可能随着积水的扩大而扩大，应组织必要的力量，排除或堵截地面火焰（如挖沟或筑堤等），防止火势扩大和火灾蔓延。

扑救桶装库房火灾时，要注意扑救人员的安全。在油桶连续爆炸的情况下灭火时，应防止油桶爆炸伤人。火场上需疏散油桶时，应派专人负责，采取必要的措施（如用水流保护疏散人员），确保人员安全。排除库内流散的积水时，应采取可靠的措施（如通过室外水封井或在门槛下设临时排油管），将流散油品和积水排到安全的地方。

6. 油管破裂火灾的扑救

输油管道因爆裂、垫片损坏而漏油、跑油，被火种引燃着火时，应首先停泵、关阀，停止向着火油管输油，然后采用挖坑筑堤的方法限制着火油品流入，防止蔓延。单根输油管线发生火灾时，可采用直流水枪、泡沫、干粉等扑灭火灾，也可用沙土等进行掩埋以扑灭火灾。在同一地方铺设有多条管线时，如因其中一条管线破裂漏出油品而形成火灾时，会加热其他管线，使这些管线失去机械强度，管线内部液体或气体膨胀发生破裂，漏出油品，扩大火灾范围。另外，这些管线在输送中都有一定压力，破裂后会把油品喷射出很远的距离，此时应加强对其他输油管线的冷却，同时要停止其他管线液体或气体的输送。

如果油品在管线裂口处呈火炬形稳定燃烧，可用交叉水流先在火焰下方喷射，再逐渐上移，将火焰割断。

第五章　油气管道安全管理

从1959年建成第一条原油管道——新疆油田至独山子炼厂管道开始，我国的油气管道运输业走过了六十多年的发展历程，实现了从无到有、从小到大的跨越式发展，基本形成“横跨西东，纵贯南北，覆盖全国，联通海外”的油气管网格局。截至2022年底，中国境内建成油气长输管道总里程累计达到15.1万千米，其中天然气管道约8.6万千米，原油管道约3.3万千米，成品油管道约3.2万千米。近年来，全国油气管网建设继续以天然气互联互通工程为重点，有力推进天然气产供储销体系建设和天然气“全国一张网”的搭建。2019年12月9日，国家石油天然气管网集团有限公司正式挂牌成立，迈出深化油气体制改革的关键一步。但是随着时间推移，管道老龄化逐渐显现，油气管道事故时有发生，造成了严重的人员伤亡和财产损失。因此，提高油气管道安全管理水平和管理效率，开展管道完整性管理显得尤为重要。

第一节　油气管道运输特点

管道是与铁路、公路、水运和航空并列的五大运输方式之一，对于石油天然气行业来说，管道运输是非常科学合理的选择。与其他四类运输方式相比，管道运输具有效率高、成本低、连续性强和便于管理等特点。当然，管道运输也有其局限性，表现在不如车、船等运输方式灵活、运输产品多样上，所以管道业务主要适用于量大、单向、定点的流体输送。

一、原油管道

1. 原油管道的构成

原油管道是指将油田生产的原油输送至炼厂、港口、码头或铁路转运站的长距离输送管道，主要由输油站、线路和附属设施构成，如图5-1所示。

原油管道的起点又称首站，其任务是收集原油或石油产品，经计量后输送至下一站。首站主要由油罐区、输油泵房和计量装置构成，有的为了保障油品输送安全，降低运行费用，还设置了加热系统。油品沿着管道向下一站流动，压力不断下降，必要时在沿途设置中间输油泵站继续加压，直至输送到管道终点。有的管道，为了继续加热，需设置

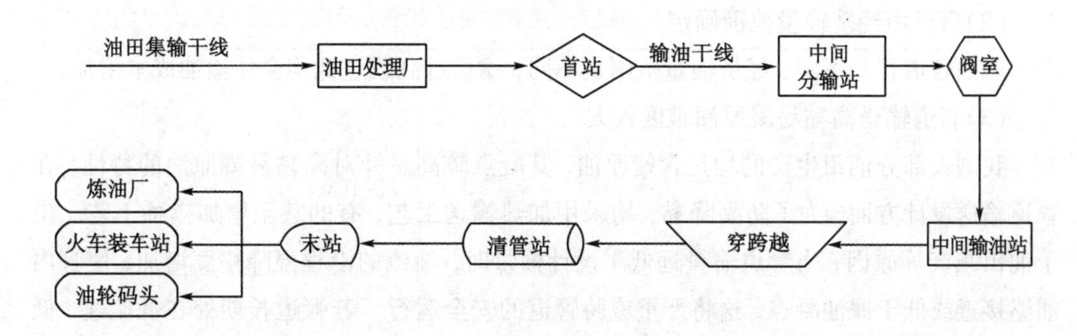

图 5-1 原油管道系统示意图

中间加热站。加热站与输油泵站设在一起的，称为热泵站。

原油管道的终点又叫末站，既可能是长距离输油管的转运油库，也可能是其他企业的附属油库。末站的任务是接收来油并向用油单位供油，由油罐和计量系统构成。

长输原油管道的线路部分包括管道本身，干线阀室，通过河流、山谷、铁路、公路的穿(跨)越构筑物，阴极保护措施，以及沿线的简易道路。

长输原油管道的本体由钢管焊接而成。为防止周边环境对管道的腐蚀，外壁都设有防腐绝缘层，并采用强制电流保护措施。为了防止含硫原油对管道内壁的腐蚀，有时采用内壁涂层的方法对其进行保护。长输原油管道每隔一定距离设有截断阀，穿(跨)越大型构筑物两端时一般也设有截断阀，以便发生事故后可立即截断管内流体，防止事故扩大，利于检修。

调度控制中心及SCADA(数据采集与监视控制)系统是输油管道的神经中枢，一般由全线中心控制、站场控制和就地控制三级组成，能够实现对全线各站、关键设备的远距离数据采集、连锁保护、紧急关断等功能。

有线或无线通信系统是长输原油管道不可或缺的辅助设施。它是生产调度和指挥的重要工具。近年来，通信卫星和光缆被广泛应用于实践，使通信和信息传输更加快捷可靠。

2. 原油管道主要特点

(1)输量大、距离长、分输点少。

在原油资源丰富、供应有保证的前提下，采用大口径、高压力管道可以有效降低输油的成本。境内的乌鲁木齐至兰州的西部原油管道，管径为 813 mm，干线长 1858 km，设计输送能力 2×10^{7}t/a；跨国的中哈原油管道全长为 2798 km，管径为 610 mm，设计输送能力 2×10^{7}t/a。美国的阿拉斯加原油管道是世界上第一条进入北极地区的输油管道，全长为 1287 km，管径为 1220 mm，年输量 1×10^{8}t。沙特阿拉伯穿越沙漠的东西原油管道，是目前世界上口径最大的原油管道，全长为 1202 km，管径为 1220，1420 mm，年输量 1.3×10^{8}t。

(2)管径由经济输量范围确定。

原油管道管径不同，经济输量范围也不同，输量过高或过低均会使输油成本增加。

(3)管道输送高黏易凝原油难度较大。

我国大部分油田生产的均是含蜡原油，其凝点较高。针对高黏易凝原油的特性，在管道输送设计方面，为了防凝降黏，均采用加热输送工艺，有的甚至增加掺稀工艺。由于油田减产等原因，当管道输量远低于设计输量时，油流的沿程温降幅度增加，使管内油温接近或低于原油凝点，这将严重威胁管道的安全运行。若管道长期处在低流速、低输量、低温度运行，可能进入管流的不稳定工况区，导致原油管道发生初凝停流事故。

(4)管输工艺方法由原油物性及管输条件确定。

高黏易凝原油的管输工艺方法有很多种，除加热输送外，还有加降凝剂、减阻剂等，部分管道还采用了热处理输送、稀释输送及掺水降黏输送等方法。每种方法有其各自特点及适用范围，需根据具体原油物性及管输条件进行实验研究，才能确定安全、经济的输送工艺方案。

二、成品油管道

1. 管道的组成

成品油管道是指将炼油厂生产的产品输送至各分输站、转运站或石油库，向市场直接供应商品油的长输管道。成品油种类、牌号很多，如汽油、煤油、柴油等，若每种油品敷设一条管道，则建设投资和运行成本很高。当它们流向相同时，则敷设一条口径较大的管道，按照一定顺序输送几种油品，则投资和运行费用都会大大降低。因此，成品油管道一般采用顺序输送工艺。

成品油管道与原油管道类似，也是由站场、线路和辅助系统构成的，不同的是它的起点或中间加油站(场)是与炼油厂相连接，沿线常有多个加油或分输站场。

2. 成品油管道的特点

与原油管道相同，成品油管道也是根据管径确定经济输量范围的，但成品油一般黏度较小，为减少混输量，其流速较大，相同管径条件下其经济输量较原油管道要大。因成品油管道所起的作用不同于原油管道，所以它具有许多不同于原油管道的特点。

(1)管道运行管理要求严格。

成品油管道所输介质进入石油库后可直接服务市场，所以成品油管道中必须是合格的油品，运行管理比原油管道更为严格。成品油管道采用顺序输送工艺输油，由于两种油品在相邻处会互相掺混，形成混油，因此，为减少混油损失，管道运营中要按照油品的相对密度、黏度、牌号相近的相邻顺序排列输油。除科学排序外，还有管输最小批量与最大批量的限制、最低流速的限制等。同时，在末站要设混油罐，用于接收和处理混油。

（2）输送成品油品种较多。

一条成品油管道可能输送几座炼油厂的油品，从成品油中最轻质的丙烷到重质燃料油，都可以在同一管道中顺序输送。成品油种类繁杂给成品油管道运输管理带来很大的困难。

（3）存在混油界面。

两种油品相邻处会形成混油，管内混油段的长度与管径、流速、运行的距离，以及管道沿线的地形变化情况、站场内阀门和管件的类型与数量等多种因素有关。测定各批次油品的准确位置，需要对混油段密度变化及其位置进行及时监测，以及对管道的进油量和卸油量进行监测，通过计算和界面跟踪带状图等手段综合判断，以实现对混油界面的跟踪监测。

（4）首站和末站的油罐较多。

首站和末站的油罐主要用于调节来油、发油与管道输量的不均衡。顺序输送管道，对某一种油品的输送是间歇性的，但油品的生产和销售过程是连续性的。顺序输送各种油品时，一个循环所需的时间为一个周期。在顺序输送管道的首站、末站、中间分（进）油点中，对每种油品都需要建造足够容量的储罐，用于储存一个周期内不输送此种油品时的生产量或销售量。因此，首站和末站的各种油品的储存天数要按照一个周期考虑。

三、天然气管道

1. 天然气管道的组成

天然气管道由输气站、线路和辅助工程设施组成，如图 5-2 所示。

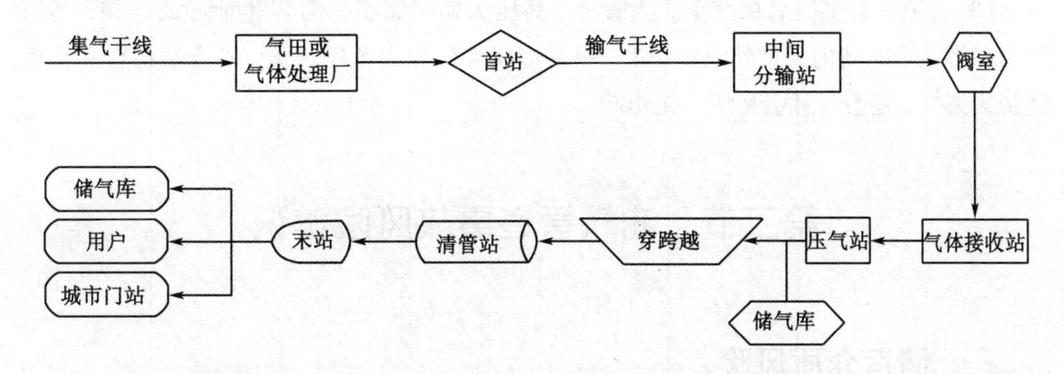

图 5-2　天然气管道系统示意图

首站是输气管道的起点，它接收从气田或气体处理厂来的天然气或 LNG 接收站来气，经过计量，其中一部分需要增压后，输往下一站。根据气田的地层压力确定站场内压缩机的配备，对于地层压力满足输送要求的首站，只进行调压计量。

天然气沿着管道方向流动，沿程压力不断下降，一定距离后设中间站分输站。管道首站、末站之间设有若干清管站或分输站。末站是输气干线的最后一个输气站，担负着将天然气计量、调压后向城市管网配送的任务。为满足沿线地区用气需求，在中间分输站引出支线，直接向地方供气，也可以接收其他气田或LNG接收站的来气。

管道线路部分包括管道本身、穿(跨)越构筑物、线路截断阀、阴极保护站和通信设施等。除了站场及线路外，干线输气管道也有相应的配套辅助设施，如通信系统、简易道路、水电供应系统、维修中心等。在接近天然气消费中心处设有大型储气设施，担负调峰任务。

2. 天然气管道的特点

鉴于管道输送介质状态不同，天然气管道与输油管道相比有以下特点。

(1)从气田或LNG接收站至用户是一个密闭的输送系统。气田气体从气井经过集输管网、净化处理厂、输气干线管道、配气管网直至用户，都处于密闭系统之中，其中一处的流量变化、压力波动，都会对其他环节造成影响。由于气体的可压缩性，天然气管道流量、压力波动对系统的影响较输油管道的小。

(2)须具备一定的调峰能力。一方面，天然气的消费量随着季节的不同波动很大，一天中的不同时段也有波峰、波谷，城市居民用气量的这种特征更是明显；另一方面，输气干线的输量必须维持在其设计输量范围附近，才能安全、经济运营。为了调节供需不平衡，常采用调节气源及管道的供气能力、设置储气设施等方法进行调峰。为了季节性调峰的需要，常设有大型调峰储气库，夏季天然气供应过剩时向储气库充气，冬季用气高峰时作为补充气源向外供气。大型调峰储气库多采用地下储气库形式，应用LNG调峰的情况也日益增多。

(3)管道破裂事故后果严重。大管径、高压力输气管道一旦发生泄漏或破裂，高压天然气将在短时间内大量外泄并扩散，极易造成爆炸和大范围火灾，除人员伤亡和直接经济损失外，还会对社会造成一定影响。

第二节　油气管道事故风险辨识

一、储运介质风险

参见本书第一章相关知识。

二、储运工艺风险

1. 腐蚀失效

管道大多处于复杂的土壤环境中，所输送的介质也在不同程度上含有腐蚀性成分，因而管道内壁和外壁都有可能遭到腐蚀。管道的腐蚀形式主要包含外腐蚀、内腐蚀和应力腐蚀。

(1)外腐蚀。

管道外腐蚀的原因主要是外部环境影响：架空管道易受大气腐蚀，埋地或水环境中的管道易受土壤腐蚀、细菌腐蚀和杂散电流腐蚀。大气腐蚀即大气中含有水蒸气，会在金属表面冷凝形成水膜，这种水膜由于溶解了空气中的气体及其他杂质，可起到电解液的作用，使金属表面发生电化学腐蚀。土壤腐蚀即土壤颗粒间充满空气、水和各种盐类，使其具有电解质的特征。影响土壤腐蚀性强弱的因素有土壤电阻率、土壤氧化还原电位、pH值、含水量及干湿交替频率、杂散电流、含盐量等20多种，其中这6项指标是主要因素。细菌腐蚀也称微生物腐蚀，能够腐蚀管道的细菌通常有硫酸盐还原菌、氧化菌、铁细菌、硝酸盐还原菌等。其中，厌氧性硫酸盐还原菌最具代表性，在pH值为6~8的碱性和透气性差的土壤中繁殖，广泛分布在海、河、湖泊等淤泥中。在硫酸盐还原菌腐蚀现场，土壤颜色发黑，有硫化氢气味。杂散电流腐蚀又称干扰腐蚀，是一种由外界因素引起的电化学腐蚀，管道腐蚀部位由外部电流的极性和大小决定，作用类似电解。杂散电流从管道防腐层破损处流入，在另一破损处流出，在流出处形成阳极区从而产生腐蚀。杂散电流源有电气化铁路、阴极保护设施、高压输电系统等。

(2)内腐蚀。

管道内壁与输送介质之间的相互作用造成管道的内腐蚀，内腐蚀是介质中的杂质所致。天然气中一些常见的加速腐蚀物质包括二氧化碳、氯化物、有机酸、游离水、硫化物等。另外，还要考虑可能间接加重腐蚀的微生物，如还原菌、厌氧菌等。

(3)应力腐蚀。

埋地钢制管道失效涂层下的应力腐蚀开裂(SCC)是影响高压管道安全运行的因素之一。SCC在失效涂层下萌生，起初是浅小裂纹，逐渐发展成以群落形式集中出现在管道某一区域。SCC分为两种类型，高pH值SCC和近中性SCC，其成因较为复杂，主要包括环境溶液、阴极保护和涂层、温度、电位及腐蚀产物膜、应力应变和管道材质等。

2. 设计缺陷

设计缺陷会给管道带来很多安全隐患，这些隐患在管道运行初期可能并未被发现，但随着管道运行时间的增加将逐渐暴露出来。这类设计缺陷主要包括工艺流程和设备布置不合理、系统工艺计算不正确、管道强度计算不准确、管道和站(库)区的位置选择不合理、材料选材和设备选型不合理、防腐蚀设计不合理、管线布置和柔性考虑不周、结构设计不合理、防雷防静电设计缺陷等。

3. 施工缺陷

焊接会使长输管道产生各种缺陷，较为常见的有裂纹、夹渣、未熔透、未熔合、焊瘤、气孔和咬边等。长输管道除特殊地形采用地上敷设或跨越外，一般用埋地敷设方式。管道建成、投产后，一般情况下都是连续运行的。管道中若存在焊接缺陷，不但很难发现，而且修复困难，还会给管道安全运行造成较大威胁。

钢管除端部焊接部位一定长度以外，在钢管生产厂或防腐厂都进行了防腐处理，钢管在现场焊接以后，未防腐的焊接部位需要补口。在施工过程中，由于各种原因造成钢管内外表面的防腐涂层损坏，尤其是外表面涂层损坏处需要补伤，补口、补伤的质量会影响管道抗腐蚀性能。

三、环境风险

管道埋设在土中，自然与地质灾害和人为作用都能引起土体位移变化，从而影响到管道安全。给管道安全造成影响的自然与地质灾害类型主要有地震、洪水、滑坡和崩塌、地面沉降等。

1. 地震

地震是一种比较普遍的自然现象。它发源于地下某一点，称为震源。震动从震源传出，在地层中传播，强烈的地面震动会直接或间接地造成破坏，成为灾害。凡由地震引起的灾害称为地震灾害。

地震对长输管道、站(库)造成的危害主要表现为造成电力、通信系统中断，引起管线断裂或严重变形，使建(构)筑物倒塌，影响控制仪器、仪表正常工作，等等。

为提高管道抗震能力，应科学选择路径，避开不稳定区域及烈度在7度以上的区域。对于个别土质较差的地区，则应采取换土、加固等措施，山区管道要敷设在切土后做成的平台上，并设置挡土墙。

2. 洪水

洪水是由于暴雨、急剧地融化冰雪或堤坝垮坝等引起江河水量迅猛增加及水位急剧上涨的现象。其主要特点是峰高量大、持续时间长、洪灾波及范围广。洪水对长输管道、站场造成的危害有：损坏电力、通信系统，冲刷管道周围泥土使管道拱起、变形、断裂。

3. 滑坡和崩塌

滑坡是指斜坡上的土体由于各种原因在重力作用下沿一定的软弱面(带)整体向下滑动的现象。崩塌是指斜坡上的土体由于种种原因在重力作用下部分地崩落塌陷的现象。滑坡、崩塌除直接成灾外，还常常造成一些次生灾害，如在滑坡、崩塌过程中，在雨水或流水的作用下直接形成泥石流；堵断河流，引起上游回水，使江河溢流，造成水灾。滑坡、崩塌可以直接影响管道安全，造成管道拉伸、变形，甚至断裂；毁坏站(库)内的储罐、设备设施和建(构)筑物等。

4. 地面沉降

地面沉降是指在一定的地表面积内所发生的地面水平面降低的现象。作为自然灾害，地面沉降的发生既有一定的地质原因，也有人为因素。随着人类活动越来越频繁，对自然环境影响越来越大，地面沉降现象也时有发生。地面沉降对长输管道、站场造成的危害有管道变形、断裂，地面站场设备、管道及建(构)筑物损坏等。

5. 第三方损坏风险

第三方损坏对管道来说是最大的威胁之一。损坏管道的形式如打孔盗油(气)、开挖施工破坏、违章占压和车辆碾压等。

第三节　管道完整性管理

管道完整性管理是继风险管理之后管理方式的变革，它逐渐成为全球管道行业预防事故发生、实现事前预控的重要手段。国内油气管道完整性管理经过多年发展，形成了覆盖多个领域的技术群。通过油气管道完整性管理不仅可以大大降低管道事故发生率，而且能够避免不必要和无计划的管道维修及更换，从而获得巨大的经济效益与社会效益。

一、管道完整性管理概述

1. 管道完整性管理概况

管道完整性是指管道始终处于完全可靠的服役状态，其内涵主要包括四个方面：一是管道在物理上和功能上是完整的；二是管道始终处于受控状态；三是管道运营商已经并仍将不断采取措施防止失效事故发生；四是时间上是全寿命周期，覆盖了设计、施工、运行、废弃全过程。

管道完整性管理(pipeline integrity management，PIM)是指管道管理者为保证管道的完整性而进行的一系列管理活动。其具体指管道管理者针对管道不断变化的因素，对管道面临的风险因素进行识别和评价，不断消除识别到的不利影响因素，采取各种风险减缓措施，将风险控制在合理、可接受的范围内，最终达到持续改进、减少管道事故、经济合理地保证管道安全运行的目的。

管道完整性管理原则主要包括：在设计、建设和运行管道系统时，应融入管道完整性管理的理念和做法；结合管道的特点，进行动态的完整性管理；要建立负责进行管道完整性管理的机构、制定管理流程、配备必要的手段；要对所有与管道完整性管理相关的信息进行分析、整合；必须持续不断地对管道进行完整性管理；应当在管道完整性管理过程中不断采用各种新技术。

通过借鉴国外的管理经验，我国将管道完整性管理简明地分为六个环节，即数据采集、高后果区识别、风险评价、完整性评价、维修与维护、效能评价，如图 5-3 所示。

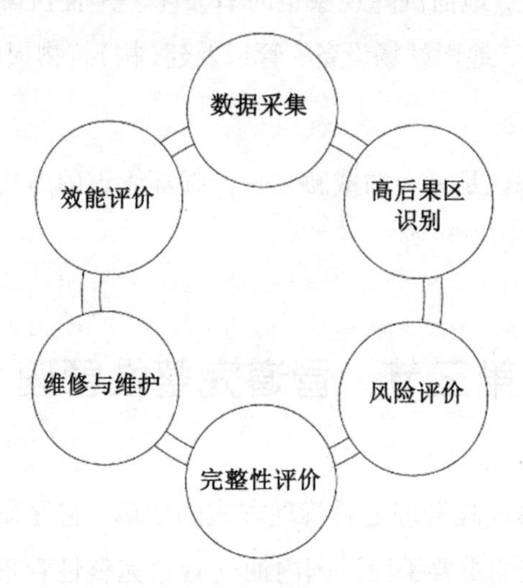

图 5-3　管道完整性管理的六个环节

管道完整性管理是一个与时俱进的连续过程，管道的失效模式是一种时间依赖的模式。腐蚀、老化、疲劳、自然灾害、机械损伤等都能够引起管道失效。随着时间推移，各种危险因素侵蚀管道，必须保证持续不断地对管道进行风险分析、检测、完整性评价和维修。

2. 国内管道完整性发展概况

国内在 20 世纪 80 年代初期，机械工业部通用机构研究所和化学工业部化工机械研究所等 20 个单位共同编制了《压力容器缺陷评定规范》(CVDA—84)。20 世纪 80 年代后期，因国际上结构完整性评价方法的研究和发展十分迅速，《压力容器缺陷评定规范》也逐渐落后。“八五”期间，由劳动部组织全国 20 多个单位开展了“在役锅炉压力容器安全评估与爆炸预防技术研究”(课题编号：85-924-02)国家重点科技攻关项目，重点研究了失效评价图技术，形成了面型缺陷断裂评定规程 SAPV—95(草案)。“九五”期间，由劳动部组织继续开展“在役工业压力管道安全评价与重要压力容器寿命预测技术研究”国家重点科技攻关项目。

1998 年，国内开始了油气管道的内检测与安全评价工作的探索，主要应用在输油管道上，中国石油管道科技中心为国内管道完整性发展做了很多工作。2001 年，国内首次引进了管道完整性管理，并在陕京天然气管道上成功实践与应用。2005 年，中国石油天然气与管道分公司下属管道科技中心开展了完整性技术研究，建立了管道完整性管理体系，初步搭建了管道基础数据库，确定了完整性数据库的APDM模型，实现了管道数据与管道地理信息系统的有机结合，完成了缺陷评价系统，开发了风险评价和管理系统，并在兰成渝管道上初步应用，以及完成了秦京管道风险评价工作。同时，成立了管道完整性管理专门机构，促进了管道完整性管理的发展。

国内多条输气管道为了保证油气管道的安全运行，提高输气管道的整体管理水平和自身竞争力，实现同国际管道安全与风险管理、完整性管理水平的接轨，先后进行了国际管道管理技术的研究，认识到这是一项重要的基础工作，对于提高中国管道的整体竞争实力意义重大。

国内外实践表明，管道完整性管理能降低维护费用，更大程度地延长管道的使用寿命，这对于管道公司的后续维护和管理发挥了很大作用。

二、完整性数据采集

管道完整性数据采集是按照管道在全生命周期不同阶段所需要采集数据的种类和属性不同的要求，遵循源头采集的原则进行的。其数据来源不仅包括设计、采购、施工、投产、运行、废弃等过程产生的数据，还包括管道测绘记录、环境数据、社会资源数据、失效分析、应急预案等。

管道建设期数据采集内容主要包括管道属性数据、管道环境数据、施工过程中的重要过程及事件记录、设计文件、施工记录及评价报告等。运行期数据采集内容主要包含管道属性数据、管道环境数据和管道检测维护管理数据等。

完整性管理数据采集清单详见表5-1。

表5-1 完整性管理数据采集清单

<table>
<tr><th>序号</th><th>分类</th><th>数据子类名称</th><th>数据采集源头阶段</th></tr>
<tr><td rowspan="4">1</td><td rowspan="4">中心线</td><td>测量控制点</td><td>建设期</td></tr>
<tr><td>中心线控制点</td><td>建设期，运行期</td></tr>
<tr><td>标段</td><td>建设期</td></tr>
<tr><td>埋深</td><td>建设期，运行期</td></tr>
<tr><td rowspan="5">2</td><td rowspan="5">阴极保护</td><td>阴极保护记录</td><td>运行期</td></tr>
<tr><td>牺牲阳极</td><td rowspan="4">建设期，运行期</td></tr>
<tr><td>阳极地床</td></tr>
<tr><td>阴极保护电源</td></tr>
<tr><td>排流装置</td></tr>
</table>

表5-1(续)

序号	分类	数据子类名称	数据采集源头阶段
		站场边界	建设期
		标桩	
		埋地标识	
		附属物	
		套管	
		防腐层	
		穿跨越	
		弯管	
3	管道设施	收发球筒	建设期，运行期
		非焊缝连接方式	
		钢管	
		开孔	
		阀门	
		环焊缝	
		三通	
		水工保护	
		隧道	
		第三方管道	建设期
4	第三方设施	公共设施	建设期，运行期
		地下障碍物	
		内检测记录	
		外检测记录	运行期
		适用性评价	
5	检测维护	管体开挖单	
		焊缝检测结果	建设期
		试压	
		管道维修	运行期

表5-1(续)

序号	分类	数据子类名称	数据采集源头阶段
6	基础地理	建(构)筑物	建设期，运行期
		河流	建设期
		土地利用	
		行政区划	
		铁路	
		公路	
		土壤	
		地质灾害	建设期，运行期
		面状水域	建设期
7	运行	输送介质	运行期
		运行压力	
		失效记录	
		巡线记录	
		泄漏监测系统	建设期，运行期
		清管	
8	管道风险	高后果区识别结果	建设期，运行期
		管道风险评价结果	
		地质灾害评价结果	
9	应急管理	单位联系人	建设期，运行期
		应急组织机构	
		应急组织人员	
		应急抢修设备	
		应急预案	
		应急抢修记录	
		储备物资	

三、高后果区识别

1. 高后果区识别准则

输油管道经过区域符合表5-2识别项中的任一条即可判断为高后果区。

表 5-2　输油管道高后果区管段识别分级表

管道类型	识别项	分级
输油管道	管道中心线两侧各 200 m 范围内，任意划分成长度为 2 km 并能包括最大聚居户数的若干地段，四层及以上楼房(不计地下室层数)普遍集中、交通频繁、地下设施多的区段	Ⅲ级
	管道中心线两侧 200 m 范围内，任意划分 2 km 长度并能包括最大聚居户数的若干地段，户数在 100 户或 100 户以上的区段，包括市郊居住区、商业区、工业区、发展区及不够四级地区条件的人口稠密区	Ⅱ级
	管道两侧各 200 m 内有聚居户数在 50 户或 50 户以上的村庄、乡镇等	Ⅱ级
	管道两侧各 50 m 内有高速公路、国道、省道、铁路及易燃易爆场所等	Ⅰ级
	管道两侧各 200 m 内有湿地、森林、河口等国家自然保护地区	Ⅱ级
	管道两侧各 200 m 内有水源、河流、大中型水库	Ⅲ级

注：识别高后果区时，高后果区边界设定为距离最近一幢建筑物外边缘 200 m；高后果区分为三级，Ⅰ级代表最小的严重程度，Ⅲ级代表最大的严重程度。

输气管道经过区域符合表 5-3 识别项中的任何一条即可判断为高后果区。

表 5-3　输气管道高后果区管段识别分级表

管道类型	识别项	分级
输气管道	管道经过的四级地区，地区等级按照 GB 50251 中相关规定执行	Ⅲ级
	管道经过的三级地区	Ⅱ级
	如管径大于 762 mm，并且最大允许操作压力大于 6.9 MPa，其天然气管道潜在影响区域内有特定场所的区域，潜在影响半径按照式(5-1)计算	Ⅱ级
	如管径小于 273 mm，并且最大允许操作压力小于 1.6 MPa，其天然气管道潜在影响区域内有特定场所的区域，潜在影响半径按照式(5-1)计算	Ⅰ级
	其他管道两侧各 200 m 内有特定场所的区域	Ⅰ级
	除三级、四级地区外，管道两侧各 200 m 内有加油站，油库等易燃易爆场所	Ⅱ级

注：识别高后果区时，高后果区边界设定为距离最近一幢建筑物外边缘 200 m；高后果区分为三级，Ⅰ级代表最小的严重程度，Ⅲ级代表最大的严重程度。

输气管道的潜在影响区域是依据潜在影响半径计算的可能影响区域。输气管道潜在影响半径可按照式(5-1)计算：

$$r=0.099\sqrt{d^2p} \tag{5-1}$$

式中，d——管道外径，mm；

p——管段最大允许操作压力(MAOP)，MPa；

r——受影响区域的半径，m。

注：系数 0.099 仅适用于天然气管道。

输气管道潜在影响区域如图 5-4 所示。

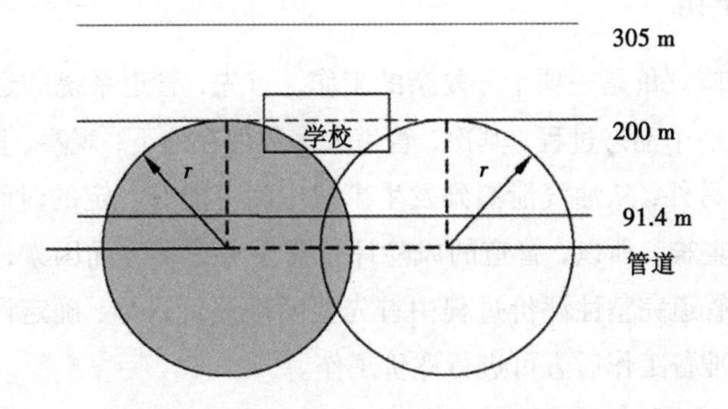

图 5-4　输气管道潜在影响区域示意图

注：本图是直径为 762 mm、最大允许操作压力为 7 MPa 管道的研究成果。

2. 高后果区的管理

建设期识别出的高后果区应作为重点关注区域。试压及投产阶段应杜宇处于高后果区管段重点检查，制定针对性预案，做好沿线宣传应采取安全保护措施。

运营阶段应将高后果区管道作为重点管理段。

应定期审核管道完整性管理方案以确保高后果区管段完整性管理的有效性。必要时应修改完整性管理方案以反映完整性评价等工作中发现的新的运行要求和经验。

地区发展规划足以改变该地区现有等级时，管道设计应根据地区发展规划划分地区等级。对处于因人口密度增加或地区发展导致地区等级变化的输气管段，应评价该管段并采取相应措施，满足变化后的更高等级区域管理要求。当评价表明该变化区域内的管道能够满足地区等级的变化时，最大操作压力不需要变化：当评价表明该变化区域内的管道不能满足地区等级的变化时，应立即换管道或调整该管段最大操作压力。

3. 高后果区识别报告

管道高后果区识别可采用地理信息系统识别或现场调查。在高后果区识别报告中应明确所采用的方法。

高后果区识别报告的内容具体如下。

(1) 概述。

概述应包括以下内容：①本次高后果区识别工作情况概述，包括识别单位、识别方法、识别日期等；②管道参数及信息的获取方式；③管道周边人口和自然环境情况。

(2) 识别结果。

识别结果的内容应至少包括如下内容：①高后果区管段识别统计表；②高后果区管段长度比例图；③减缓措施；④再识别日期。

四、风险评价

油气管道的风险评价是一项十分复杂的工作。首先，管道系统的运行及环境条件在时间和空间上都是一个动态过程；其次，管道大多数埋在地下，观察、监测难度大，可用的信息数据有限；另外，从油气泄漏到发生事故中间可能有一定的时间差，致使事故过程不清楚，事故调查难。所以，管道的风险评价需要考虑多方面因素，并要有深入的研究。因此，在开展管道完整性评价过程中首先要明确评价目标、确定评价方法、熟悉评价流程，做好前期准备工作后方可进行评价工作。

1. 评价目标

管道风险评价的主要目标如下：识别影响管道完整性的危害因素，分析管道失效的可能性及后果，判定风险水平；对管段进行排序，确定完整性评价和实施风险消减措施的优先顺序；综合比较完整性评价、风险消减措施的风险降低效果和所需投入；在完整性评价和风险消减措施完成后再评价，反映管道最新风险状况，确定措施有效性。

2. 工作要求

风险评价工作应达到如下要求：管道投产后 1 年内应进行风险评价；高后果区管道进行周期性风险评价，其他管段可依据具体情况确定是否开展评估；应根据管道风险评价的目标选择合适的评价方法；应在设计阶段和施工阶段进行危害识别和风险评价，根据风险评价结果进行设计、施工和投产优化，规避风险；设计与施工阶段的风险评价宜参考或模拟运行条件进行。

3. 评价方法

近年来，大量的定性、定量方法应用于风险评价当中，包括专家评价法、安全检查表法、风险矩阵法、指标体系法、场景模型评价法、概率评价法等。但常用的风险评价方法主要有风险矩阵法和指标体系法。下面简要介绍一下风险矩阵法。

管道风险矩阵应包括管道失效可能性、失效后果和风险的分级标准。失效可能性分级由表 5-4 确定。失效后果由表 5-5 确定，分析过程中分别考虑人员安全、财产损失、环境污染和停输影响等。风险分级见表 5-6。各风险等级的含义见表 5-7。

表 5-4　失效可能性等级

失效可能性分级	描述	等级
高	企业内曾每年发生多次类似失效，或预计 1 年内发生失效	5
较高	企业内曾每年发生类似失效，或预计 1~3 年内发生失效	4
中	企业内曾发生过类似失效，或预计 3~5 年内发生失效	3
较低	行业中发生过类似失效，或预计 5~10 年内发生失效	2
低	行业中没有发生类似失效，或预计超过 10 年后发生失效	1

表 5-5　失效后果等级

后果分类	后果描述				
	A	B	C	D	E
人员伤亡	无或轻伤	重伤	死亡人数 1~2	死亡人数 3~9	死亡人数不小于 10
经济损失	<10 万元	10 万~100 万元	100 万~1000 万元	1000 万~1 亿元	>1 亿元
环境污染	无影响	轻微影响	区域影响	重大影响	大规模影响
停输影响	无影响	对生产重大影响	对上/下游公司重大影响	国内影响	国内重大或国际影响

表 5-6　风险矩阵

失效后果	失效可能性				
	1	2	3	4	5
E	Ⅲ	Ⅲ	Ⅳ	Ⅳ	Ⅳ
D	Ⅱ	Ⅱ	Ⅲ	Ⅲ	Ⅳ
C	Ⅱ	Ⅱ	Ⅱ	Ⅲ	Ⅲ
B	Ⅰ	Ⅰ	Ⅰ	Ⅱ	Ⅲ
A	Ⅰ	Ⅰ	Ⅰ	Ⅱ	Ⅲ

表 5-7　风险等级

类别	描述
低(Ⅰ)	风险水平可以接受，当前应对措施有效，可不采取额外技术、管理方面的预防措施
中(Ⅱ)	风险水平可以接受，但应保持关注
较高(Ⅲ)	风险水平不可接受，应在限定时间内采取有效应对措施降低风险
高(Ⅳ)	风险水平不可接受，应尽快采取有效应对措施降低风险

4. 评价流程

管道风险评价流程如图 5-5 所示。

五、完整性评价

完整性评价是管道完整性管理的核心步骤，它是通过特定技术手段获取管道缺陷信息来对管道的完整性进行评估，以明确现在和将来管道达到安全运行状态的能力和水平的过程。新建管道在投用后 3 年内应完成完整性评价；输油管道高后果区完整性评价的最长时间间隔不超过 8 年。

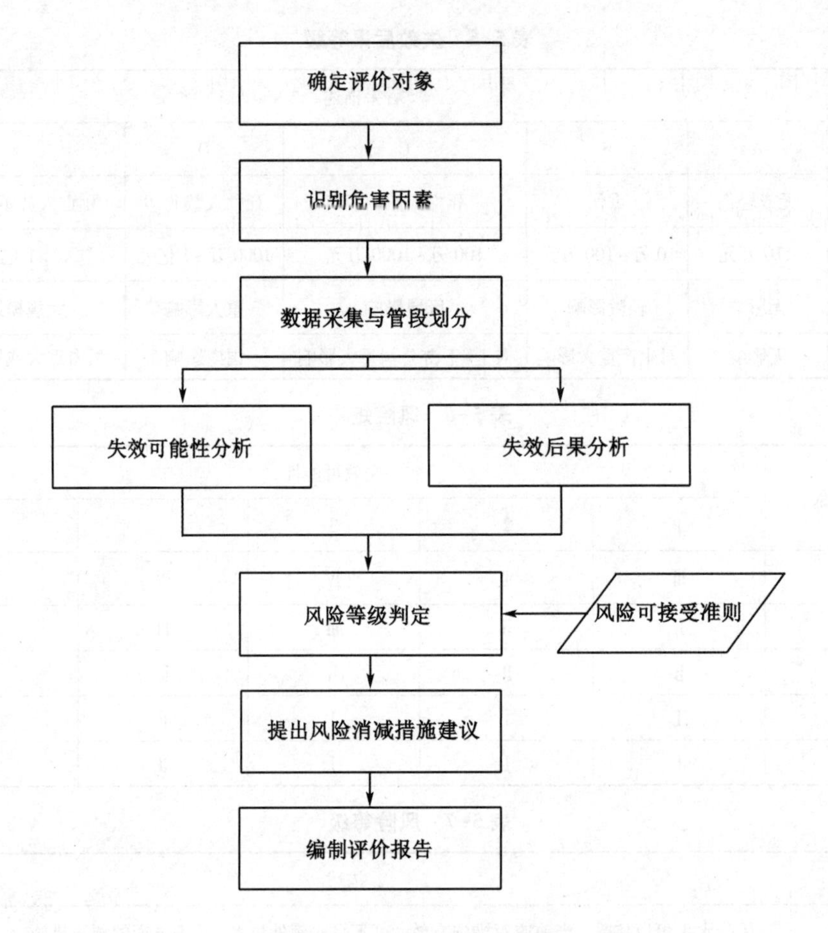

图 5-5　管道风险评价流程图

1. 内检测法

内/外腐蚀的金属损失检测器技术特点如下。

① 标准分辨率漏磁检测器：适合于金属损失检测，但不太适合缺陷尺寸的确定；确定缺陷尺寸的精度受传感器尺寸的限制；对于如孔眼、裂缝等特定金属缺陷，其检测灵敏度较高；除了金属损失之外，对大多数其他类型的缺陷，该检测及尺寸确定方法可靠度不高，也不适合于检测轴向线形金属损失缺陷；高检测速度会降低对缺陷尺寸的检测精度。

② 高分辨率漏磁检测器：比标准分辨率漏磁检测器对尺寸确定的精度要高；对几何形状简单的缺陷尺寸具有很高的精度；若存在点蚀或缺陷几何形状复杂时，其尺寸确定精度将下降；除检测金属缺陷外，还可检测其他类型的缺陷，检测能力随缺陷形状及特征的不同而不同；不适合检测轴向线形缺陷；高检测速度会降低缺陷尺寸确定精度。

③ 超声直波检测器：通常需要液体耦合剂，如果反馈信号丢失，则无法检测到缺陷及其大小；通常在地形起伏较大、弯头缺陷处及缺陷被遮盖的地方，容易丢失信号；对管

道内壁堆积物或沉积物较敏感；高检测速度将会降低对轴向缺陷的分辨率。

④ 超声横波检测器：要求有液体耦合剂或耦合系统；对缺陷尺寸的检测精度取决于传感器数目的多少和缺陷的复杂程度；管内壁有夹杂物时，缺陷大小的检测精度会降低；高检测速度将降低缺陷大小的检测精度。

⑤ 横向磁通检测器：对轴向线形金属损失缺陷的检测比标准分辨率及高分辨率的漏磁检测器都更敏感；对其他类型的轴向缺陷检测也比较敏感，但对环向缺陷检测的敏感性不如标准分辨率及高分辨率漏磁检测器；对大部分几何缺陷的尺寸检测精度要低于高分辨率漏磁检测器；高检测速度则会降低尺寸确定的精度。

应力腐蚀开裂的裂纹检测器技术特点如下。

① 超声横波检测器：需要有液体耦合剂或轮耦合系统；对缺陷尺寸的检测精度取决于传感器数目的多少和裂纹簇的复杂程度；管内壁有夹杂物时，将影响检测缺陷大小的精度；高检测速度将降低缺陷大小的检测精度和分辨率。

② 横向磁通检测器：能够检测除 SCC 之外的轴向裂纹，但无法检测裂纹大小；高检测速度会降低检测缺陷大小的精度。

第三方破坏和机械损伤引起的金属缺陷和变形的表现方式有凹槽和金属损失，内检测器可有效检测这类缺陷及大小。

几何或变形检测器最常用于检测与管道穿越段变形有关的缺陷，包括施工损伤、管道埋设于石方段施压造成的凹坑、第三方损伤及管道由于压载荷或不均匀沉降形成的褶皱或弯曲。

最低分辨率的几何检测器是测量清管器或单通道的测径器。这类检测器能够很好地识别并定位管道穿越段的严重变形。标准测径器具有较高的分辨率，能够记录每个测径臂传回的数据，一般沿周向分布 10~12 个测径臂。这类检测器可用于分辨变形的严重程度及总体形貌。利用标准测径器的检测结果，可识别出变形的清晰度或进行应变估算。高分辨率检测器可提供变形的最详细资料，有些能够提供变形的坡度或坡度变化，为辨别管道弯曲或沉降提供有力依据。对于在管道内压作用下可能会复原的第三方损伤，标准分辨率和高分辨率检测器都不容易检测出来，漏磁检测器在识别第三方损伤方面效果不佳，也无法实现变形大小的确定。

确定管道内检测器应综合考虑风险评价建议和管道缺陷特征等需求，制定检测计划，优先采用高精度内检测。内检测器的适用性取决于待检测管道的条件和检测目标与检测器之间的匹配程度。内检测器类型和用途见表 5-8。常见的检测技术性能规格见表 5-9 至表 5-16。

表 5-8 内检测器类型和用途对照表

异常	瑕疵/缺陷/特征	金属损失检测器			裂纹检测器		变形检测器
		漏磁(MFL)		超声纵波[m]	超声横波[m]	环向漏磁	
		标准分辨率(SR)	高分辨率(HR)				
金属损失	外腐蚀	可检出[a]、可判定尺寸[b]	可检出[a]、可判定尺寸[b]	可检出[a]、可判定尺寸[b]	可检出[a]、可判定尺寸[b]	可检出[a]、可判定尺寸[b]	检不出
	内腐蚀						
	划痕						
类裂纹	狭窄轴向外腐蚀	可检出[a]	可检出[a]	可检出[a]、可判定尺寸[b]	可检出[a]、可判定尺寸[b]	可检出[a]、可判定尺寸[b]	检不出
	应力腐蚀开裂	检不出	检不出	检不出	可检出[a]、可判定尺寸[b]	有限检出[a, c]、可判定尺寸[b]	检不出
	疲劳裂纹	检不出	检不出	检不出	可检出[a]、可判定尺寸[b]	有限检出[a, c]、可判定尺寸[b]	检不出
	直焊缝裂纹等	检不出	检不出	检不出	可检出[a]、可判定尺寸[b]	有限检出[a, c]、可判定尺寸[b]	检不出
	周向裂纹	检不出	可检出[c]、可判定尺寸[b]	检不出	可检出[a]、可判定尺寸[b, d]	检不出	检不出
	氢致裂纹	检不出	检不出	可检出[a]	有限检出	检不出	检不出

表5-8(续)

异常	瑕疵/缺陷/特征	金属损失检测器			裂纹检测器		变形检测器
		漏磁(MFL)					
		标准分辨率(SR)	高分辨率(HR)	超声纵波[m]	超声横波[m]	环向漏磁	
变形	弯折凹陷	可检出[e,g]	可检出[e,l]	可检出[e,g]	可检出[e,g]	可检出[e,g]	可检出[f]、可判定尺寸
	平滑凹陷	可检出[e,g]	可检出[e,l]	可检出[e,g]	可检出[e,g]	可检出[e,g]	可检出[f]、可判定尺寸
	鼓胀	可检出[e,g]	可检出[e,l]	可检出[e,g]	可检出[e,g]	可检出[e,g]	可检出[f]、可判定尺寸
	皱纹、波纹	可检出[e,g]	可检出[e,l]	可检出[e,g]	可检出[e,g]	可检出[e,g]	可检出[f]、可判定尺寸
	椭圆度	检不出	检不出	检不出	检不出	检不出	可检出、可判定尺寸[b]
部件	管式阀和配件	可检出	可检出	可检出	可检出	可检出	可检出
	套管(同心)	可检出	可检出	检不出	检不出	可检出	检不出
	套管(偏心)	可检出	可检出	检不出	检不出	可检出	检不出
	弯管	有限检出	有限检出	有限检出	有限检出	有限检出	可检出[h]、可判定尺寸[h]
	支管/带压开孔	可检出	可检出	可检出	可检出	可检出	检不出
	临近金属物	可检出	可检出	检不出	检不出	可检出	检不出
	铝热焊接	检不出	检不出	检不出	检不出	检不出	检不出
	管道坐标	检不出[k]	可检出[k]	可检出[k]	可检出[k]	可检出[k]	可检出[k]

表5-8(续)

异常	瑕疵/缺陷/特征	金属损失检测器			裂纹检测器		变形检测器
		漏磁(MFL)					
		标准分辨率(SR)	高分辨率(HR)	超声纵波[m]	超声横波[m]	环向漏磁	
维修特征	A型套筒	可检出	可检出	检不出	检不出	可检出	检不出
	复合套筒	可检出[i]	可检出[i]	检不出	检不出	可检出[i]	检不出
	复合材料补强	检不出	检不出	检不出	检不出	检不出	检不出
	B型套筒	可检出	可检出	可检出	可检出	可检出	检不出
	补丁/半圆补强板	可检出	可检出	可检出	可检出	可检出	检不出
	沉积焊	有限检出	有限检出	检不出	检不出	有限检出	检不出
各种异常	分层	有限检出	有限检出	可检出、可判定尺寸[b]	有限检出	有限检出	检不出
	夹杂物(未熔合)	有限检出	有限检出	可检出、可判定尺寸[b]	有限检出	有限检出	检不出
	冷作	检不出	检不出	检不出	检不出	检不出	检不出
	硬点	检不出	可检出[j]	检不出	检不出	检不出	检不出
	磨痕	有限检出[a]	有限检出[a]	可检出[a, b]	可检出[a, b]	有限检出[a, b]	检不出
	应变	检不出	检不出	检不出	检不出	检不出	可检出[j]
	环焊缝异常	有限检出	可检出	可检出	可检出[d]	检不出	检不出
	螺旋焊缝异常	有限检出	可检出	可检出	可检出	可检出	检不出
	直焊缝异常	检不出	检不出	可检出	可检出	可检出	检不出
	疤/毛刺/鼓包	有限检出[a]	有限检出	可检出[a, b]	可检出[a, b]	有限检出[a]	有限检出

注：a受可检测的指示的深度、长度和宽度的限制；b由检测器的尺寸精度确定；c闭合裂纹减小了检测概率(POD)；d传感器旋转90°；e检测概率(POD)的减小取决于尺寸与形状；f如装配设备，也可检测周向位置；g尺寸不可靠；h如装配弯头测量设备；i不可探测未做标记的复合套筒；j如装配设备，取决于参数；k如装配具有测绘能力的设备(IMU)；l量化精度取决于设备；m仅在液体环境，即液体管道或液体耦合的气体管道中能使用的内检测技术。

表 5-9　几何检测性能规格

特征	POD 为 90%时检测阈值(%*OD*)	置信度为 80%时精度(%*OD*)	报告阈值(%*OD*)
凹陷	0.6%	ID_{red}<10%：±0.5%	2%
		ID_{red}>10%：±0.7%	
椭圆度	0.6%	ID_{red}<5%：±0.5%	5%
		ID_{red}=5%~10%：±1.0%	
		ID_{red}>10%：±1.4%	

ID：内径

OD：外径

椭圆度：(最大 *ID*-最小 *ID*)/公称 *OD*

定位精度	轴向距最近的参考环焊缝：±0.2 m
	轴向距最近的地面参考点(AGM)：±0.1%
	环向：±15°

表 5-10　弯曲应变性能规格

项目	名称	性能指标
定位	定位精度	当两个地面 Marker 点之间间距小于 1 km 时，定位精度为±1 m
弯曲变形	弯曲精度	单次检测识别的弯曲变形曲率大于$\frac{1}{400D}$(*D* 为管径)
曲率变化率	重复识别曲率变化率	重复检测应识别出曲率变化率大于$\frac{1}{2500D}$

表 5-11　漏磁检测器性能规格

轴向采样间距	2 mm 以上，如检测器采样频率是固定的，则检测速度越高，间距越大
环向传感器间隔	8~17 mm
检测局限性	最小检测深度：10% *WT* 深度测量精度：10% *WT*
最小速度	0.5 m/s(感应线圈式)；无(霍尔传感器)
最大速度	4~5 m/s

表5-11(续)

<table>
<tr><td>长度、深度
量化精度</td><td>均匀金属损失：
最小深度：10% WT
深度量化精度：±10% WT
长度量化精度：±20 mm
坑状金属损失：
最小深度：(10~20)% WT
深度量化精度：±10% WT
长度量化精度：±10 mm
轴向沟槽：
最小深度：20% WT
深度量化精度：(-15~10)% WT
长度量化精度：±20 mm
周向沟槽：
最小深度：10% WT
深度量化精度：(-10~15)% WT
长度量化精度：±15 mm
轴向狭窄沟槽：
最小深度：可探测但无法准确报告
周向狭窄沟槽：
最小深度：10% WT
深度量化精度：(-15~20)% WT
长度量化精度：±15 mm
与焊缝相关的腐蚀：
焊缝附近：
最小深度：10% WT
深度量化精度：±(10~20)% WT
位于或穿过焊缝：
最小深度：(10~20)% WT
深度量化精度：±(10~20)% WT</td></tr>
<tr><td>宽度量化精度
(环向)</td><td>±(10~17) mm</td></tr>
<tr><td rowspan="3">定位精度</td><td>轴向(相对于最近的环焊缝)：±0. 1 m</td></tr>
<tr><td>轴向(相对于最近的 AGM)：±0. 1%</td></tr>
<tr><td>环向：±5°</td></tr>
<tr><td>置信水平</td><td>80%</td></tr>
</table>

注：*WT* 为管材壁厚。

表 5-12　三轴漏磁检测器性能规格

序号	精度指标	大面积缺陷 ($4A$×$4A$)	坑状缺陷 ($2A$×$2A$)	轴向凹沟 ($4A$×$2A$)	周向凹沟 ($2A$×$4A$)
1	检测阈值(90%检测概率)	5% *WT*	8% *WT*	15% *WT*	10% *WT*
2	深度精度(80%置信水平)	±10% *WT*	±10% *WT*	±15% *WT*	±10% *WT*
3	长度精度(80%置信水平)	±10 mm	±10 mm	±15 mm	±12 mm
4	宽度精度(80%置信水平)	±10 mm	±10 mm	±12 mm	±15 mm

注：A 是与壁厚相关的几何参数，当壁厚小于 10 mm 时，A=10 mm；当壁厚大于或等于 10 mm 时，A 为壁厚。

表 5-13　超声波腐蚀检测器典型性能规格

<table>
<tr><td>轴向采样间距</td><td colspan="2">3 mm</td></tr>
<tr><td>环向传感器间隔</td><td colspan="2">8 mm</td></tr>
<tr><td>最大速度</td><td colspan="2">2 m/s(当速度大于 2 m/s 时，轴向分辨率随着速度增大而降低)</td></tr>
<tr><td rowspan="3">检测能力</td><td colspan="2">一般深度精度：±0.5 mm
平板和壁厚测量精度：±0.2 mm
轴向分辨率：3 mm
环向分辨率：8 mm
最小可探测腐蚀深度：1 mm</td></tr>
<tr><td rowspan="2">最小可探测点蚀</td><td>仅给出腐蚀区域，不报告深度时：
直径：10 mm
深度：1.5 mm</td></tr>
<tr><td>需报告深度时：
直径：20 mm
深度：1 mm</td></tr>
<tr><td rowspan="3">定位精度</td><td colspan="2">轴向(相对于最近的环焊缝)：±0.1 m</td></tr>
<tr><td colspan="2">轴向(相对于最近的 AGM)：±0.1%</td></tr>
<tr><td colspan="2">环向：±5°</td></tr>
<tr><td>置信水平</td><td colspan="2">80%</td></tr>
</table>

表 5-14　液体耦合裂纹检测器

轴向采样间距	3 mm
环向传感器间隔	10 mm

表5-14(续)

检测局限性	可检测缺陷： 最小长度：30 mm 最小深度：1 mm 检测错边：沿管道轴向±15° 检测位置：内部、外部、内嵌、母材、直焊缝
检测速度	最大1.0 m/s （当速度大于1.0 m/s时，轴向分辨率降低）
尺寸精度	长度： ±10% *WT*（对于特征大于100 mm） ±10 mm（对于特征小于100 mm）
	宽度（对于裂纹场）：±50 mm
	深度： 分类级别： <12.5% *WT* (12.5~25)% *WT* (25~40)% *WT* >40% *WT*
定位精度	轴向（相对于最近的环焊缝）：±0.1 m
	轴向（相对于最近的AGM）：±0.1%
	环向：±5°
置信水平	80%

表5-15　轮式耦合裂纹检测器

轴向采样间距	5 mm
环向传感器间隔	(210~290) mm取决于检测器尺寸
检测局限性	可检测缺陷： 最小长度：50 mm 最小深度：25% *WT* 检测错边：沿管道轴向±10% *WT* 检测位置： 距环焊缝大于50 mm的管体； 无法区分内外
检测速度	(0.5~3.0) m/s液体 (1~3) m/s气体

表5-15(续)

定位精度	轴向(相对于最近的环焊缝)：±0.1 m
	轴向(相对于最近的 AGM)：±0.1%
	环向：±5°
置信水平	80%

表 5-16　环向漏磁性能规格

轴向采样间距	3.3 mm
环向传感器间隔	4 mm
检测局限性	可检测缺陷： 最小长度：25 mm 最小宽度：0.1 mm 最小深度：25% *WT* 检测位置： 直焊缝两侧 50 mm 以内，不区分内外
检测速度	(0.2~2.0) m/s
定位精度	轴向(相对于最近的环焊缝)：±0.2 m
	轴向(相对于最近的 AGM)：±0.1%
	环向：±7.5°
置信水平	80%

管道完整性评价优先选用内检测法，内检测时间间隔应根据风险评价和上次完整性评价结果综合确定，最大评价时间间隔应符合表 5-17 中要求。

表 5-17　内检测时间间隔表

操作条件下的环向应力水平(σ)		
>50%SMYS	30%SMYS<σ≤50%SMYS	≤30%SMYS
10 年	15 年	20 年

注：SMYS 为最小屈服强度。

管道内检测技术主要有以下四方面优点：

一是有计划地进行管道内检测，不仅能识别潜在的管道缺陷，而且能够分辨出缺陷的大小和类型，使其在达到危险点之前就被找到，并进行维修，可有效减少损失及对环境的污染；

二是运用管道内检测技术，可为管道维修提供科学依据，变抢修为计划检修，有计划地更换个别管段，大大减少管道维修费用，有效避免了管道维修的盲目性；

三是对管道的承载能力做到有理有据，根据检测结果综合研判管道运行压力；

四是对管道的管径缺陷情况提供永久的状况记录，为研发管道和施工提供有益的参考。

尽管内检测在管道的施工阶段和使用阶段都得到了较为广泛的应用，但是仍然存在较多问题：目前几乎所有内检测对于缺陷的探测、描述、定位及大小确定等的可靠性仍不稳定、不精确，需要提升的空间很大；检测工具对工作环境的要求很高(压力、温度)，检测器在运行中不可避免地会由于运行速率、杂质等引起检测结果偏差或设备损坏；现有分析检测结果的方法不一致，可用来证明结果的概念、检测的测量原理及操作的可靠性没有完全满足用户需求；完成检测是一个多步骤的过程，取决于计算机算法与最终做决策人的经验，此时计算机算法和人的经验就对结果起着决定性作用；目前还没有就如何诊断、分析、识别缺陷三维大小的做法形成统一。

每个在线监测机具供应商为了各自的商业利益，都是在自己的公司内部采取保密的方法对检测结果进行解释和评价。现在还没有任何一种被公认的方式对人为因素所产生的解释错误进行评价，这种资源上的不共享在一定程度上也阻碍了内检测技术的进一步发展。

2. 压力试验法

压力试验俗称打压或水压试验(用水作试压介质)。通过对管道进行压力试验，根据管道能够承受的最高压力或要求压力，确定管道在此压力下的完整性，暴露出其不能够承受此压力的缺陷。压力试验只限于对在役管道进行完整性评价。

管道试压介质应按照地区等级、高后果区、管道当前运行压力与计划运行压力、管道服役年限、管道腐蚀状况等因素选择，一般用水试压。输气管道推荐在三类地区和四类地区用水试压。若试验压力小于设计压力，经过评价并采取相应安全措施后，也可用气体试压。试验压力需根据拟计划运行的压力情况确定，一般不允许超过管道设计压力，且不超过90%SMYS，推荐的试验压力见表5-18。

表5-18　试验输油、气管道试压压力、稳压时间和合格标准

输送介质	分类		试压压力及稳压时间
输油管道	一般地段	压力/MPa	拟运行压力1.1倍
		稳压时间/h	24
	高后果区	压力/MPa	拟运行压力1.25倍
		稳压时间/h	24
	合格标准		压降不大于1%试压压力，且不大于0.1 MPa

表5-18(续)

输送介质	分类		试压压力及稳压时间
输气管道	一般地区	压力/MPa	拟运行压力 1.1 倍
		稳压时间/h	24
	高后果区Ⅰ级	压力/MPa	拟运行压力 1.25 倍
		稳压时间/h	24
	高后果区Ⅱ级	压力/MPa	拟运行压力 1.4 倍
		稳压时间/h	24
	高后果区Ⅲ级	压力/MPa	拟运行压力 1.5 倍
		稳压时间/h	24
	合格标准		压降不大于 1%试压压力，且不大于 0.1 MPa

注：不论地区等级如何，服役年限大于 30 年小于 40 年的管道建议至少按照 1.25 倍运行压力试压，对于 40 年以上的管道宜按照拟运行压力的 1.1 倍试压。

3. 直接评价法

直接评价法只限于评价三种具有时效性的缺陷，即外腐蚀、内腐蚀和应力腐蚀开裂(包括压力循环导致的疲劳评价)。需要事先了解管道的主要风险，有针对性地选择评价方法。对于同时面临其他风险的管道，该方法具有局限性。

直接评价法一般是在管道不具备内检测或压力试验、不能确认是否能够实施内检测或压力试验、使用其他方法评价需要昂贵改造费用和确认直接评价更有效、能够取代内检测或压力试验等条件下选用。

直接评价法主要有外腐蚀直接评价(ECDA)、内腐蚀直接评价(ICDA)、应力腐蚀裂纹直接评价(SCCDA)等。直接评价的过程和方法可参照表 5-19 所列相关标准执行。

表 5-19　直接评价法主要类型及相关标准

直接评价法类型	相关标准
ECDA	SY/T 0087.1
	NACE SP0502
ICDA	NACE SP0206
	NACE SP0110
	NACE SP0208，SY/T 0087.2
SCCDA	NACE SP0204

六、效能评价

管道完整性管理效能评价是指对完整性管理系统进行综合分析，把系统的各项性能和任务要求综合比较，最终得出系统优劣程度的指标结果。管道完整性管理效能评价的目的是通过对完整性管理现状的综合分析，发现管理过程中的不足，明确改进方向，不断提高完整性管理系统的有效性和时效性。

效能评价可分为效能测试和综合效能评价两种方法。效能测试方法适用于腐蚀防护、本体管理、第三方损坏预防、误操作控制、自然与地质灾害管理、数据管理等完整性管理工作对管道危害因素控制及风险消减情况的效能评价，在管道开展完整性管理工作一年后进行，此后宜每年进行一次。综合效能评价方法适用于对管道完整性管理工作各项具体业务工作或整体实施效果、效率及效益的综合效能评价，需要采集大量的完整性管理工作相关技术和经济数据，可在相关数据较为完善的情况下进行。

效能评价的流程见图 5-6。

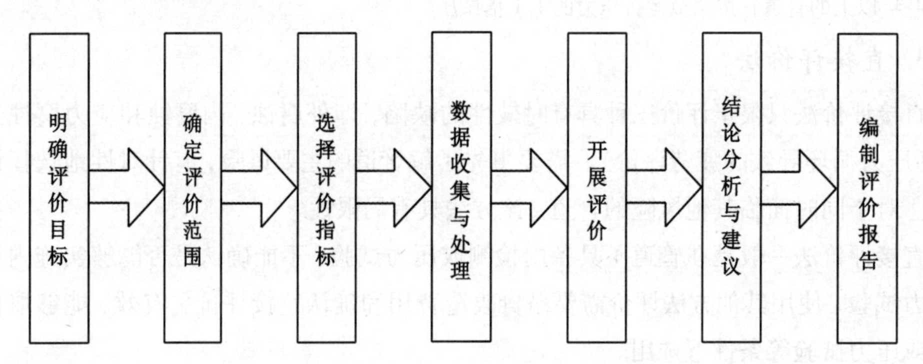

图 5-6　效能评价流程图

1. 明确评价目标

应根据管道完整性管理实际需要，明确效能评价所要达到的目标。

2. 确定评价范围

应选定开展效能评价的管道企业或管理单元，确定评价范围。

3. 选择评价指标

应根据管道完整性管理关注重点及效能评价目标，选择效能测试指标。效能测试指标针对管道完整性管理工作中腐蚀防护、本体管理、第三方损坏预防、误操作控制、自然与地质灾害管理、数据管理等完整性管理工作对管道各类危害因素及风险消减情况设置，可根据管理中关注的完整性管理工作或危害因素选择效能测试指标。

4. 数据收集与处理

应针对评价单元的效能测试指标开展数据收集调研，计算各评价指标值，并保存相关问题记录及文档资料。

5. 开展评价

应针对管道的各项危害因素，回顾针对其开展实施的管道完整性管理工作具体情况，通过对比分析开展实施各项管道完整性管理工作前后各相关效能测试指标历年数据的变化情况，评价该项完整性管理工作的努力程度及各种危害因素风险消减或控制的效率、效果情况。

6. 结论分析

应根据各项工作的效能测试结果及问题记录，给出效能测试分析结论。

7. 改进建议

应针对效能测试分析结果及评价过程中发现的问题，提出改进建议。

第四节　管道安全行政管理

一、石油天然气管道保护法

《中华人民共和国石油天然气管道保护法》由中华人民共和国第十一届全国人民代表大会常务委员会第十五次会议于2010年6月25日通过，自2010年10月1日起实行。该法是我国石油天然气管道安全保护方面的第一部专门法律，涵盖了管道规划、建设、运行、封存、报废的全过程。将管道本质安全、外部保护和安保防恐等内容纳入调整范围，建立了管道保护的新的体制机制，赋予了管道保护新的内涵，将石油天然气管道保护条例的实施经验、教训和实践中的许多有效做法上升为法律制度，为管道保护工作提供了全方位的制度保障。

下面简要介绍《中华人民共和国石油天然气管道保护法》的基本内容。

1. 主管部门职责

《中华人民共和国石油天然气管道保护法》中明确了管道保护的主管部门。省、自治区、直辖市人民政府能源主管部门和设区的市级、县级人民政府指定的部门，依照规定主管本行政区域的管道保护工作，协调处理本行政区域管道保护的重大问题，指导、监督有关单位履行管道保护义务，依法查处危害管道安全的违法行为。县级以上地方人民政府其他有关部门依照有关法律、行政法规的规定，在各自职责范围内负责管道保护的相关工作。

县级以上地方人民政府主管管道保护工作的部门的管道保护职责具体如下。

(1)协调处理本行政区域管道保护的重大问题。对本行政区域管道规划、建设、运行中涉及管道保护的重大问题，主管管道保护工作的部门应积极协调处理，本部门难以协调处理的，应当提请本级政府或者上级政府有关部门处理。

(2)指导、监督有关单位履行管道保护义务。任何单位和个人不得实施危害管道安全的行为；管道企业负有保护管道、保障管道安全运行的义务；在管道沿线及管道附属设施周边规定范围内进行工程建设单位，应当遵守法律相关规定，采取必要的安全保护措施，保障管道安全。

(3)依法查处危害管道安全行为。县级以上地方人民政府主管管道保护工作的部门应当依法查处危害管道安全的违法行为，切实保障管道安全。

地方政府的管道保护职责也并非仅由能源主管部门或者指定的部门行使。县级以上地方政府公安、安全生产监督管理等其他有关部门，在各自职责范围内负责管道保护的相关工作。

2. 行政备案

管道竣工测量图是详细、准确记录管道工程线路走向、高程、地势及地物等地理信息和管道设施位置、形状、尺寸信息的管道线路工程资料，是竣工验收资料的重要组成部分。管道竣工测量图具体包括以下内容：管道中线测量成果表、线路走向总平面图、线路带状地形图、线路纵断面图、穿(跨)越地形图和纵断面图等。

对管道竣工测量图实行报备管理，是确保管道沿线各级政府主管管道保护工作的部门、其他有关部门和有关军事机关掌握管道位置等基础信息的重要手段，是统筹协调土地利用、建设工程相遇关系的基础，是有效实施管道保护的前提。

管道企业应依据规定，将管道竣工测量图于管道竣工验收合格之日起60日内报送管道所在地县级以上地方人民政府主管管道保护工作的部门备案。对已服役管道实施改造的，应在完工后，将管道走向图等相关信息报送管道所在地县级以上人民政府主管管道保护工作的部门对原管道竣工测量图进行相应变更。

县级以上人民政府主管管道保护工作的部门负责接收和备案管道竣工测量图，并根据需要将管道竣工测量图分送本级人民政府规划、建设、国土资源、铁路、交通、水利、公安、安全生产监督管理等部门和有关军事机关。

3. 公共法定义务

禁止下列危害管道安全的行为：① 擅自开启、关闭管道阀门；② 采用移动、切割、打孔、砸撬、拆卸等手段损坏管道；② 移动、毁损、涂改管道标志；④ 在埋地管道上方巡查便道上行驶重型车辆；⑤ 在地面管道线路、架空管道线路和管桥上行走或者放置重物。

在管道线路中心线两侧各五米地域范围内，禁止下列危害管道安全的行为：① 种植乔木、灌木、藤类、芦苇、竹子或者其他根系深达管道埋设部位可能损坏管道防腐层的深根植物；② 取土、采石、用火、堆放重物、排放腐蚀性物质、使用机械工具进行挖掘施工；③ 挖塘、修渠、修晒场、修建水产养殖场、建温室、建家畜棚圈、建房及修建其他建筑物、构筑物。

在穿越河流的管道线路中心线两侧各五百米地域范围内，禁止抛锚、拖锚、挖砂、挖泥、采石、水下爆破。但是，在保障管道安全的条件下，为防洪和航道通畅而进行的养护疏浚作业除外。

二、行政监督检查规定

部分地方政府主管管道保护工作的部门对于管道安全保护出台了行政监督检查规定，这对在日常保护工作中遇到的问题提供了参考依据。

1. 许可与备案

县级以上人民政府主管管道保护工作的部门负责对下列事项实施行政许可：① 新建、改建、扩建管道通过地理条件限制区域的管道防护或改线方案；② 第三方施工作业。

县级以上地方人民政府主管管道保护工作的部门负责对下列事项实施备案：① 停止运行、封存、报废管道的安全防护措施；② 重新启用停止运行、封存管道的理由及安全运行保障方案；③ 管道竣工测量图；管道企业应急预案；管道建设选线方案。

2. 监督检查

县级以上地方人民政府主管管道保护工作的部门应当对下列事项实施监督检查：① 管道建成后的管道保护专项检查验收；② 管道企业履行法定管道保护职责情况的监督抽查；③ 擅自开启、关闭管道阀门；④ 在埋地管道上方的巡查便道上行驶重型车辆；⑤ 在地面管道线路、架空管道线路和管桥上行走或者放置重物；⑥ 移动、毁损、涂改管道标志或者警示牌；⑦ 管道建设工地涉及管道保护方面的监督抽查；⑧ 举报投诉相关问题的核查。

对管道企业的监督抽查，应当重点检查下列内容：① 企业岗位安全责任制和管道安全管理制度、隐患排查治理制度、安全风险评估制度的建立和落实情况；② 配备管道泄漏监测系统、入侵报警系统、视频监控系统、地理信息系统和出入控制系统等管道保护技术装备情况；③ 开展管道巡护、检测和维修情况；④ 对不符合安全使用条件的管道进行更新、改造或者停止使用情况；⑤ 管道沿线标志、警示牌设立情况；⑥ 管道竣工测量图报送备案情况；⑦ 管道事故应急预案制定、演练及报送备案情况；⑧ 对停止运行、封存、报废的管道采取安全防护措施和报送备案情况；⑨ 停止运行、封存管道重新启用落实安全运行保障措施和报送备案情况；⑩ 与管道所在地乡(镇)人民政府、街道办事处建立信息沟通机制情况。

第六章　系统安全工程基础

随着科学技术的发展，特别是系统工程这一学科的出现和使用，人们逐渐领悟了解决安全问题的关键所在，出现了“系统安全”的概念。系统安全工程是系统工程的一个分支，是采用系统工程的原理及方法，识别、分析和评价系统中的危险性，并根据其结果调整工艺、设备、操作、管理、生成周期和投资费用等因素，使系统所存在的危险因素能得到消除或控制，使事故的发生减少到最低程度，从而达到最佳安全状态。本章将重点介绍系统安全工程中的基本概念和常识。

第一节　危险和有害因素的分类与识别

对危险有害因素进行分类与识别，是为了便于进行危险有害因素的分析与辨识。在识别之前，要了解危险有害因素的基本概念。

一、危险和有害因素的概念

1. 危险

危险是指特定事件发生的可能性与后果的结合。

2. 危害

危害是指可能造成人员伤害、职业病、财产损失、作业环境破坏的根源或状态。

3. 危险因素

危险因素是指能对人造成伤亡或对物造成突发性损坏的因素，主要强调突发性和瞬间作用。

4. 有害因素

有害因素是指能影响人的身体健康，导致疾病或对物造成慢性损坏的因素，主要强调在一定时间范围内的积累作用。

5. 危险和有害因素

危险和有害因素是指可对人造成伤亡、影响人的身体健康甚至导致疾病的因素。

二、危险和有害因素产生的原因

所有危险和有害因素，虽然表现形式不尽相同，但从本质上讲，之所以能产生与造成危险和有害的后果，其原因可以归结为以下两个方面。

1. 有害物质和能量的存在

有害物质是指能损伤人体的生理机能和正常代谢功能，或者能破坏设备和物品的物质。因此，有毒物质、腐蚀性物质、有害粉尘和窒息性气体等都是有害物质。

能量就是做功的能力，它既可以为人类造福，也可以造成人员伤亡和财产损失。一切产生、供给能量的能源和能量的载体在一定条件(超过临界条件)下，都是危险有害因素。因此，电能、机械能、热能、化学能等能量如果使用不当，超过人体、设备和环境能够承受的阈值，就会对人体、设备和环境造成伤害。

2. 人、机、环境和管理的缺陷

虽然有害物质和能量的存在是发生事故的先决条件，但存在有害物质和能量，并不一定发生事故。因为，通常所见到的有害物质和能量都处于一定的物理、化学状态和约束条件下，这些状态条件就是防止有害物质和能量释放的防护措施，只要这些条件没有被破坏，事故就是被屏蔽的，即可认为有害物质和能量是安全的。只有在触发因素的作用下，有害物质和能量存在的条件遭到破坏，造成有害物质和能量的意外释放，出现事故隐患，若处置不当则引发事故。

人、机、环境和管理的缺陷是造成有害物质和能量意外释放的触发因素，是造成事故的根本原因。

(1)人的因素。

在生产活动中，来自人自身或人为性质的危险有害因素主要包括人的心理、生理性危险有害因素和行为性危险有害因素。人的因素在生产过程中主要表现为人的不安全行为。

人的不安全行为是指能造成事故的人为错误。工作态度不正确、知识不足、操作技能低下、健康或生理欠佳、劳动条件(包括设施条件、工作环境、劳动强度和工作时间等)不良等均可导致不安全行为。据不完全统计，由于人的不安全行为导致的生产安全事故占事故总数的90%以上。

人员失误是指人的行为结果偏离了规定的目标，并产生了不良影响，是引发危险有害因素的重要原因，也归属于人的不安全行为。在一定条件下，人员失误在生产过程中是不可避免的，具有偶然性和随机性，多数是不可预见的意外行为。但其发生规律和失误率通过长期大量的观测、统计和分析是可以加以预测的。

（2）物的因素。

物的因素是指机械、设备、设施、材料等方面存在的危险有害因素。物的因素包括物理性危险有害因素、化学性危险有害因素和生物性危险有害因素。物的因素主要表现为物的不安全状态，也包括有一定危险特性能导致事故发生的危险物质、致病微生物、传染病媒介物和致病动植物等。

物（包括生产、控制、安全装置和辅助设施等）的不安全状态是指能导致事故发生的物质条件，是指系统、设备元件等在运行过程中由于性能（包括安全性能）低下而不能实现预定功能（包括安全功能）的现象。

物的不安全状态主要表现为设备故障或缺陷。在生产过程当中，故障的发生具有随机性、渐进性和突发性，故障的发生是一种随机事件。造成故障发生的原因众多，如设计原因、制造原因、使用原因、设备老化、检查和维修保养不当等。但通过长期的经验积累可以得到故障发生的一般规律。通过定期检查、维护保养和分析总结，可使多数故障在预期内得到控制。因此，掌握各种故障发生规律和故障率是防止故障发生、阻断事故酿成严重后果的重要手段。

（3）管理因素。

管理因素是指管理和管理责任缺失所导致的危险有害因素，主要表现为管理方面的缺陷。管理方面的缺陷有职业安全卫生组织机构不健全、职业安全卫生责任制不落实、职业安全卫生管理规章制度不完善、职业安全卫生投入不足、职业健康管理不完善等。这些缺陷的存在是导致危险、有害物质和能量失控发生的重要因素。

职业安全卫生管理是为了及时、有效地实现目标，在预测、分析的基础上所进行的计划、组织、协调、检查等一系列工作是预防发生事故和人员失误的有效手段。

（4）环境因素。

温度、湿度、风雨雪、照明、视野、噪声、震动、通风换气、色彩等环境因素也会引起设备故障和人员失误，是导致危险、有害物质和能量失控发生的另一诱因。

三、危险和有害因素的分类

危险和有害因素分类的方法较多，在实际生产中，一般按照导致事故的直接原因、参照事故类别和按照职业健康危害因素的方法分类。

1. 按照导致事故的直接原因进行分类

《生产过程危险和有害因素分类与代码》（GB/T 13861—2022）将生产过程中的危险和有害因素分为四类，分别是人的因素、物的因素、环境因素和管理因素。

按照人的因素分类，包括心理、生理性危险和有害因素，以及行为性危险和有害因素两种类型，如表 6-1 所列。

表 6-1 生产过程中人的危险和有害因素分类与代码

代码	名称	说明
1	人的因素	
11	心理、生理性危险和有害因素	
1101	负荷超限	
110101	体力负荷超限	包括劳动强度、劳动时间延长引起疲劳、劳损、伤害等的负荷超限
110102	听力负荷超限	
110103	视力负荷超限	
110199	其他负荷超限	
1102	健康状况异常	伤、病期等
1103	从事禁忌作业	
1104	心理异常	
110401	情绪异常	
110402	冒险心理	
110403	过度紧张	
110499	其他心理异常	包括泄愤心理
1105	辨识功能缺陷	
110501	感知延迟	
110512	辨识错误	
110599	其他辨识功能缺陷	
1199	其他心理、生理性危险和有害因素	
12	行为性危险和有害因素	
1201	指挥错误	
120101	指挥失误	包括生产过程中的各级管理人员的指挥
120102	违章指挥	
120199	其他指挥失误	
1202	操作错误	
120201	误操作	
120202	违章作业	
120299	其他操作错误	
1203	监护失误	
1299	其他行为性危险和有害因素	包括脱岗等违反劳动纪律行为

按照物的因素分类，包括物理性危险和有害因素、化学性危险和有害因素、生物性危险和有害因素，如表 6-2 所列。

表 6-2　生产过程中物的危险和有害因素分类与代码

代码	名称	说明
2	物的因素	
21	物理性危险和有害因素	
2101	设备、设施、工具、附件缺陷	
210101	强度不够	
210102	刚度不够	
210103	稳定性差	抗倾覆、抗拉移能力不够。包括重心过高、底座不稳定、支承不正确等
210104	密封不良	密封件、密封介质、设备辅件、加工精度、装配工艺等缺陷及磨损、变形、气蚀等造成的密封不良
210105	耐腐蚀性差	
210106	应力集中	
210107	外形缺陷	设备、设施表面的尖角利棱和不应有的凹凸部分等
210108	外露运动件	人员易触及的运动件
210109	操纵器缺陷	结构、尺寸、形状、位置、操纵力不合理及操纵器失灵、损坏等
210110	制动器缺陷	
210111	控制器缺陷	
210113	传感器缺陷	精度不够，灵敏度过高或过低
210199	设备、设施、工具、附件其他缺陷	
2102	防护缺陷	
210201	无防护	
210202	防护装置、设施缺陷	防护装置、设施本身安全性、可靠性差，包括防护装置、设施、防护用品损坏、失效、失灵等
210203	防护不当	防护装置、设施和防护用品不符合要求，使用不当。不包括防护距离不够
210204	支撑（支护）不当	包括矿井、隧道、建筑施工支护不符合要求
210205	防护距离不够	设备布置、机械、电气、防火、防爆等安全距离不够和卫生防护距离不够等
210299	其他防护缺陷	
2103	电危害	
210301	带电部位裸露	人员易触及的裸露带电部位

表6-2(续)

代码	名称	说明
210302	漏电	
210303	静电和杂散电流	
210304	电火花	
210305	电弧	
210306	短路	
210399	其他电伤害	
2104	噪声	
210401	机械性噪声	
210402	电磁性噪声	
210403	流体动力性噪声	
210499	其他噪声	
2105	振动危害	
210501	机械性振动	
210502	电磁性振动	
210503	流体动力性振动	
210599	其他振动危害	
2106	电离辐射	包括X射线、γ射线、α粒子、β粒子、中子、质子、高能电子束等
2107	非电离辐射	
210701	紫外辐射	
210702	激光辐射	
210703	微波辐射	
210704	超高频辐射	
210705	高频电磁场	
210706	工频电场	
210799	其他非电离辐射	
2108	运动物危害	
210801	抛射物	
210802	飞溅物	
210803	坠落物	
210804	反弹物	
210805	土、岩滑动	包括排土场滑落、尾矿库滑坡、露天采场滑坡
210806	料堆(垛)滑动	

表6-2(续)

代码	名称	说明
210807	气流卷动	
210808	撞击	
210899	其他运动物危害	
2109	明火	
2110	高温物质	
211001	高温气体	
211002	高温液体	
211003	高温固体	
211099	其他高温物质	
2111	低温物质	
211101	低温气体	
211102	低温液体	
211103	低温固体	
211199	其他低温物质	
2112	信号缺陷	
211201	无信号设施	应设信号设施处无信号，如无紧急撤离信号等
211202	信号选用不当	
211203	信号位置不当	
211204	信号不清	信号量不足，如响度、亮度、对比度、信号维持时间不够等
211205	信号显示不准	包括信号显示错误、显示滞后或超前等
211299	其他信号缺陷	
2113	标志标识缺陷	
211301	无标志标识	
211302	标志标识不清晰	
211303	标志标识不规范	
211304	标志标识选用不当	
211305	标志标识位置缺陷	
211306	标志标识设置顺序不规范	如多个标志牌在一起设置时，应按警告、禁止、指令、提示类型的顺序
211399	其他标志缺陷	
2114	有害光照	包括直射光、反射光、眩光、频闪效应等
2115	信息系统缺陷	

表6-2(续)

代码	名称	说明
211501	数据传输缺陷	如是否加密
211502	自供电装置电池寿命过短	如标准工作时间过短，经常出现监测设备断电
211503	防爆等级缺陷	如 Exib 等级较低，不适合在涉及“两重点一重大”环境安装
211504	等级保护缺陷	防护不当导致信息错误、丢失、盗用
211505	通信中断或延迟	光纤或 GPRS/NB-IOT 等传输方式不同导致延迟严重
211506	数据采集缺陷	导致监测数据变化过于频繁或遗漏关键数据
211507	网络环境	保护过低，导致系统被破坏、数据丢失、被盗用等
2199	其他物理性危险和有害因素	
22	化学性危险和有害因素	见 GB 13690 的规定
2201	理化危险	
220101	爆炸物	见 GB 30000.2
220102	易燃气体	见 GB 30000.3
220103	易燃气溶胶	见 GB 30000.4
220104	氧化性气体	见 GB 30000.5
220105	压力下气体	见 GB 30000.6
220106	易燃液体	见 GB 30000.7
220107	易燃固体	见 GB 30000.8
220108	自反应物质或混合物	见 GB 30000.9
220109	自燃液体	见 GB 30000.10
220110	自燃固体	见 GB 30000.11
220111	自热物质和混合物	见 GB 30000.12
220112	遇水放出易燃气体的物质或混合物	见 GB 30000.13
220113	氧化性液体	见 GB 30000.14
220114	氧化性固体	见 GB 30000.15
220115	有机过氧化物	见 GB 30000.16
220116	金属腐蚀物	见 GB 30000.17
2202	健康危险	
220201	急性毒性	见 GB 30000.18
220202	皮肤腐蚀/刺激	见 GB 30000.19

表6-2(续)

代码	名称	说明
220203	严重眼损伤/眼刺激	见 GB 30000.20
220204	呼吸或皮肤过敏	见 GB 30000.21
220205	生殖细胞致突变性	见 GB 30000.22
220206	致癌性	见 GB 30000.23
220207	生殖毒性	见 GB 30000.24
220208	特异性靶器官系统毒性——一次接触	见 GB 30000.25
220209	特异性靶器官系统毒性——反复接触	见 GB 30000.26
220210	吸入危险	见 GB 30000.27
2299	其他化学性危险和有害因素	
23	生物性危险和有害因素	
2301	致病微生物	
230101	细菌	
230102	病毒	
230103	真菌	
230199	其他致病微生物	
2302	传染病媒介物	
2303	致害动物	
2304	致害植物	
2399	其他生物性危险和有害因素	

按照环境因素分类，有室内作业场地环境不良、室外作业场地环境不良、地下(含水下)作业环境不良及其他作业环境不良等方面，如表6-3所列。

表6-3　生产过程中环境的危险和有害因素分类与代码

代码	名称	说明
3	环境因素	包括室内、室外、地上、地下(如隧道、矿井)、水上、水下等作业(施工)环境
31	室内作业场地环境不良	
3101	室内地面滑	室内地面、通道、楼梯被任何液体、熔融物质润湿、结冰或有其他易滑物等
3102	室内作业场地狭窄	
3103	室内作业场地杂乱	
3104	室内地面不平	
3105	室内梯架缺陷	包括楼梯、阶梯、电动梯和活动梯架，以及这些设施的扶手、扶栏和护栏、护网等

表6-3(续)

代码	名称	说明
3106	地面、墙和天花板上的开口缺陷	包括电梯井、修车坑、开窗开口、检修孔、孔洞、排水沟等
3107	房屋基础下沉	
3108	室内安全通道缺陷	包括无安全通道，安全通道狭窄、不畅等
3109	房屋安全出口缺陷	包括无安全出口、设置不合理等
3110	采光照明不良	照度不足或过强、烟尘弥漫影响照明等
3111	作业场地空气不良	自然通风差、无强制通风、风量不足或气流过大、缺氧、有害气体超限等，包括受限空间作业
3112	室内温度、湿度、气压不适	
3113	室内给、排水不良	
3114	室内涌水	
3199	其他室内作业场地环境不良	
32	室外作业场地环境不良	
3201	恶劣气候与环境	包括风、极端的温度、雷电、大雾、冰雹、暴雨雪、洪水、浪涌、泥石流、地震、海啸等
3202	作业场地和交通设施湿滑	包括铺设好的地面区域、阶梯、通道、道路、小路等被任何液体、熔融物质润湿、冰雪覆盖或有其他易滑物等
3203	作业场地狭窄	
3204	作业场地杂乱	
3205	作业场地不平	包括不平坦的地面和路面，有铺设的、未铺设的、草地、小鹅卵石或碎石地面和路面
3206	交通环境不良	包括道路、水路、轨道、航空
320601	航道狭窄、有暗礁或险滩	
320602	其他道路、水路环境不良	
320699	道路急转陡坡、临水临崖	
3207	脚手架、阶梯和活动梯架缺陷	包括这些设施的扶手、扶栏和护栏、护网等
3208	地面及地面开口缺陷	包括升降梯井、修车坑、水沟、水渠、路面、排土场、尾矿库等
3209	建筑物和其他结构缺陷	包括建筑中或拆毁中的墙壁、桥梁、建筑物；筒仓、固定式粮仓、固定的槽罐和容器；屋顶、塔楼；排土场、尾矿库等
3210	门和围栏缺陷	包括大门、栅栏、畜栏和铁丝网等

表6-3(续)

代码	名称	说明
3211	作业场地基础下沉	
3212	作业场地安全通道缺陷	包括无安全通道，安全通道狭窄、不畅等
3213	作业场地安全出口缺陷	包括无安全出口、设置不合理等
3214	作业场地光照不良	光照不足或过强、烟尘弥漫影响光照等
3215	作业场地空气不良	自然通风差或气流过大、作业场地缺氧、有害气体超限等，包括受限空间作业
3216	作业场地温度、湿度、气压不适	
3217	作业场地涌水	
3218	排水系统故障	例如排工场、尾矿库、隧道等
3299	其他室外作业场地环境不良	
33	地下(含水下)作业环境不良	不包括以上室内、室外作业环境已列出的有害因素
3301	隧道/矿井顶板或巷帮缺陷	例如矿井冒顶
3302	隧道/矿井作业面缺陷	例如矿井片帮
3303	隧道/矿井底板缺陷	
3304	地下作业面空气不良	包括无风、风速超过规定的最大值或小于规定的最小值、氧气浓度低于规定值、有害气体浓度超限等，包括受限空间作业
3305	地下火	
3306	冲击地压(岩爆)	井巷或工作面周围岩体，由于弹性变形能的瞬时释放而产生突然剧烈破坏的动力现象
3307	地下水	
3308	水下作业供氧不当	
3399	其他地下作业环境不良	
39	其他作业环境不良	
3901	强迫体位	生产设备、设施的设计或作业位置不符合人类工效学要求而易引起作业人员疲劳、劳损或事故的一种作业姿势
3902	综合性作业环境不良	显示有两种以上作业环境致害因素且不能分清主次的情况
3999	以上未包括的其他作业环境不良	

管理因素包括职业安全卫生组织机构不健全、职业安全卫生责任制未落实、职业安全卫生管理规章制度不完善、职业安全卫生投入不足、应急管理缺陷及其他管理因素缺

陷等方面，如表 6-4 所列。

表 6-4　生产过程中管理的危险和有害因素分类与代码

代码	名称	说明
4	管理因素	机构和人员、制度及制度落实情况
41	职业安全卫生管理机构设置和人员配备不健全	
42	职业安全卫生责任制不完善或未落实	包括平台经济等新业态
43	职业安全卫生管理制度不完善或未落实	
4301	建设项目“三同时”制度	
4302	安全风险分级管控	
4303	事故隐患排查治理	
4304	培训教育制度	
4305	操作规程	包括作业指导书
4306	职业卫生管理制度	
4399	其他职业安全卫生管理规范制度不健全	包括事故调查处理等制度不健全
44	职业安全卫生投入不足	
46	应急管理缺陷	
4601	应急资源调查不充分	
4602	应急能力、风险评估不全面	
4603	事故应急预案缺陷	包括预案不健全、可操作性不高、无针对性
4604	应急预案培训不到位	
4605	应急预案演练不规范	
4606	应急演练评估不到位	
4699	其他应急管理缺陷	
49	其他管理因素缺陷	

2. 参照事故类别进行分类

参照《企业职工伤亡事故分类》(GB/T 6441—86)，综合考虑起因物、引起事故的诱导性原因、致害物、伤害方式等，将危险因素分为 20 类，具体内容如下。

物体打击，指物体在重力或其他外力的作用下产生运动，打击人体，造成人身伤亡事故，不包括因机械设备、车辆、起重机械、坍塌等引发的物体打击。

车辆伤害，指企业机动车辆在行驶中引起的人体坠落和物体倒塌、下落、挤压伤亡事故，不包括起重设备提升、牵引车辆和车辆停驶时发生的事故。

机械伤害，指机械设备运动（静止）部件、工具、加工件直接与人体接触引起的夹击、碰撞、剪切、卷入、绞、碾、割、刺等伤害，不包括车辆、起重机械引起的机械伤害。

起重伤害，指各种起重作业（包括起重机安装、检修、试验）中发生的挤压、坠落（吊具、吊重）、物体打击等。

触电，包括雷击伤亡事故。

淹溺，包括高处坠落淹溺，不包括矿山、井下透水淹溺。

灼烫，指火焰烧伤、高温物体烫伤、化学灼伤（酸、碱、盐、有机物引起的体内外灼伤）、物理灼伤（光、放射性物质引起的体内外灼伤），不包括电灼伤和火灾引起的烧伤。

高处坠落，指在高处作业中发生坠落造成的伤亡事故，不包括触电坠落事故。

坍塌，指物体在外力或重力作用下，超过自身的强度极限或因结构稳定性破坏而造成的事故，如挖沟时的土石塌方、脚手架坍塌、堆置物倒塌等，不适用于矿山冒顶片帮和车辆、起重机械、爆破引起的坍塌。

此外，还包括火灾、冒顶片帮、透水、放炮、火药爆炸、瓦斯爆炸、锅炉爆炸、容器爆炸、其他爆炸、中毒和窒息及其他伤害。

此分类方法所列的危险、有害因素与企业职工伤亡事故处理（调查、分析、统计）和职工安全教育的口径基本一致，为安全生产监督管理部门、企业广大职工、安全管理人员所熟悉，易于接受和理解。

3. 按照职业健康危害因素进行分类

参照 2015 年国家卫生计生委、人力资源社会保障部、国家安全监管总局和全国总工会联合颁发的《职业病危害因素分类目录》，将危害因素分为粉尘、化学因素、物理因素、放射性因素、生物因素和其他因素六大类。

四、危险和有害因素的识别

1. 危险和有害因素的辨识原则

（1）科学性。

危险和有害因素的辨识是识别、分析和确定系统中存在的危险，预测安全状态和事故发生途径的一种方法。在进行辨识时，必须以安全科学理论为指导，使辨识的结果能真实反映系统中危险和有害因素存在的部位、方式及事故发生的途径与变化规律，并准确描述。

（2）系统性。

危险和有害因素存在于生产活动的各个方面和环节。要分清系统主要和次要的危险和有害因素及其相关的危险性、有害性，就必须对系统进行全面详细的分析，分析系统与系统之间、系统与子系统之间的关系。

(3)全面性。

辨识危险和有害因素要全面，不得发生遗漏，以避免留下隐患。要从厂址、总平面布置、道路运输等方面进行分析、识别；既要分析、识别正常生产、操作中的危险和有害因素，还要分析、识别开车、停车、检修及装置遭到破坏和操作失误情况下的危险、有害后果。

(4)预测性。

对于辨识出的危险和有害因素，要分析危险和有害因素出现的条件及可能的事故形式。

2. 危险和有害因素的辨识方法

危险和有害因素的辨识是事故预防、安全评价、重大危险源监督管理、建立应急救援体系和职业健康安全管理体系的基础。其常用的辨识方法主要有以下两种。

(1)直观经验分析方法。

直观经验分析方法包括对照经验方法和类比方法，适用于有可供参考的先例或可以借鉴以往经验的系统，不能用于没有可供参考先例的新系统。对照经验方法是对照有关标准、法规、检查表或依靠分析人员的观察分析能力，借助于经验和判断能力直观地辨识危险的方法。其优点是简便、易行，缺点是受辨识人员知识、经验和占有资料的限制，可能出现遗漏。类比方法是利用相同或相似工程系统或作业条件的经验和职业健康的统计资料来类推、分析，以辨识危险。

(2)系统安全分析方法。

系统安全分析方法是应用系统安全工程评价方法中的某些方法进行危险和有害因素的辨识。该方法常用于复杂、没有事故经验的新开发系统。常用的系统安全分析方法有事件树(ETA)、故障树(FTA)等。

3. 危险和有害因素的辨识内容

危险和有害因素辨识的过程实际上是系统安全分析的过程。在进行危险和有害因素的辨识时，要全面、有序地进行，防止出现漏项。宜从以下几个方面入手：厂址、总平面布置、道路运输、建(构)筑物、生产工艺、主要设备装置、作业环境、安全管理措施等。

(1)厂址。

从厂址的工程地质、地形地貌、水文、气象条件、周围环境、交通运输条件及自然灾害、消防支持等方面进行分析、识别。

(2)总平面布置。

从功能分区、防火间距和安全间距、风向、建筑物朝向、危险和有害物质设施、动力设施(如氧气站、乙炔气站、压缩空气站、锅炉房、液化石油气站等)、道路、储运设施等方面进行分析、识别。

(3)道路运输。

从运输、装卸、消防、疏散、人流、物流、平面交叉运输和竖向交叉运输等方面进行分析、识别。

(4)建(构)筑物。

从厂房的生产火灾危险性分类、耐火等级、结构、层数、占地面积、防火间距、安全疏散等方面进行分析、识别。

从库房储存物品的火灾危险性分类、耐火等级、结构、层数、占地面积、防火间距、安全疏散等方面进行分析、识别。

(5)生产工艺。

对新建、改建、扩建项目设计阶段进行危险和有害因素的识别主要包括：对设计阶段是否通过合理的设计进行考查，尽可能从根本上消除危险、有害因素；当消除危险、有害因素有困难时，对是否采取了预防性技术措施进行考查；在无法消除危险或危险难以预防的情况下，对是否采取了减少危险、危害的措施进行考查；在无法消除、预防、减弱的情况下，对是否将人员与危险、有害因素隔离等进行考查；当操作者失误或设备运行一旦达到危险状态时，对是否能通过连锁装置来终止危险、危害的发生进行考查；在易发生故障和危险性较大的地方，对是否设置了醒目的安全色、安全标志和声、光警示装置等进行考查。

对照行业和专业制定的安全标准、规程进行危险和有害因素的分析、识别主要是针对行业和专业的特点，可利用各行业和专业制定的安全标准、规程进行分析、识别。例如，原劳动部曾会同有关部委制定了冶金、电子、化学、机械、石油化工、轻工、塑料、纺织、建筑、水泥、制浆造纸、平板玻璃、电力、石棉、核电站等一系列安全规程、规定，评价人员应根据这些规程、规定、要求，对被评价对象可能存在的危险和有害因素进行分析与识别。

根据典型的单元过程(单元操作)进行危险和有害因素的识别方法是，通过已经归纳总结在许多手册、规范、规程及规定中的典型单元中对危险、有害因素进行查阅。这类方法可以使危险、有害因素的识别比较系统，避免遗漏。

(6)主要设备装置。

对于工艺设备，可从高温、低温、高压、腐蚀、震动、关键部位的备用设备、控制、操作、检修和故障、失误时的紧急异常情况等方面进行识别。

对于机械设备，可从运动零部件和工件、操作条件、检修作业、误运转和误操作等方面进行识别。

对于电气设备，可从触电、断电、火灾、爆炸、误运转和误操作、静电、雷电等方面进行识别。

另外，还应注意识别高处作业设备、特殊单体设备（如锅炉房、乙炔站、氧气站）等的危险和有害因素。

(7)作业环境。

注意识别存在各种职业病危害因素的作业部位。

(8)安全管理措施。

可从安全生产管理组织机构、安全生产管理制度、事故应急救援预案、特种作业人员培训、日常安全管理等方面进行识别。

第二节　重大危险源辨识与控制

危险源辨识就是识别危险源并确定其特性的过程。危险源辨识主要是对危险源进行识别，判断其性质，对可能造成的危害、影响进行提前预防，以确保生产的安全、稳定。

一、重大危险源辨识

1. 重大危险源相关概念

(1)危险化学品。

危险化学品是指具有毒害、腐蚀、爆炸、燃烧、助燃等性质，对人体、设施、环境具有危害的剧毒化学品和其他化学品。

(2)重大危险源。

重大危险源是指长期地或临时地生产、搬运、使用或储存危险物品，且危险物品的数量等于或超过临界量的单元（包括场所和设施）。

(3)危险物品。

危险物品是指易燃易爆物品、危险化学品、放射性物品等能够危及人身安全和财产安全的物品。

(4)危险化学品重大危险源。

危险化学品重大危险源是指长期地或临时地生产、储存、使用和经营危险化学品，且危险化学品的数量等于或超过临界量的单元。

(5)生产单元。

生产单元是指危险化学品的生产、加工及使用等的装置及设施，当装置及设施之间有切断阀时，以切断阀作为分隔界限划分为独立的单元。

(6)储存单元。

储存单元是用于储存危险化学品的储罐或仓库组成的相对独立的区域，储罐区以罐区防火堤为界限划分为独立的单元，仓库以独立库房(独立建筑物)为界限划分为独立的单元。

2. 重大危险源等级分类

按照重大危险源的种类和能量在意外状态下可能发生事故的最严重后果，重大危险源分为四级：一级重大危险源，可能造成特别重大事故的；二级重大危险源，可能造成特大事故的；三级重大危险源，可能造成重大事故的；四级重大危险源，可能造成一般事故的。

3. 危险化学品重大危险源辨识标准

以《危险化学品重大危险源辨识》(GB 18218—2018)为依据，开展辨识工作。该标准适用于生产、储存、使用和经营危险化学品的生产经营单位。

生产单元、储存单元内存在危险化学品的数量等于或超过规定的临界量，即被认定为重大危险源。单元内存在的危险化学品的数量根据危险化学品种类的多少区分为以下两种情况。

一是生产单元、储存单元内存在的危险化学品为单一品种时，则该危险化学品的数量即单元内危险化学品的总量，若等于或超过相应的临界量，则定为重大危险源。

二是生产单元、储存单元内存在的危险化学品为多品种时，则按照式(6-1)进行计算，若满足式(6-1)，则定为重大危险源。

$$\frac{q_1}{Q_1}+\frac{q_2}{Q_2}+\cdots+\frac{q_n}{Q_n}\geqslant 1 \tag{6-1}$$

式中，q_1，q_2，…，q_n——每种危险化学品实际存在量，t；

Q_1，Q_2，…，Q_n——与每种危险化学品相对应的临界量，t。

危险化学品储罐及其他容器、设备或仓储区的危险化学品的实际存在量应按照设计最大量确定。

对于危险化学品混合物，如果混合物与其纯物质属于相同危险类别，则视混合物为纯物质，按照混合物整体进行计算。如果混合物与其纯物质不属于相同危险类别，则应按照新危险类别考虑其临界量。

4. 重大危险源的分级方法

采用单元内各种危险化学品实际存在量与其在《危险化学品重大危险源辨识》(GB 18218—2018)中规定的临界量比值，经校正系数校正后的比值之和(R)作为分级指标。

R的计算方法如下：

$$R=\alpha\left(\beta_1\frac{q_1}{Q_1}+\beta_2\frac{q_2}{Q_2}+\cdots+\beta_n\frac{q_n}{Q_n}\right) \tag{6-2}$$

式中，　　R——重大危险源分级指标；

α——该危险化学品重大危险源厂区外暴露人员的校正系数；

$\beta_1, \beta_2, \cdots, \beta_n$——与每种危险化学品相对应的校正系数；

$q_1, q_2, \cdots, q_n$——每种危险化学品实际存在量，t；

$Q_1, Q_2, \cdots, Q_n$——与每种危险化学品相对应的临界量，t。

根据单元内危险化学品的类别不同，设定校正系数(β)值。在表6-5范围内的危险化学品，其β值按照表6-5确定；未在表6-5范围内的危险化学品，其β值按照表6-6确定。

表6-5　毒性气体校正系数(β)取值表

毒性气体名称	校正系数(β)	毒性气体名称	校正系数(β)
一氧化碳	2	硫化氢	5
二氧化硫	2	氟化氢	5
氨	2	二氧化氮	10
环氧乙烷	2	氰化氢	10
氯化氢	3	碳酰氯	20
溴甲烷	3	磷化氢	20
氯	4	异氰酸甲酯	20

表6-6　未在表6-5中列举的危险化学品校正系数(β)取值表

类别	符号	校正系数(β)
急性毒性	J1	4
	J2	1
	J3	2
	J4	2
	J5	1
爆炸物	W1.1	2
	W1.2	2
	W1.3	2
易燃气体	W2	1.5
气溶胶	W3	1
氧化性气体	W4	1

表6-6(续)

类别	符号	校正系数(β)
易燃液体	W5.1	1.5
	W5.2	1
	W5.3	1
	W5.4	1
自反应物质和混合物	W6.1	1.5
	W6.2	1
有机过氧化物	W7.1	1.5
	W7.2	1
自燃液体和自燃固体	W8	1
氧化性固体和液体	W9.1	1
	W9.2	1
易燃固体	W10	1
遇水放出易燃气体的物质和混合物	W11	1

根据危险化学品重大危险源的厂区边界向外扩展 500 m 范围内常住人口数量，按照表 6-7 设定暴露人员校正系数(α)值。

表 6-7　暴露人员校正系数(α)取值表

厂外可能暴露人员数量	校正系数(α)
100 人以上	2.0
50~99 人	1.5
30~49 人	1.2
1~29 人	1.0
0 人	0.5

根据计算出来的 R 值，按照表 6-8 确定危险化学品重大危险源的级别。

表 6-8　重大危险源级别和 R 值的对应关系

重大危险源级别	R 值
一级	$R\geqslant100$
二级	$50\leqslant R<100$
三级	$10\leqslant R<50$
四级	$R<10$

二、重大危险源控制

1. 我国关于危险化学品重大危险源监督管理基本要求

大量的事故证明，为了有效预防重大工业事故的发生，降低事故造成的损失，必须建立重大危险源监管制度和监管机制。我国颁布的《中华人民共和国安全生产法》和《危险化学品安全管理条例》也从法律法规层面对重大危险源的监督和管理提出了明确要求。

为推动《中华人民共和国安全生产法》、《危险化学品安全管理条例》和《国务院关于进一步加强企业安全生产工作的通知》(国发〔2010〕23号)有效落实，加强和规范危险化学品重大危险源的监督管理，有效减少危险化学品事故，坚决遏制重特大危险化学品事故，2011年，国家安全生产监管总局公布了《危险化学品重大危险源监督管理暂行规定》(国家安全生产监督管理总局令第40号，以下简称《暂行规定》)。《暂行规定》紧紧围绕危险化学品重大危险源的规范管理，明确提出了危险化学品重大危险源辨识、分级、评估、备案和核销、登记建档、监测监控体系和安全监督检查等要求，是我国多年来危险化学品重大危险源管理实践经验总结和提炼。

《暂行规定》要求，危险化学品单位应当根据构成重大危险源的危险化学品种类、数量、生产、使用工艺(方式)或者相关设备、设施等实际情况，建立健全安全监测监控体系，完善控制措施。譬如，重大危险源配备温度、压力、液位、流量、组分等信息的不间断采集和监测系统，以及可燃气体和有毒有害气体泄漏检测报警装置，并具备信息远传、连续记录、事故预警、信息存储等功能；一级或二级重大危险源应具备紧急停车功能；记录的电子数据保存时间不少于30天。

依据《中华人民共和国安全生产法》,《暂行规定》要求危险化学品单位应当对重大危险源进行安全评估，这一评估工作可以由危险化学品单位自行组织，也可以委托具有相应资质的安全评价机构进行。如果其在一级、二级等级别较高的重大危险源中存量较高时，危险化学品单位应当委托具有相应资质的安全评价机构，采用更为先进、严格并与国际接轨的定量风险评价的方法进行安全评估，以更好地掌握重大危险源的现实风险水平，采取有效控制措施。

《暂行规定》规定，危险化学品单位新建、改建和扩建危险化学品建设项目，应当在建设项目竣工验收前完成重大危险源的辨识、安全评估和分级、登记建档工作，向所在地县级人民政府安全生产监督管理部门备案。另外，对于现有重大危险源，当出现重大危险源安全评估已满三年、发生危险化学品事故造成人员死亡等六种情形之一的，危险化学品单位应当及时更新档案，并向所在地县级人民政府安全生产监督管理部门重新备案。《暂行规定》要求，县级人民政府安全生产监督管理部门行使重大危险源备案和核销职责。同时，《暂行规定》提出，县级人民政府安全生产监督管理部门应当每季度将辖区内的一级、二级重大危险源备案材料报送至设区的市级人民政府安全生产监督管理部门；设区的市级人民政府安全生产监督管理部门应当每半年将辖区内的一级重大危险源备案材料报送至省级人民政府安全生产监督管理部门。

2. 重大危险源控制系统的主要内容

重大危险源控制不仅能预防重大事故的发生，而且能在发生事故后将事故危害降低到最低程度。鉴于工业生产活动的复杂性，有效控制重大危险源需要采用系统工程的思想和方法，建立一个完整且行之有效的系统。重大危险源控制系统主要由以下六个部分组成。

(1)重大危险源的辨识。

防止重大事故发生的第一步是辨识和确认重大危险源。对重大危险源实行有效控制，首先要正确辨识重大危险源。企业应根据实际情况，科学系统地开展重大危险源辨识工作。

(2)重大危险源的评价。

重大危险源的评价是控制重大工业事故的关键措施之一。一般是对已确认的重大危险源做深入、具体的危险分析和评价。通过评价，可以了解重大危险源的危险性及可能导致重大事故发生的事件，判断重大事故发生后的潜在后果，并提出事故预防措施和减轻事故后果的措施。

(3)重大危险源的管理。

在对重大危险源进行有效辨识和科学评价后，企业应通过技术措施和组织措施，对其进行严格控制和管理。其中，技术措施包括化学品的选用，设施的设计、建造、运行、维修，以及有计划地检查；组织措施包括对人员的培训与指导，提供保证其安全的设备，对工作人员、外部合同工和现场临时工的管理。

(4)重大危险源的安全报告。

安全报告应详细说明重大危险源的情况，可能引发事故的危险因素，以及前提条件、安全操作和预防失误的控制措施，可能发生的事故类型、事故发生的可能性及严重程度、影响范围、控制对策措施、现场事故应急救援预案等。

(5)事故应急救援预案。

事故应急救援预案是重大危险源控制系统的一个重要组成部分。其目的是抑制突发事件，尽量减少事故对人、财产和环境的危害。完整的应急计划由现场应急计划(企业负责制定)和场外应急计划(政府主管部门制定)两部分组成。应急计划应提出详尽、实用、有效的技术措施与组织措施。

(6)重大危险源的监察。

强有力的管理和监察是控制重大危险源措施得以有效实施的保证。

第七章　加油加气站安全管理

随着我国能源市场的发展和汽车消费的快速增长，燃料供应越来越贴近消费者的生活，加油加气站在人们日常生活中的作用日益凸显。加油加气站经营的燃料具有较高的火灾和爆炸危险性，属于易发火灾的危险设施，且广泛分布于人口稠密地区。因此，采取科学有效的安全管理措施，确保其安全可靠，对维护社会稳定、促进地区发展具有重要意义。

第一节　加油加气站的分类分级

汽车加油加气站是加油站、加气站、加油加气合建站的统称，是为汽车油箱加注汽油、柴油等车用燃油，以及为燃气汽车储气瓶加注车用压缩天然气或车用液化天然气的专门场所。汽车加油加气站主要由油气储存区、加油加气区和管理区三部分组成。

一、加油加气站的分类

按照提供燃料的不同，汽车加油加气站可以划分为汽车加油站、汽车加气站、汽车加油加气合建站。

1. 汽车加油站

汽车加油站是指具有储油设施，使用加油机为机动车加注汽油、柴油等车用燃油，并可提供其他便利性服务的场所。

2. 汽车加气站

汽车加气站是指具有储气设施，使用加气机为燃气汽车储气瓶加注车用CNG（压缩天然气）和LNG（液化天然气）等车用燃气，或者通过加气柱为CNG车载储气瓶组充装CNG，并可提供其他便利性服务的场所。

3. 汽车加油加气合建站

汽车加油加气合建站是指具有储油（气）设施，既可为汽车油箱加注车用燃油，又可为燃气汽车储气瓶加注CNG，LNG等车用燃气，并可提供其他便利性服务的场所。

二、加油加气站的等级分类

汽车加油加气站根据其储油罐、储气罐的容积划分为不同的等级。

1. 汽车加油站的等级分类

汽车加油站按照汽油、柴油储存罐的容积规模划分为三个等级，见表 7-1。

表 7-1　汽车加油站的等级划分

级别	加油站油罐容积/m^3	
	总容积(V)	单罐容积
一级	$150<V\le 210$	≤ 50
二级	$90<V\le 150$	≤ 50
三级	$V\le 90$	汽油罐：≤ 30 柴油罐：≤ 50

注：柴油罐容积可折半计入油罐总容积。

2. CNG 加气站的等级分类

CNG 加气站储气设施的总容积应根据设计加气汽车数量、每辆汽车的加气时间，以及母站服务子站的个数、规模和服务半径等因素综合确定。在城市建成区内，CNG 加气母站储气设施的总容积不应超过 120 m^3；CNG 常规加气站储气设施的总容积不应超过 30 m^3；CNG 加气子站设有固定储气设施时，停放的车载储气瓶组拖车不应多于一辆，站内固定储气设施采用储气井时，其总容积不应超过 18 m^3。若 CNG 加气子站内无固定储气设施，站内可停放不超过两辆车载储气瓶组拖车。

CNG 常规加气站可采用 LNG 储罐作补充气源，LNG 储罐容积、CNG 储气设施的总容积和加气站的等级划分应符合表 7-2 中有关要求。

表 7-2　LNG 加气站、L-CNG 加气站、LNG 和 L-CNG 加气合建站的等级划分

级别	LNG 加气站		L-CNG 加气站、LNG 和 L-CNG 加气合建站		
	LNG 储罐总容积(V)/m^3	LNG 储罐单罐容积/m^3	LNG 储罐总容积(V)/m^3	LNG 储罐单罐容积/m^3	CNG 储气设施总容积/m^3
一级	$120<V\le 180$	≤ 60	$120<V\le 180$	≤ 60	≤ 12
一级＊	—	—	$60<V\le 120$	≤ 60	≤ 24
二级	$60<V\le 120$	≤ 60	$60<V\le 120$	≤ 60	≤ 9
二级＊	—	—	$V\le 60$	≤ 60	≤ 18
三级	$V\le 60$	≤ 60	$V\le 60$	≤ 60	≤ 9
三级＊	—	—	$V\le 30$	≤ 30	≤ 18

注：带“＊”的加气站专指 CNG 常规加气站以 LNG 储罐作补充气源的建站形式。

3. LNG加气站、L-CNG加气站、LNG和L-CNG加气合建站的等级分类

LNG加气站、L-CNG加气站、LNG和L-CNG加气合建站的等级划分见表7-2。

4. LNG加气站与CNG常规加气站或CNG加气子站的合建站的等级分类

LNG加气站与CNG常规加气站或CNG加气子站的合建站的等级划分见表7-3。

表7-3　LNG加气站与CNG常规加气站或CNG加气子站的合建站的等级划分

级别	LNG储罐总容积(V)/m^3	LNG储罐单罐容积/m^3	CNG储气设施总容积/m^3
一级	$60<V\leqslant 120$	$\leqslant 60$	$\leqslant 24(30)$
二级	$V\leqslant 60$	$\leqslant 60$	$\leqslant 18(30)$
三级	$V\leqslant 30$	$\leqslant 30$	$\leqslant 18(30)$

注：表中括号内数字为CNG储气设施所采用储气井的总容积。

5. 加油和CNG加气合建站的等级分类

加油和CNG加气合建站按照汽油、柴油储罐和CNG储气设施的总容积划分为三个等级，见表7-4。

表7-4　加油和CNG加气合建站的等级划分

<table>
<tr><th>级别</th><th>油品储罐总容积(V)/m^3</th><th>常规CNG加气站储气设施总容积(V)/m^3</th><th>加气子站储气设施/m^3</th></tr>
<tr><td>一级</td><td>$120<V\leqslant 150$</td><td rowspan="2">$V\leqslant 24$</td><td rowspan="2">固定储气设施总容积为$V\leqslant 12(18)$，可停放1辆车载储气瓶组拖车；当无固定储气设施时，可停放2辆车载储气瓶组拖车</td></tr>
<tr><td>二级</td><td>$V\leqslant 120$</td></tr>
<tr><td>三级</td><td>$V\leqslant 90$</td><td>$V\leqslant 12$</td><td>固定储气设施总容积为$V\leqslant 9(18)$，可停放1辆车载储气瓶组拖车</td></tr>
</table>

注：1. 柴油罐容积可折半计入油罐总容积。

2. 当油罐总容积大于90 m^3时，油罐单罐容积不应大于50 m^3；当油罐总容积小于或等于90 m^3时，汽油罐单罐容积不应大于30 m^3，柴油罐单罐容积不应大于50 m^3。

3. 表中括号内数字为CNG储气设施所采用储气井的总容积。

6. 加油与LNG加气、L-CNG加气、LNG/L-CNG加气及加油与LNG加气和CNG加气合建站的等级分类

加油与LNG加气、L-CNG加气、LNG/L-CNG加气及加油与LNG加气和CNG加气合建站按照汽油、柴油储罐和LNG储罐、CNG储气设施的容积划分为三个等级，详见表7-5。

表 7-5　加油与 LNG 加气、L-CNG 加气、LNG/L-CNG 加气及加油与 LNG 加气和 CNG 加气合建站的等级划分

级别	LNG 储罐总容积(V)/m^3	LNG 储罐总容积与油品储罐总容积合计(V)/m^3	CNG 储气设施总容积(V)/m^3
一级	$V \leqslant 120$	$150<V \leqslant 210$	$V \leqslant 12$
	$V \leqslant 90$	$150<V \leqslant 180$	$V \leqslant 24$
二级	$V \leqslant 60$	$90<V \leqslant 150$	$V \leqslant 9$
	$V \leqslant 30$	$90<V \leqslant 120$	$V \leqslant 24$
三级	$V \leqslant 60$	$V \leqslant 90$	$V \leqslant 9$
	$V \leqslant 30$	$V \leqslant 90$	$V \leqslant 24$

注：1. 柴油罐容积可折半计入油罐总容积。

2. 当油罐容积大于 90 m^3 时，油罐单罐容积不应大于 50 m^3；当油罐总容积小于或等于 90 m^3 时，汽油罐单罐容积不应大于 30 m^3，柴油罐单罐容积不应大于 50 m^3。

3. LNG 储罐的单罐容积不应大于 60 m^3。

第二节　压缩天然气加气站安全管理

天然气是一种理想的车用替代能源，其应用技术经几十年的发展已日趋成熟。它具有成本低、效益好、无污染、使用安全、便捷等优势，发展潜力巨大。随着车用天然气的快速推广，天然气加气站的建设布局也遍布各地。

一、天然气加气站的分类和系统组成

天然气加气站是指以压缩天然气（CNG）形式向天然气车辆（NGV）和大型 CNG 子站车辆提供燃料的场所。

1. 分类

天然气加气站一般分为三种基本类型，即快速充装型、普通充装型及两者的混合型。快速充装站如同加油站，一般轻型卡车或轿车在 3~7 min 可以完成加气。一个典型的快速充装站所需的设备包括天然气压缩机、高压钢瓶组、控制阀门及加气机等。辅助设备包括单塔型无胶黏剂的可再生分子筛干燥器及流量计等。快速充装站主要是利用钢瓶组中的高压结合压缩机快速向汽车钢瓶充气。高压钢瓶组通常由 3~12 个标准钢瓶组成，一般分成高、中、低压三组。阀门组及控制面板包括 3 个子系统。优先系统控制压缩机向各钢瓶组供气的次序，当系统出现紧急情况时，紧急切断系统可快速切断各高压钢瓶组，停止向加气机供气。顺序控制系统是负责控制高压钢瓶向加气机的供气次序，以保

证加气机的加气时间最短，效率最高。目前，三组储气瓶组、三线进气加气系统被认为是较理想的高效、低成本加气控制方式。这种系统压缩机一般仅向储气钢瓶充气，因而排气量并不需要完全满足各加气机的实际加气速率。加气机首先从低位储气瓶组中取气，当汽车钢瓶内的压力与低位储气瓶的压差或加气速率小于预设值时，加气机转而从中位储气瓶中取气直至高位储气瓶。在整个加气过程中，压缩机仅在各钢瓶组内的压力低于它们各自的预设值时才会启动。普通充装站则是针对交通枢纽、大型停车场等有汽车过夜或停留时间较长的情形，汽车可充分利用这段时间加气。普通充装站的主要设备包括天然气压缩机、控制面板及加气软管。天然气压缩机从供气管道抽气并直接通过加气软管送入加气汽车。这种加气系统的优点为站内无需高压气瓶组及复杂的阀门控制系统甚至加气机，因而投资费用极省。

典型的天然气汽车加气站的充装压缩机一般排气量小于 150 m^3/h，电机功率为 44100 W 左右。依据不同的吸排气压力及排气量，压缩机通常采用 2~3 级压缩，双活塞杆结构。为满足 24 h 不间断工作的要求，压缩机应为连续重载设计。根据车内的气质条件，为降低气缸冲击应力，提高设备运行的可行性，小型压缩机的转速一般宜限制在 1000 r/min 以内。

一般根据站区现场或附近是否有管线天然气，可将天然气加气站分为常规站、母站和子站。常规站是建在有天然气管线能通过的地方，从天然气管线直接取气，天然气首先经过脱硫、脱水等工艺进入压缩机压缩，然后进入储气瓶组储存或通过售气机给车辆加气。通常常规加气量为 600~1000 m^3/h。母站是建在邻近天然气管线的地方，从天然气管线直接取气，经过脱硫、脱水等工艺进入压缩机压缩，然后进入储气瓶组储存或通过售气机给子站供气。母站的加气量为 2500~4000 m^3/h。子站是建在加气站周围没有天然气管线的地方，通过子站运转车从母站运来的天然气给天然气汽车加气，一般还需配备小型压缩机和储气瓶组。为提高运转车的取气率，应用压缩机将运转车内的低压气体升压后，转存在储气瓶组内或直接给天然气汽车加气。

2. 系统组成

CNG 加气站由六部分组成，即天然气调压计量系统、天然气净化系统、天然气压缩系统、天然气储气系统、CNG 售气和控制系统。

二、CNG 加气站危险因素分析

1. 压缩机组

天然气加气站大多使用的是曲柄连杆式的往复活塞压缩机。由于 CNG 加气站的天然气压缩机要求压缩比较大，所以一般采用活塞式压缩机。活塞式压缩机主要应用于流量不大但压力要求相对较高的工况，该型压缩机适应能力强，能够满足加气站频繁变化的工作参数。

压缩机组包括压缩机和驱动机。压缩机的冷却方式主要有风冷、水冷、混冷（风冷与水冷共同作用）等。压缩机组的冷却方式受到水资源、环境及机组结构形式的影响，如果压缩机冷却效果不好，容易造成压缩机排气温度升高、润滑油油耗增加质量变差、气缸积炭增加，严重时会引起气缸损伤甚至发生粘连，使曲柄连杆受力明显增加，造成压缩机整体爆炸式解体。

压缩机组是加气站的核心，是保障加气站安全可靠连续运行的关键设施，在CNG加气站的安全管理中占有非常重要的地位。

2. 天然气净化设备

天然气加气站的净化功能主要有脱硫、脱水和脱油。

低压脱水装置由于压力低、可操作性好、故障率低，故应用比较广泛。但低压脱水装置体积大，对于集装箱结构式加气站应用比较困难。

中压脱水装置位于压缩机的中间级出口处，依据压缩机入口压力的大小，确定放置在压缩机一级或二级出口位置。高压脱水装置位于压缩机的末级出口。

压缩机压缩天然气过程中，如用油进行润滑，气体中不可避免含有一定的油质。在低压脱水系统中，最后环节应设置除油设备，以脱除天然气在压缩过程中从气缸壁黏附的润滑油微粒，减少发动机气缸积炭。加气站净化设备是保障加气站销售合格车用天然气的重要工艺设备，是确保CNG汽车安全高效运行的重要组成部分。

应尽量避免或减缓天然气管道腐蚀现象。因此，在压缩机入口前或低压脱水装置管道前应设置除尘过滤器。对于低压、中压脱水系统，考虑到压缩机本身或级间也可能产生杂质，往往在压缩机出口处也设置一个过滤器，用来清除气体中的固体杂质。

净化设备也是高压容器，必须有防雷击装置，并要求进行焊缝无损探伤等。

3. 压缩天然气的储存设备

压缩天然气的储存方式有四种：在国外应用最多的是每个气瓶容积在500 L以上的大气瓶组，每组3~6个；国内应用较多的是气瓶容积在40~80 L，每站有40~200个；单个高压容器，容积在2 m^3以上；储气井存储，每口井可存气500 m^3。

储气瓶组储气库需要有牢固的建筑设施，以减少气库在突发事故时的危害。储气瓶组常用水容积为50，80 L两种，通过并联方式形成多组储气装置。合理的储气瓶组容量不但可以提高气瓶组的利用率和加气速度，而且可以减少压缩机的启动次数，延长使用寿命。按照工艺需要，储气库可以分为高、中、低压小库，并组合成气站储气系统，以满足储气需要。这种类型的储气装置安全可靠，使用起来弹性较大，建设时可统一规划，分步实施，有利于降低气站建设成本；缺点的是气瓶组接头较多，从而导致泄漏点较多，系统阻力较大。气库利用率一般为50%~65%。

储气井主要是对高压天然气进行储存缓冲，分组储气、分组充气，有利于合理安排机组运行与维修时间，缩短加气时间，减少能耗。储气井具有占地面积小、运行费用低、安全可靠、事故影响范围小等优点。但是储气井也有不足之处，如耐压试验无法检验强度和密封性、制造缺陷不能及时发现、排污不彻底、容易对套管造成应力腐蚀等问题。

储气井上部高出地面 30~50 cm，每根套管的长度为 10 m。套管与管箍接头的连接螺纹处采用能承受 70 MPa 的耐高压专用密封脂进行密封。储气井有几项关键技术须加以注意：井口上封头进排气接管和排污接管处容易发生漏气，可通过改用球面密封解决。此外，将进排气口合二为一，能够减少泄漏点。进气口水平布置时，高压气流对井壁和排污管根部造成冲蚀，常将排污管吹断，可将储气井进气口竖直设置在上封头处，以避免此类现象发生。储气井有一小部分伸出地面，暴露于空气中，所以在井筒靠近地面处容易产生锈蚀。一个解决方法是在地面以上及以下各约 15 cm 处的筒体上各套一个由镁合金等活泼金属制成的金属环，并用导电材料将两金属环连接，可避免钢制套筒的腐蚀，取而代之的是金属环的腐蚀，腐蚀后的金属环只需定期更换，即可有效保护井体。在储气井底部灌入一些润滑油或液压油，当有积水存在时，油会浮在水面上，将水和天然气隔开，有效避免硫化氢溶解于水而产生腐蚀。排污时，见到油后则停止排污。套管和井壁之间水泥砂浆是通过一个管状物灌入的，有时容易发生灌浆底部堵塞而灌浆不致密现象，因此，灌浆时可在管侧壁上开孔，形成一个多出口的灌浆管，可有效解决该问题。

4. 加气机

加气机是压缩天然气加气站用于给车辆充气并进行计量的主要设备。

加气机配置了三根进气管，分别与地面上的高、中、低压储气瓶相连，故又称为三线进气加气机。加气机系统的核心部件是流量计，附属部件有电磁阀组、加气枪、电脑控制仪等。

加气机的加气枪是通过一个软管与加气机内部的流量计连接在一起的，如果在加气作业还没有结束时，万一车辆移动，很有可能将加气枪连接软管拉断，或者由软管引发将加气机拉倒，进而拉断气体管线，造成漏气事故和设备损坏。为防止此类事故发生，在连接软管上设有一个在较大外力下能够自动脱开并自动关闭管道口的装置，称为拉断阀。

压力稳定的天然气体积随温度的变化而变化，容积一定的封闭空间内气体压力会随温度的升高而升高。例如，某车辆的气瓶在-40 ℃的天气被充装到 20.8 MPa，符合车载瓶的压力要求；如果充气完毕后，该车辆进入温度为 21 ℃的室内车库，那么气瓶内的压力就会上升到 30.5 MPa，这已经超出了多数气瓶的设计压力，存在一定风险。所以要求加气机必须能够根据环境温度自动调整充气结束时的压力，防止充气过度，这套系统称为防过充系统。

加气机设备必须配备两项重要的安全措施，即在连接加气机和加气嘴的软管上安装具有可恢复性拉断阀和压力-温度补偿系统。为保证加气机正常运行，经常要对加气机进行检查，检查项目主要包括：加气机是否正确良好接地，加气机附近是否设置防撞栏，加气机是否设置减压阀，进气管道上是否设置防撞事故自动截断阀，储气瓶组与加气枪之间是否设置储气瓶组截断阀、主截断阀、紧急截断阀和加气截断阀及紧急按钮（危险紧急情况用以截断所有电源和液压管道系统），当管道压力漏失、超压或溢流时能否自动关机，所有电气设备是否都具有防爆性且有过压保护。

5. 进气缓冲罐和废气回收罐

对于进气缓冲罐，应对压缩机每一级进气缓冲，其目的是减小压缩机工作时的气流压力脉动及引起的机组震动。

废气回收罐主要是将每一级压缩后的天然气经分离后，随冷凝油排出的一部分废气回收；压缩机停机后，将留在系统中的天然气、各种气动阀门的回流气体等回收起来，并通过一个调压阀返回到压缩机入口。当回收罐中压力超过安全阀设定压力时，将自动排放。凝结分离出来的重烃油也可定期从回收罐底部排出。

6. 控制系统

控制系统是为控制加气站设备正常运行并对有关设备运行参数设置报警或停机而设置的。加气站设备的控制系统采用 PLC（可编程逻辑控制器）进行控制。这种控制方式可靠性高，能实现设备的全自动化操作，也可远传到值班室，实现无人值守。

控制系统负责加气站各部分之间的协调运行。从功能上划分，可概括为四个部分：电源控制系统、压缩机运行控制系统、储气控制（优先与顺序控制）系统和售气系统。

控制设备还应包括在线水分析仪器、H_2S 在线检测仪及可燃气体报警器。前两者分别检测经过脱水、脱硫处理后的高压 CNG 中水含量和 H_2S 含量是否超标，如果在规定的时间内超过设定标准值，则自动报警。可燃气体报警器用于检测 CNG 加气站内 CH_4 气体含量是否超标，一旦超过设定值，则报警并自动关机。

三、天然气加气站常见操作规程

天然气加气站主要有以下六种操作规程。

1. 脱水装置工艺流程

（1）吸附流程。

压缩机内的高压天然气经冷却分离后，进入脱水装置重力分离器及前置过滤分离器分离可能存在的液态水、游离油和杂质，然后进入吸附塔，塔内分子筛将压缩天然气中的饱和水进行吸附，再经后置分离器进入储气罐，吸附完成。

（2）再生流程。

当分子筛吸附到饱和状态后，应对其进行再生处理。自调压阀取低压气，通过电加热器将气体温度加热之后，进入再生塔带出分子筛吸附的水分，使分子筛吸附剂在再生工艺条件（高温、低压）下得到解析，恢复活性。经冷却、排除水分后，再生气回管网再利用，再生完成。

(3)注意事项。

气体再生时，应先开气后开电源，再生过程中要保证再生气压力，再生结束后先关电源，冷吹后再关再生气阀门；随时检查阀门和卡套有无泄漏，气体是否在流动；禁止拉、吊、扶管道，以免产生危险。

2. 微量水分仪操作规程

进气压力应控制在0.5 MPa以上，待旁通流量计的浮子升至(800±2)m^3/h时，方可打开仪器测量。测量时，首先开启气源阀门，打开仪器电源，待5 min显示含量无明显变化时，再开启测量键。例行检测或停止测量须关闭仪器时，应遵循如下步骤。

开启程序：开气源阀→开仪器电源→开测量阀；

关闭程序：关测量阀→关气源阀→关仪器电源。

3. 设备操作和应急处理规程

设备启动前必须检查电源装置是否正常，在确保电源正常的情况下方可启动设备。设备启动后必须在无杂音、仪表正常、机温和油温在可带负荷示值内方可进行增压操作，增压时注意观察“三表”（四断压力表、脱水压力表、顺序控制盘压力表）示值是否相同，当示值不同时，应按照“停机→关闭气源→卸压放散”的应急方案进行处理。当设备出现其他异常情况时，应按照“停机→关闭总电源→关闭总气阀门→卸压放散”的应急方案进行处理。当发现深度脱水有泄漏现象时，应按照“停机→关闭机房顺序控制盘→卸压放散”的应急方案进行处理。当脱水再生发生冰堵时，应按照“关闭再生电源→关闭进气阀门→卸压放散→用开水加热”的应急方案进行处理。当微量水分仪出现供气不足时，应按照“关闭水分仪→调压”的应急方案进行处理。当加气机发生故障时，应按照“关闭加气机顺序控制盘阀门→关闭电源→卸压放散”的应急方案进行处理。当冷却系统出现故障时，应按照“关闭电源→更换电机或水泵→更换电源开关或保护器”的应急方案进行处理。

4. 储气井运行操作规程

储气井运行操作要点如下。

进气前应认真检查，确保工艺流程正确，阀门状态正常，压力表、安全阀经校验在有效期内，确保准确可靠。使用期间注意防止管道憋压，导致压缩机停机。在补气时重点监测压力表示值，不得超压。储气井使用期间，应按照相关规程进行检修排液，每口井要有记录并建档。储气井各阀门开关操作时不允许用力过猛，为双阀时先开关内阀再开关外阀。当一个人开关阀门时，需另一个人观察压力表压力变化，按照压力上升快慢决定阀门开关大小。储气井每天进行一次常规检漏，发现有泄漏现象时应立即采取相应的处理措施，并报告技术负责人，同时做好记录。3 个月检查一次井口支架是否松动。运行期间设备管理员经常观察表阀及管道接口处有无泄漏，压力表在未加气时有无压降。观察井管是否有上升或下降现象，如有异常，应立即报告并采取安全措施，由技术负责人提出整改方案予以整改。

由于天然气是一种混合物，其含水量大大超过车用燃气规范和储气标准，虽然在储气前已经进行工艺处理，但天然气始终含有一定水分，这些水分随着温度、压力变化汇聚在储气井中，需要经常将井筒内的水和凝析液排出，以达到清洁天然气的目的，其具体方法如下。

第一，储气井在使用期间，通常应在 3~6 个月排放井内积液一次；操作人员不得随意打开排污阀进行排污，须按照技术负责人的指令进行。

第二，将储气井压力卸压降至 2 MPa 左右，缓慢开启排污阀进行排液。开启排污阀时，操作人员应注意安全，所站位置不得正对着排液管口；排污阀必须逐渐缓慢开启，不宜开得过快过大；排污过程中操作人员不得离开现场。

第三，当排液压力降至 0.5 MPa 时，可关闭排污阀，补气到井中，使压力达到 2 MPa，重复第二步骤，直到将井内液体全部排尽为止。当排液管出现气体时，关闭排污阀，然后缓慢充气升压至工作压力。

5. 往复泵安全操作规程

（1）启动操作。

接通电源、启泵，注意泵的声响及运行情况。然后缓慢开启出口阀，同时缓慢关闭溢流阀。泵经空转无问题后方可逐渐增加负荷。每次加负荷不得超过 5 MPa，每级负荷运转 15 min 后方可再加下级负荷。

（2）正常停泵操作。

停泵前首先打开回流阀门，同时关闭出口阀门，让泵减载运转 3~5 min，然后切断主泵电机电源。

6. 脱硫系统安全操作规程

（1）原始开车的组织管理工作。

原始开车必须编制详细的试车方案，并向参加试车人员进行技术交底；建立原始开车领导小组，保证开车在有组织，有领导原则下进行；落实装置同外界各相关单位的通信联络；落实好原始开车所用工器具、交通工具及材料物料分析化验等物质准备工作。

（2）原始开车前的全面检查。

技术文件的检查，主要包括设备安装记录，管道清洗、吹扫及试压记录，设备填料装填记录，泄漏实验记录，自控或检测系统调试记录，消防水管通水记录，阀门试压记录及保温防腐记录；装置的全面检查，主要包括各种设备固定是否牢固，各种阀门阀杆转动是否灵活，装置内设备、管道各连接面的螺栓是否牢固等。

四、压缩天然气加气站安全管理规定

1. 安全禁令

禁止对充装证过期或无充装证的气瓶、非法改装的气瓶、存有不同介质的气瓶充气；禁止由司机或非专业人员加气；禁止对减压阀、充气阀、高压管线等连接有松动的气瓶和充气阀泄漏或结露的气瓶充气；禁止对有明显损伤的气瓶充气；禁止超压(20 MPa 以上)加气；禁止对司机、乘客未下车的车辆和发动机未熄火及关闭汽车电源的车辆充气；禁止在加气作业现场洗修车辆；禁止在爆炸危险场所使用非防爆电器和工具；禁止车辆碾压和人员强行拉伸、弯曲、踩踏加气软管；禁止在加气站内吸烟或使用非防爆移动通信工具；禁止在作业中跑动、嬉闹。

2. 加气作业现场安全管理

加气车辆随车人员应在站外下车，无关人员不得进入作业现场；加气人员应引导车辆停靠，防止车辆碰撞或擦挂加气设备；加气前认真检查汽车储气罐是否符合技术要求，不得对存在检定超期、泄漏气体、连接部位松动等问题的气罐充气；加气中操作人员不得离开现场，要严密监视加气设备和车辆，发现问题立即停止作业并采取相应的安全措施，确保作业安全；站内严禁烟火，禁止使用手机，禁止在加气作业现场检修车辆；随时检查加气设备技术状况，严禁设备带“病”工作。

3. 设备安全管理

加气站增压设备、储气设备、加气设备、降温冷却装置、安全保险装置、消防设备和器材等设备设施要明确专人管理，落实管理责任；防爆电器电缆进线必须密封可靠，多余进线孔必须封堵；加强设备设施的检查和维护保养，制定检修计划，建立设备档案，保持良好状态；发现设备故障或气压、油压、水压等不安全问题时，必须立即停产检修，严禁设备带伤运行；顺序控制盘、过程控制盘、增压设备、储气设备、冷却设备、加气设备、报警装置等主要设备的检修，必须由具有资质的专业技术人员进行，严禁盲目蛮干造成设备损坏或失灵；生产设施配置的安全阀、连锁装置、报警装置、灭火装置、防雷防静电装置、电气保护装置、压力表等安全装置必须定期检测和校验，保证完好有效。

安全装置不准随意拆除、挪用或弃用，因检修临时拆除的，检修完毕后必须立即复位。

4. 压力容器、压力管道安全管理

压力容器执行《固定式压力容器安全技术监察规程》《移动式压力容器安全技术监

察规程》，定期检验；做到每周检查一次，每半年维护保养一次，发现问题及时商请具有资质的技术监督部门进行检验，检验合格后方可投入使用；压力管道执行《压力管道安全管理与监察规程——工业管道》，每天进行一次检查；气瓶充装执行《气瓶安全技术规程》，超期或检验不合格的气瓶一律不得充装；根据检验报告压力容器、管道到期前一个月向当地技术监督部门申报，做好检验前准备工作；压力容器及管道应随时保持清洁卫生。

5. 防护用品管理

为避免或减轻操作员工的事故伤害和职业危害，主管公司须根据作业性质、现场条件、劳动强度和上级有关规定，正确选择配备符合安全卫生标准的防护用品和器具；各种防护器具应定点存放在安全、方便的地方，并有专人负责保管，定期检查和维护；操作员工应根据作业条件坚持佩戴防护用品，增强自我防护意识，避免或减轻职业危害。

6. 用电安全管理

加气站上空不得有任何电气线缆跨越，周边电线必须符合安全距离要求；室内外照明灯具必须符合防爆等级规定；站内不得随意安装或架设临时电线，不得私自布设电源。因设备检修或技改施工必须铺设临时电线时，须报上级主管部门批准并办理临时用电作业票；电动机、发电机、配电屏等电气设备均应设置保护接地，每半年进行一次测试和保养，接地电阻不得大于 4 Ω；电器、电线检修必须由持证电工进行，检修中应做好现场监护，放置警示标志，防止其他人员误操作发生意外；电气设备、电气线路应随时检查，确保其技术状态良好。

7. 加气站应建立的应急预案

加气站应建立防火灾爆炸事故应急预案、防洪防汛应急预案、防 CNG 泄漏应急预案、防自然灾害(大风、地震、雷击、山体垮塌等)应急预案、防盗窃、破坏应急预案和环境污染应急预案。

第三节　液化天然气加气站安全管理

随着对环境保护要求的日益提高，作为清洁能源的天然气已广泛应用于汽车燃料，为汽车充装天然气的 LNG 加气站数量也在快速增加，而由 LNG 燃烧特性、低温特性所带来的不安全因素也越来越成为 LNG 加气站运营管理的重中之重。

一、LNG 加气站运行中存在的危险性

LNG 加气站是为 LNG 汽车充装 LNG 液体的加气站。其主要设备有 LNG 储罐、全功能泵撬及潜液泵、储罐增压汽化器、卸车汽化器、EAG 加热器、LNG 加液机等。而 LNG 加气站设备设施在运行过程中，存在老化、腐蚀、破裂或超压运行等现象，给安全生产带来隐患。同时，LNG 加气站在生产运行过程中，由于外在客观条件的干扰、操作工况的波动、设备设施的故障及人员操作技能等因素，存在许多安全隐患，给 LNG 加气站的运行带来危害。

1. LNG 低温储罐因漏热或绝热破坏存在的危险性

当 LNG 低温储罐漏热时，必然要产生部分 BOG 气体；当 LNG 低温储罐绝热被破坏，罐内 LNG 会迅速汽化，储罐压力急剧增加。此时，若储罐安全阀泄压速度低于升压速度，储罐超压，可造成储罐破裂等恶性事故。此外，储罐底部根部阀门前的法兰泄漏，也会给事故的处理带来很大困难。

2. LNG 储罐液位超限运行产生的危险性

LNG 储罐高液位运行，易使储罐压力升高，造成安全阀起跳，LNG 气体大量放散，并可能造成次生事故的发生。储罐低液位运行，会出现低温泵抽空现象，造成设备损毁事故的发生。储罐的充装量应符合充装系数的要求，储存液位宜控制在 20%~90%。储罐应设置高低液位报警连锁装置，储罐液相出口管应设置紧急切断阀。

3. LNG 储罐产生涡旋或翻滚的危险性

在 LNG 储存和充注的过程中，常常会发生涡旋或翻滚的非稳性现象，蒸发产生的大量气体，引起储罐内压力突然增大，导致大量燃气排空，造成严重浪费，甚至可能毁坏储罐及工艺系统，引起火灾或爆炸，严重威胁人员和财产安全。对长期静放的 LNG 应定期倒罐，以防翻滚现象的发生。

4. LNG 装卸过程中的影响

在 LNG 装卸作业过程中，泵撬及潜液泵、汽化器、EAG 加热器、加液机、加气软管和装卸软管等产生泄漏，都会引起火灾爆炸事故的风险。在装卸过程中，加气软管和装卸软管存在着在作业过程中被拉断的风险，从而造成 LNG 的泄漏。

5. 环境因素

因加气站作业的环境，存在着多种引火源，频繁出入的车辆、打火机、手机电磁火花、撞击火花、静电及雷击等都可能成为 LNG 加气站的引火源。

二、LNG 加气站的安全管理规定

1. LNG 加气站的安全技术管理

LNG 因自身具有的特性和潜在的危险性，要求我们必须对 LNG 加气站进行合理的工艺设计、安全设施设计及科学的设备配置，这将为做好 LNG 站的安全技术管理打下良好的基础。

LNG 加气站应有专门机构负责安全技术管理；应配备专业技术管理人员；岗位操作人员应经专业技术培训，考核合格后方可上岗。

应建立健全 LNG 加气站的技术档案。加气站的技术档案包括前期的科研文件、初步设计文件、整套施工资料、相关部门的审批手续及文件等。制定各岗位的操作规程，包括 LNG 罐车操作规程、LNG 加气机操作规程、LNG 储罐增压操作规程、BOG 储罐操作规程、消防操作规程、中心调度操作规程、LNG 进(出)站称重计量操作规程等。

2. 生产安全管理

规范安全行为，建立各岗位的安全生产责任制度，设备巡回检查制度；做好岗位人员的安全技术培训，涵盖 LNG 加气站工艺流程、设备的结构及工作原理、岗位操作规程、设备的日常维护及保养知识、消防器材的使用与保养等，做到应会尽会；建立符合工艺要求的各类原始记录，包括卸车记录、LNG 储罐储存记录、控制系统运行记录、巡查记录等；建立事故应急抢险救援预案，预案应对抢险救援的组织、分工、事故(如 LNG 泄漏、着火等)处置方法等进行详细说明，并定期进行演练，形成制度；加强消防设施管理，重点对消防水池(罐)、消防泵、干粉灭火设施、可燃气体报警器、报警设施等定期检修(测)，确保完好有效；加强日常安全检查与考核，加强日常的安全检查，通过检查与考核，规范操作行为，杜绝“三违”，克服麻痹思想。

3. 设备管理

由于 LNG 加气站的生产设备(如储罐、加气设备等)国产化率高，规范相对缺乏，设备设施易发生故障，所以应对其加强管理。

建立健全生产设备的台账、卡片，设专人管理，做到账、卡、物相符。LNG 储罐等压力容器应取得“压力容器使用证”；设备的命名用说明书、合格证、质量说明书、工艺结构图、维修记录等，应保存完好并归档。建立完善的设备管理制度、维修保养制度和完好标准，具体的生产设备应有专人负责，定期维护保养。强化设备的日常维护与巡查。

三、应急管理

根据可能发生的事故类别及现场情况，明确事故报警、各项应急措施启动、应急救护人员的引导等具体事项，还需做好同上级公司及政府应急预案的衔接。

不论发生任何级别的事故，现场发现人员均应立即开展初步处置行动并尽快报告给站长或主管；站长接报后，按照管理权限逐级报告事故类型、规模、发生地点、发生时间及已采取的应急措施。

启动应急预案后，应组织应急救援力量开展应急救援工作。应急人员接到现场应急指挥部指令后，应立即响应，人员、物资设备等迅速到达指定位置聚集。

一般事件由企业应急指挥部指挥救援；如现场局面无法控制，应及时上报上级单位和地方政府相关部门，请求救援。现场指挥部按照预案确立的基本原则、现场情况确定具体救援方案，组织力量进行应急抢救。事故处理应按照公司有关规定处理和上报。

应急预案应注重可操作性和符合现有人力物力和作业特点的具体情况，应组织专业人员进行评审。此外，预案应对可能发生的事故制定具体的方案，如泄漏、溢出、火灾、车辆伤害、外线停电、恐怖袭击、防汛、防雷击、抗风暴、地震、治安事件及(公共)卫生健康事件等，要组织定期演练，并制定不同的演练频次。

以上介绍的是应急预案的一般管理原则，同样适用于压缩天然气加气站和加油站。

第四节　加油站安全管理

随着国民经济的迅速发展和城镇生活水平的不断提高，我国汽车拥有量出现了高速增长势头，汽车加油站数量不断增加，且功能性越来越齐全，逐步发展成了集加油、加气、充电于一体的综合供能服务站。由于汽车加油站收发各种牌号的车用汽油、柴油、机油、润滑油等易燃可燃物品，且多设于交通密集地段，车辆、人员往来频繁，火灾危险性极大，所以其防火防爆工作尤为重要。

一、加油加气站防火间距要求

加油加气站的站址选择应符合城乡规划、环境保护和防火安全的要求，并应选在交通便利的地方。一级加油站、一级加气站、一级加油加气合建站、CNG 加气母站，不宜建在城市建成区，不应建在城市中心区。城市建成区内的加油加气站宜靠近城市道路，但不宜选在城市干道的交叉路口附近。

《汽车加油加气加氢站技术标准》(GB 50156—2021)对加油加气站与站外建(构)筑物的防火间距有明确规定。加油站、各类合建站中的汽油、柴油工艺设备与站外建(构)筑物的安全间距,不应小于表7-6的规定。

表7-6　汽油(柴油)工艺设备与站外建(构)筑物的安全间距　单位:m

站外建(构)筑物		站内汽油(柴油)工艺设备			
		埋地油罐			加油机、油罐通气管口、油气回收处理装置
		一级站	二级站	三级站	
重要公共建筑物		35(25)	35(25)	35(25)	35(25)
明火地点或散发火花地点		21(12.5)	17.5(12.5)	12.5(10)	12.5(10)
民用建筑物保护类别	一类保护物	17.5(6)	14(6)	11(6)	11(6)
	二类保护物	14(6)	11(6)	8.5(6)	8.5(6)
	三类保护物	11(6)	8.5(6)	7(6)	7(6)
甲、乙类物品生产厂房、库房和甲、乙类液体储罐		17.5(12.5)	15.5(11)	12.5(9)	12.5(9)
丙、丁、戊类物品生产厂房、库房和丙类液体储罐及单罐容积不大于50 m^3 的埋地甲、乙两类液体储罐		12.5(9)	11(9)	10.5(9)	10.5(9)
室外变配电站		17.5(15)	15.5(12.5)	12.5(12.5)	12.5(12.5)
铁路、地上城市轨道线路		15.5(15)	15.5(15)	15.5(15)	15.5(15)
城市快速路、主干路和高速公路、一级公路、二级公路		7(3)	5.5(3)	5.5(3)	5(3)
城市次干路、支路和三级公路、四级公路		5.5(3)	5(3)	5(3)	5(3)
架空通信线路		1.0(0.75)H,且不小于5 m	5(5)	5(5)	5(5)
架空电力线路	无绝缘层	1.5(0.75)H,且不小于6.5 m	1.0(0.75)H,且不小于6.5 m	6.5(6.5)	6.5(6.5)
	有绝缘层	1.0(0.5)H,且不小于5 m	0.75(0.5)H,且不小于5 m	5(5)	5(5)

注:1. 表中括号内数字为柴油设备与站外建(构)筑物的安全间距。站内汽油工艺设备是指设置有卸油和加油油气回收系统的工艺设备。

2. 室外变配电站指电力系统电压为35~500 kV，且每台变压器容量在10 MV·A以上的室外变配电站，以及工业企业的变压器总油量大于5 t的室外降压变电站。其他规格的室外变配电站或变压器应按丙类物品生产厂房确定。

3. 汽油设备与重要公共建筑物的主要出入口（包括铁路、地铁和二级及以上公路的隧道出入口）的安全间距尚不应小于50 m。

4. 一、二级耐火级民用建筑物面向加油站一侧的墙为无门窗洞口的实体墙时，油罐、加油机和通气管管口与该民用建筑物的距离，不应低于本表规定的安全间距的70%，且不应小于6 m。

5. 表中一级站、二级站、三级站包括合建站的级别。

6. H为架空通信线路和架空电力线路的杆高或塔高。

二、加油加气站平面布局

车辆出、入口应分开设置。站区内停车位和道路应符合下列规定：站内车道或停车位宽度应按照车辆类型确定。CNG加气母站内，单车道或单车停车位宽度不应小于4.5 m，双车道或双车停车位宽度不应小于9 m；其他类型加油加气站的车道或停车位，单车道或单车停车位宽度不应小于4 m，双车道或双车停车位宽度不应小于6 m。站内的道路转弯半径应按照行驶车型确定，且不宜小于9 m。站内停车位应为平坡，道路坡度不应大于8%，且宜坡向站外。加油加气作业区内的停车位和道路路面不应采用沥青路面。

在加油加气合建站内，宜将柴油罐布置在CNG储气瓶（组）、LNG储罐与汽油罐之间。加油加气作业区内，不得有“明火地点”或“散发火花地点”。

柴油尾气处理液加注设施的布置应符合下列规定：不符合防爆要求的设备，应布置在爆炸危险区域之外，且与爆炸危险区域边界线的距离不应小于3 m；符合防爆要求的设备，在进行平面布置时可按照加油机对待。

电动汽车充电设施应布置在辅助服务区内。加油加气站的变配电间或室外变压器应布置在爆炸危险区域之外，且与爆炸危险区域边界线的距离不应小于3 m。变配电间的起算点应为门窗等洞口。加油加气站内设置的经营性餐饮、汽车服务等非站房所属建筑物或设施，不应布置在加油加气作业区内，其与站内可燃液体或可燃气体设备的防火间距，应符合相关规定。经营性餐饮、汽车服务等设施内设置明火设备时，则应视为“明火地点”或“散发火花地点”。其中，对加油站内设置的燃煤设备不得按照设置有油气回收系统折减距离。加油加气站的工艺设备与站外建（构）筑物之间，宜设置高度不低于2.2 m的不燃烧实体围墙。当加油加气站的工艺设备与站外建（构）筑物之间的距离大于表7-6中防火间距的1.5倍且大于25 m时，可设置非实体围墙。面向车辆入口和出口道路的一侧可设非实体围墙或不设围墙。

三、加油加气站消防设施配置

1. 灭火器材配置

加油加气站工艺设备应配置灭火器材，并应符合下列规定。

每2台加气机应配置不少于2具4 kg手提式干粉灭火器；加气机不足2台应按照2台配置。每2台加油机应配置不少于2具4 kg手提式干粉灭火器，或1具4 kg手提式干粉灭火器和1具6 L泡沫灭火器；加油机不足2台应按照2台配置。地上LNG储罐、地下和半地下LNG储罐、CNG储气设施，应配置2台不小于35 kg推车式干粉灭火器，当两种介质储罐之间的距离超过15 m时应分别配置。地下储罐应配置1台不小于35 kg推车式干粉灭火器，当两种介质储罐之间的距离超过15 m时应分别配置。LNG泵、压缩机操作间(棚)应按照建筑面积每50 m^2配置不少于2具4 kg手提式干粉灭火器。一、二级加油站应配置灭火毯5块、沙子2 m^3；三级加油站应配置灭火毯不少于2块、沙子2 m^3。加油加气合建站应按照同级别的加油站配置灭火毯和沙子。

2. 消防给水设施

设置有地上LNG储罐的一、二级LNG加气站和地上LNG储罐总容积大于60 m^3的合建站应设消防给水系统。一级站消火栓消防用水流量不小于20 L/s，二级站消火栓消防用水流量不小于15 L/s，连续给水时间为2 h。

符合下列条件之一的，可不设消防给水系统。

加油站、CNG加气站、三级LNG加气站和采用埋地、地下和半地下LNG储罐的各级LNG加气站及合建站。合建站中地上LNG储罐总容积不大于60 m^3。LNG加气站位于市政消火栓保护半径150 m以内，且能满足一级站供水流量不小于20 L/s或二级站供水流量不小于15 L/s。LNG储罐之间的净距不小于4 m，且在LNG储罐之间设置耐火等级不低于3.00 h的钢筋混凝土防火隔墙。防火隔墙顶部高于LNG储罐顶部，长度至两侧防火堤，厚度不小于200 mm。LNG加气站位于城市建成区以外，且为严重缺水地区；LNG储罐、放散管、储气瓶(组)、卸车点与站外建(构)筑物的安全距离不小于规定安全距离的2倍；LNG储罐之间的净距离不小于4 m，灭火器的配置数量在规定的基础上增加1倍。

四、加油加气站防雷防静电

钢制油罐、LNG储罐和CNG储气瓶组必须进行防雷接地，接地点不应少于2处。CNG加气母站和CNG加气子站的车载CNG储气瓶组拖车停放场地，应设2处临时用固定防雷接地装置。

加油加气站的电气接地应符合下列规定。防雷接地、防静电接地、电气设备的工作接地、保护接地及信息系统的接地等，宜共用接地装置，其接地电阻应按照其中接地最小的接地电阻值确定。当各自单独设置接地装置时，油罐、LNG 储罐和 CNG 储气瓶组的防雷接地装置的接地电阻、配线电缆金属外皮两端和保护钢管两端的接地装置的接地电阻不应大于 10 Ω，电气系统的工作和保护接地电阻不应大于 4 Ω，地上油品、CNG 和 LNG 管道始、末端和分支处的接地装置的接地电阻不应大于 30 Ω。埋地钢制油罐和埋地 LNG 储罐，以及非金属油罐顶部的金属部件和罐内的各金属部件，应与非埋地部分的工艺金属管道相互做电气连接并接地。加油加气站内油气放散管在接入全站共用接地装置后，可不单独做防雷接地。

当加油加气站内的站房和罩棚等建筑物需要防直击雷时，应采用避雷带（网）保护。当罩棚采用金属屋面时，宜利用屋面作为接闪器，但应符合下列规定：板间的连接应是持久的电气贯通，可采用铜锌合金焊、熔焊、卷边压接、缝接、螺钉或螺栓连接；金属板下面不应有易燃物品，热镀锌钢板的厚度不应小于 0.5 mm，铝板的厚度不宜小于 0.65 mm，锌板的厚度不应小于 0.7 mm；金属板应无绝缘被覆层（薄的油漆保护层、1 mm厚沥青层或 0.5 mm 厚聚氯乙烯层均不属于绝缘被覆层）。

加油加气站的信息系统应采用铠装电缆或导线穿钢管配线，配线电缆金属外皮两端、保护钢管两端均应接地。信息系统的配电线路首、末端与电子器件连接时，应装设与电子器件耐压水平相适应的过电压（电涌）保护器。380/220 V 供配电系统宜采用 TN-S 系统，当外供电源为 380 V 时，可采用 TN-C-S 系统。供电系统的电缆金属外皮或电缆金属保护管两端均应接地，在供配电系统的电源端应安装与设备耐压水平相适应的过电压（电涌）保护器。

地上或管沟敷设的油品管道、LNG 管道和 CNG 管道，应设防静电和防感应雷的共用接地装置，其接地电阻不应大于 30 Ω。加油加气站的汽油罐车和 LNG 罐车卸车场地，应设卸车或卸气时用的防静电接地装置，并应设置能检测跨接线及监视接地装置状态的静电接地仪。在爆炸危险区域内工艺管道上的法兰、胶管两端等连接处，应用金属线跨接。当法兰的连接螺栓不少于 5 根时，在非腐蚀环境下可不跨接。油罐车卸油用的卸油软管、油气回收软管与两端快速接头，应保证可靠的电气连接。采用导静电的热塑性塑料管道时，导电内衬应接地；采用不导静电的热塑性塑料管道时，不埋地部分的热熔连接件应保证长期可靠接地，也可采用专用的密封帽将连接管件的电熔插孔密封，管道或接头的其他导电部件也应接地。油品罐车、LNG 罐车卸车场地内用于防静电跨接的固定接地装置，不应设置在爆炸危险 1 区。防静电接地装置的接地电阻不应大于 100 Ω。

五、油罐设置的安全要求

1. 加油站油罐的设置

汽车加油站的储油罐应采用卧式钢制油罐，其罐壁有效厚度不应小于 5 mm。

考虑安全、减少油品蒸发等因素，汽油、柴油罐应采用直埋铺设，严禁设在室内或地下室内。油罐外表面应采用不低于加强级的防腐保护层。当油罐受地下水或雨水作用时，要采取防止油罐上浮的措施。建在水源保护区的直埋油罐，应对油罐采取防渗漏扩散的保护措施。油罐人孔应设操作井，以方便检修操作。

2. 油罐通气管的设置

考虑清罐、卸油的相互作用每座油罐都应安装一根通气管。通气管上方应安装一只行之有效的阻火器，安装尺寸必须符合相关要求。

六、加油站工艺设施安全要求

1. 加油站卸油工艺

加油站油罐车卸油必须采用密闭卸油方式，即加油站的油罐必须设置专用进油管道，且向下伸至罐内距罐底0.2 m处，并采用快速接头连接进行卸油。罐车人孔在卸油时，要求处于封闭状态。密闭卸油的主要优点是可以减少油品蒸发损耗，减少油蒸气有毒成分对员工健康的影响及对空气的污染，更重要的是防止由于油蒸气的存在而发生火灾爆炸事故。

2. 加油站加油工艺

(1)潜油泵加油工艺。

加油站宜采用油罐内部安装潜油泵加油工艺。与自吸式加油机相比，其最大特点是油罐正压出油、技术先进、加油噪声低、工艺简单，一般不受油罐液位低和管线长度等条件的限制。

(2)自吸式加油机加油工艺。

为保证加油机正常吸入油品，当采用自吸式加油机时，每台加油机应按加油品种单独设置进油管。在安装管道时还须考虑坡向、距离等要求。

七、加油站的火灾危险性分析及预防

1. 作业事故

作业事故主要发生在卸油、量油、加油和清罐等环节，这四个环节都使油品暴露在空气中，如果在作业中违反操作程序，使油品或油蒸气在空气中与火源接触，就会导致燃烧、爆炸事故的发生。

加油站火灾事故的60%~70%发生在卸油作业中。常见事故如下。

① 油罐满溢。卸油时对液位监测不及时造成油品跑、冒，油品溢出罐外后，周围空气中油蒸气的浓度迅速上升，达到或在爆炸极限范围内时，使用工具刮舀、开启电灯照明观察、开窗通风等，均可能产生火花引起燃烧、爆炸。

② 油品滴漏。由于卸油胶管破裂、密封垫破损、快速接头紧固螺栓松动等原因，油品滴漏至地面，遇火花立即燃烧。

③ 静电起火。由于油管无静电接地、采用喷溅式卸油、卸油中油罐车无静电接地等原因，造成静电积聚放电，点燃油蒸气。

④ 卸油中遇明火。在非密封卸油过程中，大量油蒸气从卸油口溢出，当周围出现烟火或火花时，就会产生燃烧、爆炸。

⑤ 油罐车送油到站后未待静电消除就开盖量油，将引起静电起火。如果油罐未安装量油孔或量油孔铝质(铜质)镶槽脱落，在储油罐量油时，量油尺与钢质管口摩擦产生火花，就会点燃罐内油蒸气，引起燃烧、爆炸。

⑥ 目前，国内大部分加油站未采用密封加油技术，加油时，大量油蒸气外泄，或因操作不当而使油品外溢，都可能在加油口附近形成一个爆炸危险区域，如遇烟火或使用非防爆手机等通信工具、铁钉鞋摩擦、金属碰撞、电器打火、发动机排气管喷火等即可导致火灾。

⑦ 在加油站油罐清洗作业时，油罐内的油蒸气和沉淀物无法彻底清除，残余油蒸气遇到静电、摩擦和电火花等也可能导致火灾。

2. 非作业事故

加油站非作业事故可分为与油品相关的火灾和非油品火灾。

(1)与油品相关的火灾。

① 油蒸气沉淀。由于油蒸气密度比空气密度大，会沉淀于管沟、电缆沟、下水道、操作井等低洼处，积聚于室内角落处，一旦遇到火源就会发生爆炸燃烧。油蒸气四处蔓延把加油站和作业区内外连通起来，将站外火源引至站内，造成严重的燃烧、爆炸。

② 油罐、管道渗漏。由于腐蚀、制造缺陷、法兰未紧固等原因，在非作业状态下，油品渗漏，遇明火燃烧。

③ 雷击。雷电直接击中油罐或加油设施，或者作用于油罐和加油设施，或者作用于油罐、加油机等处产生间接放电，导致油品燃烧或油气混合气爆炸。

(2)非油品火灾。

① 电气火灾。电气老化、绝缘破损、线路短路、私拉乱接电线、超负荷用电、过载、接线不规范、发热、电器使用管理不当等原因引起火灾。

② 明火管理不当。生产、生活用火失控引燃站房。

③ 站外火灾蔓延殃及站内。

3. 加油站的防火对策

(1)依法建立健全组织制度。

设立防火安全委员会或防火工作领导小组，全面领导并推动加油站消防安全工作。

制定加油站的逐级岗位防火安全责任制，建立一整套切实可行、责任明确的管理制度。将消防安全责任层层分解，落实到每一个人员身上。

(2)加强教育培训，培训专业化管理队伍。

通过系统的培训，提高加油站从业人员特别是加油工、装卸工等特殊工种人员的专业技能和消防意识。

(3)建立安全应急管理机制，实行综合防治。

建立预防预警机制，主要包括各种预防预警信息、如事故隐患信息、常规监测数据、人员组成与指挥、报警联络等；预防预警行动，如预防预警的方式方法、渠道，以及加油站自查与监管部门的监督检查措施等；预警的支持系统，如报警联动组织及方式、与预警相关的技术支持力量、信息的反馈与落实等。

建立切实可行的应急救援与保障机制，主要包括组织指挥体系、应急响应程序。

建立安全风险评价机制，主要包括安全工作的预评价和生产、储存、使用过程中的安全评价两大类。

(4)加强灭火演练工作。

加油站应根据自身的特点，制定详细灭火、应急疏散预案，每年进行全员演练，必要时可请当地消防部门配合进行消防演习。

(5)加强对加油站的监督检查。

只有通过行之有效的防火安全检查，才有可能及时发现火灾隐患，及时加以整改。这一方面要求加油站的经营单位对防火工作有高度认识，开展经常性的自检自查，及时发现和整改火灾隐患；另一方面要求应急、工商等相关部门通力合作，加大执法监管力度，把好审批验收关，杜绝加油站违法经营或带隐患经营。定期对加油站进行安全评价与检查，形成一个完整的由日常检查、专项检查、稽查、暗访等多种方式构成的监督检查体系，监督企业落实防火责任制，及时发现和整改火灾隐患。

八、加油站安全操作规程

加油站主要有加油作业、卸油作业和计量作业三大类。

1. 加油作业中应注意的安全措施

禁止向非金属容器加注易燃油品。禁止在加油站内从事可能产生火花的作业，如检修车辆、敲击铁器等。不得在加油区脱、拍打化纤衣物；带有火药、爆竹、液化气、生石灰块、乙炔石等易燃易爆品的车辆不允许进站加油。所有机动车须熄火加油。摩托车加注过程中应要求顾客下车后才能加油，加油结束后必须保证摩托车推离加油机 5 m 以外方可启动。农用机动车加油也须注意排气管是否喷火，必要时可用铁桶装油后提到站外给其加油。不能给存在明显隐患的车辆加油。

司机、随乘人员进站后不得从事影响安全的活动。例如，不吸烟、不使用手机、不进入油罐区或中控机房，特别是不得在加油枪口附近脱、拍打化纤衣物。加油操作时要严格执行操作规程，杜绝误操作，防止加冒油、喷洒油现象的发生。

2. 卸油作业中应注意的安全措施

卸油作业各地情况不同，具体作业人员也不尽相同。一般是由专兼职计量员进行，有时也须加油员协助配合。卸油作业中除规定的交接、计量验收等操作规程外，还应注意以下几点：油罐车进站后，应立即检查其安全设施，如灭火器材、排气管防火帽等是否齐全；连接好静电接地线，接线夹连接罐车金属部位，其位置须离卸油口 1~2 m 以上；在卸油场地按照规定备好消防器材（一般规定设置推车式 35 kg 干粉灭火器）；警示标志到位；油罐车须经静置 15 min 后方可计量装卸。卸油时，应通知当班加油员，与卸油罐相连的加油机停止加油；不带油气回收装置的油罐车卸油时，须注意卸油场地风向，若下风口朝向加油区，应提醒加油员注意，必要时可停止加油；注意油罐的存油量，防止卸油时发生跑冒油事故。禁止采用卸油管直接与计量孔连接进行卸油方法；卸油员（计量员、协助卸油的加油员）和司机应在现场监护，严防火种接近卸油现场，油罐车不得随意启动和移动车位；雷雨天禁止卸油作业；若储油罐中油品在卸油管出口以下，卸油速度要保持在 0.7~1.0 m/s，油品淹没出油口后可提高到 4.5 m/s；卸油结束，油罐车不可立即启动，应待油罐车周围油气消散后（约 5 min）再启动；储油罐中油位的检测也应在静止一段时间（约 20 min）后再进行。

3. 油品计量操作应注意的安全措施

计量员在从事储油罐、油罐车的油品计量操作时，除应严格执行相应的操作规程外，还应注意以下几点：打开储油罐计量口盖时不可面对计量口盖，进入操作并实施操作前，应等待一段时间（一般为 5 min），操作时也要注意不可距计量口盖过近，以防吸入过量油气，导致中毒；取样器的提绳应是加入导静电材料的纯棉制品；计量员上岗操作时必须着防静电服装，穿防静电鞋；计量操作现场必须按照规定配备消防器材、灭火器；计量取样的油品测量完成后，应倒入储油罐，不可敞口保存；必须保存的油样，应加盖、密封，存放在专门的样品柜中，并定期回罐；严禁未经正规培训，或未取得上岗证书的人员实施计量操作。

4. 加油站作业现场安全监控

加油站站长除要求加油员、计量员本身应严格遵守安全操作规定外，还应规定所有现场作业人员均负有监控加油区内、外部人员、车辆的责任。发现不安全行为（现象），应立即制止或采取措施消除危险。加油站作业现场安全监控的内容一般包括：禁止无关人员从加油区内穿行、逗留，发现时应劝阻；进站加油车辆，除司机或结算油款人外，一般不得下车；若长途客车上的旅客下车方便，车应停在加油区外；加油员要注意防止司机在加油区内修理车辆；加油时注意司机不要在加油枪口附近逗留或闲谈；防止外来人员在加油区内使用手机、普通手电照明等情况发生；需要时可提供本站配备的防爆手电；禁止外部车辆停在油罐区或附近，禁止外部人员进入该区；对进站加油车辆出现的安全隐患注意观察(如排气管喷火星、油箱漏油、电气线路打火、搭铁线打火、装载货物冒烟等)，发现情况及时采取措施。

九、加油站常见事故预案

1. 加油站车辆事故应急处置预案

进站加油车辆在行驶过程中，发生撞伤人员情况后应立即抢救伤员，并启动人员伤亡应急预案。当发生撞坏设备、设施时，应首先留住车辆，记住车牌号。事故发生后，立即报公司主管领导及122交通事故处理部门，并做好现场保护，等待调查处理。若破坏设备发生油品泄漏，应按照相关设备油品泄漏事故进行处理。

2. 高空坠落伤人应急救援预案

加油站经理启动加油站物体及员工高空坠落伤人应急救援预案程序。对外联络员立即拨打120急救电话，同时向站长或上级领导汇报。如伤者出血，救援人员应迅速对出血部位用急救包进行简单包扎止血。

3. 油罐渗油造成大面积污染应急救援预案

加油站经理启动加油站油罐渗油造成大面积污染应急救援预案程序。加油站停止营业，经理迅速对所有储油罐分别进行计量，核对库存数量，确认渗漏油罐和渗漏数量。加油站经理向上级汇报，制定可行方案。抢险队员将渗漏油罐内余油清出，挖开渗油罐周围覆土，查找渗漏点，然后采取可靠的补漏措施。如渗漏较严重已造成大面积污染时，应在大于污染区外适当的地方开挖隔离带进行防控，必要时应通知附近居民群众注意人畜饮水安全，将污染区内土质全部替换，并要求政府有关部门对加油站周围地下水源采样化验。如果空气中含有大量油蒸气，通信、警戒人员应尽快组织附近或下风向的居民群众撤离，同时报告政府有关部门对加油站周围或下风向的各种火源进行控制，防止引发火灾爆炸事故。对跑油区进行警戒，控制人员及车辆进出。派人检查防火堤是否严密，对破裂管线或法兰进行打夹、紧固，并及时安装有关抢救设备，保证油品回收；对流散油品实施引导、堵截，减少扩散面积；对油浸过的地面用沙土覆盖；集中灭火器材和消防人员，做好随时灭火的准备。确保人员安全防护工作，做好换班接替，防止油气中毒；人员着装、设备、工具使用必须符合防火防爆、防静电的要求。

4. 油气中毒应急救援预案

加油站经理启动加油站油气中毒应急救援预案程序。如果储油罐中发生人员中毒，对外联络员应立即拨打120急救电话。抢险人员准备施救，施救人员进罐救人前，要戴好防护面具，腰上系好安全绳，安全绳的另一头拴在罐外固定物体上；在有他人现场监护的情况下，快速进入罐内将中毒人员抱或拖至罐口处，用绳索将中毒者拉出(注意不要擦伤被救人员的皮肤)。将中毒者置于阴凉通风处平躺身体，进行人工呼吸，待其慢慢清醒并送医院抢救。如果在卸油作业或跑冒油现场发生中毒事件，应迅速将中毒者移送到上风处，让其呼吸清新空气慢慢清醒后送医院救治。

第五节　输油站安全管理

输油站场输送的是原油和成品油等流体，是石油运输系统的重要环节，这些流体具有易燃易爆、易挥发及容易产生静电积聚的特性。一旦发生事故，会造成人员伤亡和较大经济损失，并影响上游油气田和下游企业正常生产运行。输油站的安全事故还可能污染环境，给公共卫生和环境保护带来较长时间的负面影响。加强安全制度建设，提高安全管理技术水平，是保证输油站安全运行的重要手段。输油站场事故产生的原因主要有设备故障、操作失误、设计施工不合理、管材质量问题及外部干扰等。可能发生的事故有人为的操作失误、设备失灵、设备腐蚀引起的泄漏事故，静电和火源等引起的火灾爆炸事故，设备漏电及操作引起的触电事故，等等。

一、输油站总体工艺流程

1. 输油首站工艺流程

输油首站通常位于油田、炼油厂或港口附近，是长距离输油管道的起点。其主要功能是接收来自油田、油船的原油或来自炼油厂的成品油，并经计量、加压(加热)后输往下一站。输油首站工艺流程应能完成下列功能：接收油田、码头或炼厂来油，经计量、加压(加热)后输向下站。有的输油首站还具有油品预处理和清管器发送、污油的收集处理等功能。

输油首站的特点之一是必须设置专门的计量装置，因为首站有接收来油和发油的任务，所以必须计量收发油量。目前，普遍采用浮顶油罐计量，这就要求首站设有足够的油罐，一般至少3个，一个计量来油、一个计量发油、一个用作静态储存，以便倒换，3个油罐互为备用。输油泵是输油站的核心设备，它以压能的形式给油品提供输送动力。用于长输管道的输油泵有离心泵和往复泵两种。离心泵的扬程随排量增大而减小，出口阀门关闭时，流量为零，扬程达到最大值。离心泵的工作特性和效率受油品黏度影响较大，因此，离心泵适用于大量输送低黏度油品。往复泵只在特殊条件下才使用。往复泵的排量只与每分钟的冲程数有关，而与扬程无关；扬程的大小仅受设备强度和动力的限制，在容许范围内，可随管道摩擦阻力而定。

输油首站一般有七种工艺流程：来油与计量、正输、倒罐、站内循环、热力越站、反输和收发清管器流程。

一般的输油首站工艺流程图如图 7-1 所示。

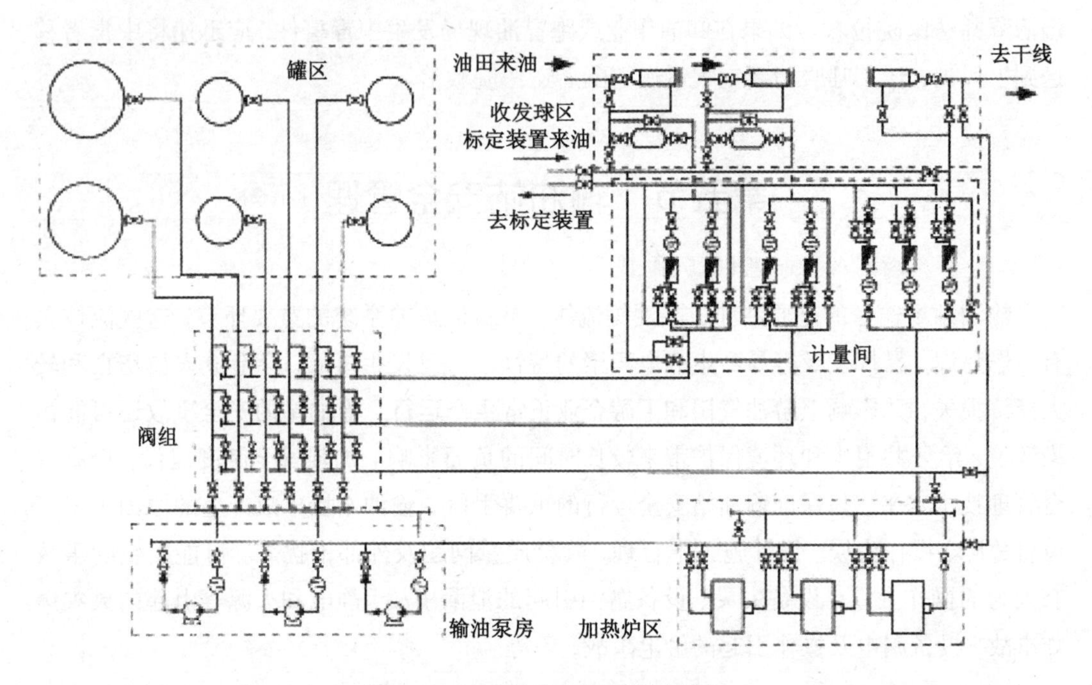

图 7-1　输油首站工艺流程示意图

正常生产时，采用来油与计量及正输流程；在加热炉发生故障或夏、秋季地温较高，无须加热时，可采用热力越站流程；站内循环流程是在站内试压及管道发生事故时使用；反输流程是在投产前的预热、部分管段发生故障及输量较低的情况下使用；收发清管器流程是在投产初期清理管内脏物、投产中期清蜡及保证成品油计量时使用。

2. 中间输油站工艺流程

中间输油站的功能，有的是只给油品加压的泵站，有的是只给油品加热的加热站，有的是既加压又加热的热泵站。成品油管道的中间输油站多为泵站；易凝高黏原油管道的中间站多为热泵站。热泵站的工艺应具有正输、压力(热力)越站、全越站、收发清管器或清管器越站的功能，根据需要还可以设置反输功能。加热站的工艺应具有正输、全越站的功能，也可在必要时设反输功能。

中间站的流程应根据生产工况的需求确定工艺流程。当全线流量较小时，可采用压力越站流程；夏、秋季地温较高时，可降低热负荷，减少加热炉台数或采用热力越站流程，以节省燃料消耗。由于采用“旁接油罐”方式，中间站油罐较少，所以要尽量保证油品进出量的平衡，以免影响正常输油生产。“旁接油罐”输油中间站工艺流程如图 7-2 所示。

3. 输油末站工艺流程

终点站位于管道末端，接收管道来油，将合格的油品输送给收油单位，或改换运输

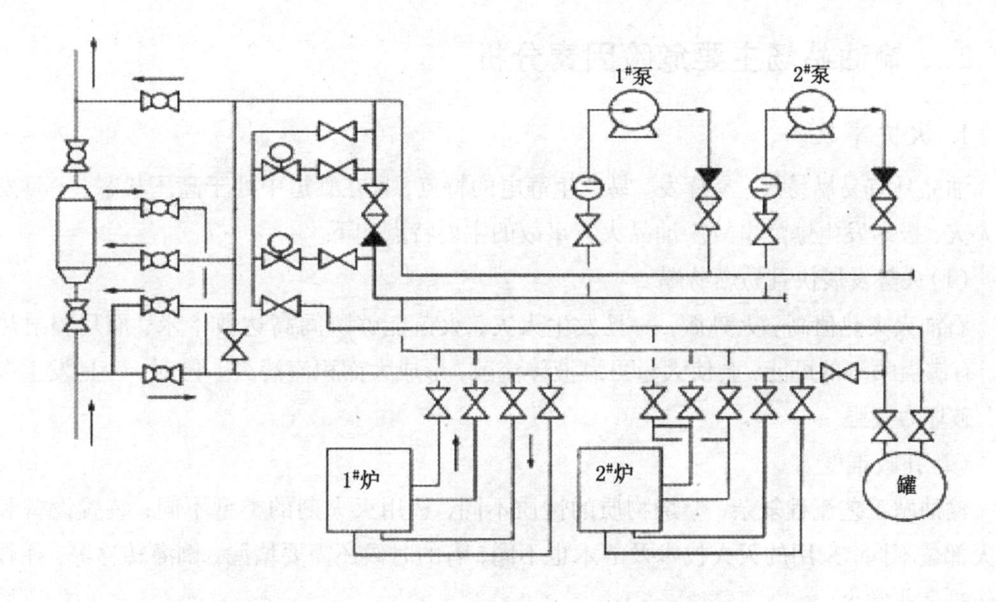

图 7-2 “旁接油罐”输油中间站工艺流程示意图

方式，如铁路、公路或水路运输。输油末站站内工艺应具有接收上站来油、储存或不进罐经计量后去用户、接收清管器及站内循环的功能，必要时应具有反输的功能。

输油末站往往设在炼厂油库或是转运油库。如果输油末站设在水陆转运油库，其流程会比较复杂；如果输油末站设在炼厂油库，工艺流程相对简单。输油末站具有的功能特点：一是要计量收发油；二是要有足够容量的储油罐。输油末站工艺流程如图 7-3 所示。

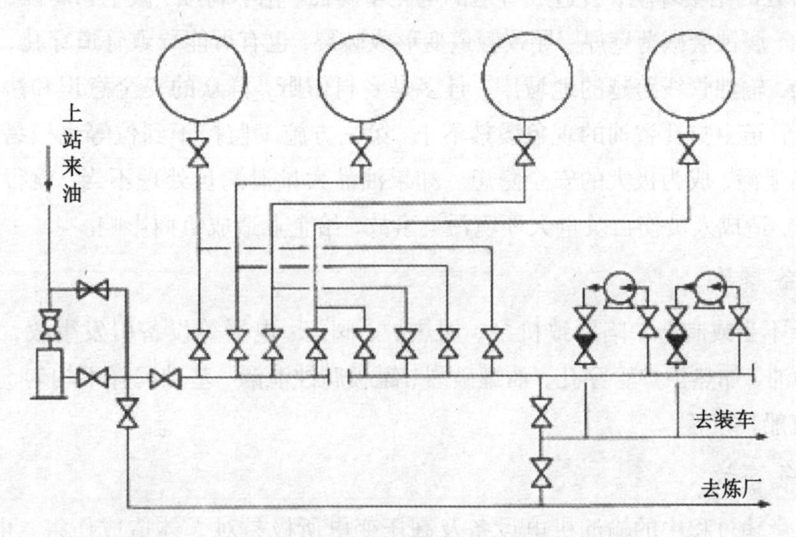

图 7-3 输油末站工艺流程示意图

输油末站一般设有四种工艺流程：收油、发油(包括装车、装船及管道运输)、倒罐及接收清管器流程。正常生产时，采用收发油流程，并需计量。

二、输油站场主要危险因素分析

1. 火灾事故

油品具有易燃易爆、易挥发、易产生静电的特点，且在管道中处于高压状态，一旦发生火灾，极易发生爆炸事故。油品火灾事故的主要特点如下。

(1)火势发展快且易燃易爆。

石油火灾热值高、火势猛，一旦发生火灾，火苗能够瞬间高达数十米，而且辐射热强，有沸溢喷溅的可能，会使大量可燃液体流散，形成大面积流淌火。同时，一旦发生爆炸，破坏力极强。

(2)扑救难度大。

输油站工艺流程复杂，燃烧物质的性质不同，选用灭火剂的类型不同；装置设备和着火部位不同，采用的灭火技术及战术也不同，有的时候还需要堵漏、倒灌转移等，扑救工作难度非常大。

(3)灭火作战时间长。

油品火灾对特种装备的要求高，对灭火药剂和用水量要求大，对参战力量要求多，而且灭火作战时间长。

2. 漏油事故

输油管道随着使用年限的增加，受到大气中的水、氧、酸性物质等作用引起腐蚀。埋地管道所处的土壤环境，会造成管道的电化学腐蚀、化学腐蚀、微生物腐蚀、应力腐蚀和干扰腐蚀，腐蚀会减薄壁厚，导致管道变形或破裂，也有可能导致管道穿孔，引发漏油事故。此外，输油管线跨越的地域广，且多是乡村僻野，群众的安全意识和法制观念淡薄，在输油管道上打孔盗油的现象屡禁不止，第三方施工监控不到位等也极易造成管道破裂和油品泄漏，成为极大的安全隐患。如果油品大量泄漏且处理不当，就很容易发生火灾、爆炸，造成人员伤亡及重大环境污染事故，给企业造成负面影响。

3. 设备事故

因设计不当或制造缺陷导致机泵、加热炉、阀门、电器等设备引发事故，如机泵密封、附件漏油，加热炉炉管穿孔，油罐破裂、罐板腐蚀泄漏、基础沉降不均匀、浮顶油罐浮船卡住沉船，等等。

4. 电气事故

储存、运输过程中的输油机电设备及高压变电所极易对人体造成伤害。电气火灾、爆炸事故的原因包括电气设备缺陷或导线过载、电气设备安装或使用不当等造成温升过高，轻则影响输油生产，重则导致设备或周围物体燃烧、爆炸。在易燃易爆危险环境中，操作人员对电机、电控阀门、仪器仪表、照明装置及连接电气设施的供电、控制线路等的不正规操作，如带电挂接地线、带负荷拉闸、带接地线合闸等违规操作，极易产生电火花，引起火灾爆炸事故。

5. 高处坠落伤害事故

高处作业是指在坠落高度基准面 2 m 及以上有坠落可能的位置进行的作业。高处作业事故发生率高，伤亡率也高。在施工、检维修、工程抢修等工作中，由于作业环境的特殊性，各种事故时有发生，其中以高处坠落事故居多。

6. 中毒事故

油蒸气具有一定的毒性，经口、鼻进入呼吸系统，可使人体器官受害而产生急性和慢性中毒。当空气中油蒸气体积分数为 0.28%时，人便会感到头晕；当油蒸气体积分数达到 1.13%~2.22%时，人便会发生急性中毒；当油蒸气含量更高时，人会立即昏倒，失去知觉，甚至有生命危险。人因吸入油蒸气而慢性中毒时，会产生脱脂、干燥、龟裂、皮炎和局部神经麻木等症状。

7. 环境污染事故

管道运行过程中，由于输油管道变形、破裂或腐蚀穿孔，会引发漏油事故，一般情况下，泄漏量越大，污染范围也越大。埋地管道长期泄漏的油品随地下水或地表水流动，或者土壤为渗透率较高的沙土、砾石层，使油品扩散，这些都可能导致大面积的环境污染。若污染河流将迅速扩大污染面积。

8. 车辆事故

输油站所辖外管线较长，行车路段多在高原山地，坡陡、狭窄、弯多，路面状况差，易塌方、落石、滑坡，视线差。因此，输油站的车辆发生安全事故时有发生。

三、输油站场设备安全管理

1. 输油泵的安全管理

以离心泵为例，其常见故障及处理方法见表 7-7。

表 7-7　离心泵常见故障及处理方法

故障现象	产生故障原因	处理方法
泵灌不满	(1)底阀关闭不严，吸液管道泄漏； (2)底阀损坏	(1)检修底阀和吸液管道； (2)修理或更换底阀
真空表指示高度真空	(1)底阀开启不灵或滤网部分淤塞； (2)吸液管阻力太大； (3)吸入高度过高； (4)吸液部分浸没深度不够	(1)检修底阀或清洗滤网部分； (2)清洗或更换吸液管； (3)适当降低吸液高度； (4)增加吸液部分浸没深度

表7-7(续)

故障现象	产生故障原因	处理方法
真空和压力表指针剧烈跳动	(1)开车前泵内灌液不足; (2)吸液系统管子或仪表漏气; (3)吸液管没有浸在液中或浸入深度不够	(1)停车将泵内液体灌满; (2)检查吸液管和仪表,消除漏气处或堵住漏气部分; (3)降低吸液管,使之浸入液中一定深度
压力表有压力,排液管无液体	(1)排液管阻力太大; (2)叶轮转向不对; (3)叶轮流道堵塞; (4)泵的扬程不够; (5)排液管道阀门关闭	(1)清洗排液管或减少管道弯头; (2)调换电动机接线; (3)清洗叶轮; (4)调换高扬程泵将泵串联使用; (5)打开排液阀门
流量不足或不吸液	(1)密封环径向间隙增大,内漏增加; (2)叶轮流道堵塞,影响流通; (3)吸液部分阻力太大,如滤网部分淤塞、弯头过多、底阀太小等; (4)吸上高度过大; (5)吸液部分浸没深度不够,有空气进入; (6)吸液部分密封不严密; (7)吸液管安装不正确,使管内有聚积空气的地方存在; (8)排液管阻力太大,或出口阀门打开程度不够; (9)输送液体温度过高,泵内产生气蚀现象,不能连续出液; (10)泵的流量偏小	(1)检修密封环; (2)清洗叶轮流道; (3)清洗滤网,减少弯头和更换底阀; (4)降低吸上高度; (5)增加吸液部分浸没深度; (6)检查吸液部分各连接处密封情况,拧紧螺帽或更换填料; (7)重新安装吸液管; (8)清洗管子,或适当打开出口阀门; (9)适当降低输送液体的温度,降低泵的安装高度,留有允许气蚀余量; (10)更换大流量泵
填料函漏液过多	(1)填料磨损; (2)填料压得不紧; (3)填料安装错误; (4)泵轴弯曲或磨损	(1)更换填料; (2)拧紧填料压盖或补加填料; (3)重新安装填料; (4)修理或更换泵轴
填料过热	(1)填料压得太紧; (2)填料内冷却水进不去; (3)轴和轴套表面有损坏	(1)适当松弛填料; (2)松弛填料或检查输液管填料环孔是否堵塞; (3)修理轴表面或更换轴套

表7-7(续)

故障现象	产生故障原因	处理方法
轴承过热	(1)轴承内润滑油不良或油量不足； (2)轴已弯曲或轴承滚珠失圆； (3)轴承安装不正确或间隙不适当； (4)泵轴与电动机轴同轴度不符合要求； (5)轴承已磨损或松动； (6)平衡盘失去作用	(1)更换合格新油，并加足油量； (2)检修或更换零件； (3)检查轴承并加以修理； (4)重新找正； (5)检查或更换轴承； (6)检查平衡是否堵塞，检修平衡盘及平衡环，两者应相互平行并使其分别与泵轴垂直，或者更换平衡环或平衡盘
振动	(1)叶轮磨损不均匀或部分流道堵塞，造成叶轮不平衡； (2)轴承磨损； (3)泵轴弯曲； (4)泵体的密封环、平衡环等与转子吻合部分有摩擦； (5)转动部分零件松弛或破裂； (6)泵内发生气蚀现象； (7)两联轴器结合不良； (8)地脚螺栓松动	(1)对叶轮做平衡校正或清洗叶轮； (2)修理或更换轴承； (3)校直或更换泵轴； (4)消除摩擦，同时保证较小的密封间隙； (5)检修或更换磨损零件； (6)消除产生气蚀原因； (7)重新调整安装； (8)拧紧地脚螺帽

2. 输油加热炉的安全管理

为改善油品黏度，防止油品凝固等，输油站有时需要设置加热炉。常用的油品加热方法如下：油品在加热炉炉管内受火焰直接加热；用蒸汽或其他热媒作中间热载体，在换热器中给油品间接加热；利用驱动泵的柴油机或燃气轮机的排气余热或循环冷却水加热油品。加热炉异常现象原因分析和处理方法见表7-8。

表7-8　加热炉异常现象原因分析和处理方法

异常现象	原因分析	处理方法
燃烧不完全	(1)燃油量大； (2)空气量不足； (3)火嘴或火嘴砖结焦； (4)燃油温度过低； (5)炉膛负压过低； (6)炉结构不合理或烟道阻力大	(1)关小燃油阀门； (2)开大一次或二次风阀； (3)清焦并调节火嘴； (4)升高燃油温度； (5)开大烟道挡板； (6)改进结构或清理积灰和杂物

表7-8(续)

异常现象	原因分析	处理方法
烟筒冒白烟	(1)喷油管或喷嘴堵塞不畅通; (2)蒸汽或风量过大; (3)燃油温度过高或油量过少; (4)掺水燃烧时掺水量过大或乳化不良	(1)清理检修喷嘴; (2)关小气阀或风阀; (3)降低燃油温度或开大供油阀; (4)降低掺水比例
燃烧不稳定	(1)油压波动; (2)风压或蒸汽压力不稳; (3)掺水乳化不良或掺水量过多	(1)检查来油压力,调节来油阀; (2)调节风量或蒸汽量,检查风机等; (3)检查簧片哨,调节压差,降低掺水比例
出炉温度突然上升	(1)排量突然下降; (2)炉内产生偏流或气阻	(1)适当压火或停炉,全面检查; (2)压火,加大高温炉管流量
炉墙缝及火孔处冒烟、火嘴打枪	(1)炉膛内负压过低或正压过高; (2)喷嘴点太多,燃油量过大; (3)烟道、热水炉、热风加热器积灰太多; (4)炉体和顶板损坏,气密性太差	(1)开大烟道挡板,开操作阀; (2)减少喷嘴数,降低喷油量; (3)压火,停炉后清灰; (4)停炉检修
燃料油压力下降快,不稳定	(1)过滤网堵塞; (2)簧片哨或调节阀堵塞	(1)清理过滤器; (2)检查清理被堵部分

输油加热炉有以下特点:输油量的大小变化基本与加热炉负荷变化无关;输油量大时,应尽可能减小阻力降,可以节省输油功率消耗;由于输油量大,加热炉进油程数多,应注意防止偏流;加热炉操作温度低,一般只能把原油从40 ℃加热到70 ℃,油田来油中可能含有盐和泥沙,在加热炉管内沉积,会影响加热炉长期安全运行。

3. 储罐的安全管理

(1)油罐安全高度的控制。

油罐储油高度应控制在该罐上、下限安全油位范围内,严格控制油位;储罐储油高度高于泡沫发生器接口位置时,有可能发生罐内油品通过泡沫发生器流出,造成储油罐跑油事故,因此,必须确定储油罐装油时的上限安全高度;同样,储油罐发油时,在保证泵入口吸头需要的前提下,还要确定罐内油品的下限安全高度。

(2)油罐呼吸系统安全管理。

油罐呼吸系统有阻火器、液压安全阀、机械呼吸阀等附件。呼吸系统的日常检查主要有:油罐罐体和呼吸阀阀体有无异常变化;封口网是否破损、畅通;呼吸阀与阻火器连接等电位跨接是否牢固可靠。此外,要结合每次收发油作业用感官判断其技术状态:作业开始时,耳听阀盘是否有开关的声响;作业中,眼看是否有油气排出,鼻嗅是否油味较浓或用手感觉是否有空气进出,耳听是否有进出气发出的声响,从而判断其工作是否正常。应当注意气温低于0 ℃时,收发油作业时必须认真细致地检查,以防机械呼吸阀冻结而影响油罐安全。

(3)罐底排水。

为防止油品水分过大影响品质，要及时进行罐底排水。对储油罐底部积水及铸钢阀门在入冬前应检查、排水，冬季使用后应及时排水。对凡是易积存水的设备或部位，在入冬前都应检查排水，必要时采取保暖措施，以防冻裂跑油。

(4)防火。

防止储罐发生火灾是保证油罐安全的重要前提。因此，在储罐有油的情况下，严禁在罐周围使用明火、进行焊接等作业。要防止机动车辆驶入罐区，以免车辆排出的流散烟火引燃罐区油气。必须进行明火作业时，需经管理部门批准，并有可靠的安全措施，在进行抢维修动火作业时，对动火管段要采取隔离措施，将残留的油品清理干净，保证油气浓度低于爆炸下限的25%，在符合动火条件时方可作业。

(5)防静电。

① 防静电要可靠接地。油罐接地是为了防静电和防雷击，接地电阻保证不大于10 Ω；改进生产工艺，从油罐下部进油，流速控制在4.5 m/s以下，保证层流，避免湍流，防止飞溅；使用抗静电添加剂。

② 使用与本体电导率不同的配件，如检尺孔盖加铅垫。要正确操作，穿防静电服，不在作业口脱衣服，不在规定的防爆场所使用非防爆的移动通信工具。

③ 每年检测一次油罐静电接地电阻。接地线与接地网之间宜用跨接式连接，保证检测数值的准确性。日常巡检时，检查接地是否有腐蚀断裂现象，包括油罐本体接地和管道接地。控制进料速度，异常情况(如输油量突然增大)时，可分别向几台油罐同时进料，降低进油速度。

(6)加热油品的控制。

在加热储罐内原油时，不能将油品加热到过高的温度(原油罐一般为50 ℃以下)，最高不超过70 ℃，且比该油品的闪点低20 ℃，以免含水原油汽化溢出罐外，特殊情况除外。若是用罐的底部蒸汽盘管加热原油，一定要缓慢输入蒸汽，防止盘管因水击而破裂，或者因油品局部受热而爆溅。对于长期停用而储存凝油的油罐，加热应采取立式加热器，先将凝油化开后，再逐渐升温，防止储罐因底部加热膨胀而鼓罐。

(7)浮顶油罐的检测。

对于浮顶油罐而言，使用前应检查浮梯是否在轨就位、导向架有无卡阻、密封装置是否完好、顶部人孔是否封闭、透气阀有无堵塞等问题。在使用过程中应将浮顶支柱调整到最低位置。要及时清理浮顶上的积雪、积水和污油，保证中央排水管性能完好，防止沉盘事故发生。储存含蜡原油时，要防止结蜡黏附在浮盘上。对每个浮舱应定期检查，防止浮舱遭受腐蚀而导致漏油事故发生。

（8）油罐消防系统。

储罐的消防设施，如泡沫灭火系统、喷淋水系统、光纤光栅感温报警系统、手动报警系统及消防控制系统等必须加强日常维护保养，时刻处于工作状态。加强对储罐安全附件的维护与检查，定期测试呼吸阀、阻火器、防雷和防静电接地系统、可燃气体检测报警系统等。半固定及固定灭火系统、水喷淋灭火系统也要定期测试，其中半固定泡沫管线每半年进行一次水试，消防水泵要每日盘车，泡沫站应每周启动一次。每年对消防管网进行排渣，并检查防火堤内管线下端放空阀，若出现不能开关时应立即维修或更换；疏通管网过滤器，过滤器内滤网出现破损时应进行更换；检查管网锈蚀情况，对锈蚀严重部位应及时进行防腐处理。每半年和雷雨季节前对消防管网冷却水系统及泡沫管网系统进行走水实验，检查防火堤内管线是否有漏水现象，检查喷淋管线的喷淋是否正常，是否有破裂及堵塞现象。每年进行一次出泡沫试验，检查系统运行和泡沫发泡情况，有泡沫试验装置的也要进行系统测试。测试不正常要进行泡沫送检，做好测试记录并保留好检测资料。

（9）油罐清洗安全管理。

油罐清洗有人工清洗和机械清洗两种方法，其安全管理的目标是避免火灾爆炸、人员窒息和急性职业病的发生。人工清洗作业属于受限空间作业，需办理相应的作业许可证；机械清洗必须保证罐内氧体积分数低于8%。

轻质油品储罐的人工清洗步骤如下：倒空罐底残油，与油罐相连的系统管线加堵盲板，拆开人孔，蒸汽蒸罐，通风置换，内部高压水冲洗、清理污物。其中，倒残油可用手摇泵或气动隔膜泵，必要时垫水辅助。对本身有排污孔的储罐，可在此处接临时倒油管线。

“加堵盲板，拆开人孔，用蒸汽蒸罐”的具体操作如下。打开罐顶透光孔等，通过罐壁法兰开口向罐内通入蒸汽，使罐内温度达到60~70 ℃。一般情况下：小于或等于1000 m^3的油罐，蒸罐15 h；1000~3000 m^3的油罐，蒸罐15 h；大于3000 m^3的油罐，蒸罐24 h。通风，采用自然通风或强制通风均可。进入罐内前，做氧含量、爆炸气体和有毒有害气体分析，确保各种指标在安全范围内。正常情况下，氧气体积分数为19.5%~23.5%、爆炸气体浓度低于爆炸下限的25%、有毒有害气体在允许的范围内，工作人员方可进入罐内作业。

4. 清管器收发系统的安全管理

为保证输送油品的质量，及时清除管内的铁锈、结蜡、水分及泥沙等，输油站应设置清管器。

清管器通过的管道两端应设有清管器的收发装置，清管的长度根据清管器的类型、操作方法及管道条件而定。清管器接收筒上侧有排气阀，下侧有排污阀，还有清管器通过指示器，用于指示清管器是否已发出或收到。在清管器收球筒前1~2 km的干线上安装信号装置，以预报清管器的到来，做好接收准备。为减轻操作人员的劳动强度，应配有机械化装置进行清管器的收发作业。若采用机械清管器，应先确定管道的变形程度和管件使用情况，保证清管器能顺利通过，并携带跟踪器，沿线跟踪及时发现是否有“卡阻”现象。输油站在清管作业中要保持运行参数的稳定，及时分析清管器运行情况。

四、输油站场安全试运行及安全管理

1. 输油站场的安全试运行

(1)站内管道试压。

在站内高、低压管道系统整体试压前，应使用水或压缩空气将管内杂物清扫干净。对站内高、低压管道系统均要进行强度试验和严密性试验，并应将管段试压和站内整体试压分开，避免因阀门关闭不严而影响管道试压稳定要求。

(2)各类设备单体试运行。

① 输油泵机组试运行。电动机和主泵按照要求进行解体检查合格后，泵机组经 72 h 连续试运行，流量、轴功率、各部分温升、震动、窜动等都不应超过允许偏差值。

② 加热炉和锅炉的烘炉试运行。应根据加热炉设计中给出的升温、降温曲线和具体要求按照顺序进行试运行。保证炉内各部分缓慢升温，热应力的变化连续均匀；加热炉燃烧系统、温度控制系统的调节、保护措施有效，安全可靠。

③ 油罐试水。按照规定对油罐进行装水后的严密性和强度试压及沉降试验，要求油罐各部件齐全、完整；对计量罐进行标定并编制容积表。

④ 消防系统齐全可靠，变配电系统、水源及给排水系统试运行，管道自动化控制系统调试运行。

(3)站内联合试运行。

在管道试压和各类设备单体试运行完成后，还需进行站内联合试运行。联合试运行前，先进行各系统的试运行，如原油工艺系统、冷却水系统、供电系统、通信系统、压缩空气系统、自动控制和自动保护系统等试运行。各系统试运行完成后，进行全站联合试运行。按照正常的输油要求进行站内循环，倒换各种流程，观察站内各种工艺流程和设备是否正常，是否符合生产条件要求，同时对操作人员进行生产演练和应急预案演练，从而为全线联合试运行创造条件。

2. 输油站场的安全管理

应按照输油计划编制管道运行方案，定期对管道运行进行分析，并对存在的问题提出调整措施。对管道所输油品物性的检测每年不少于两次，检测内容应包括所输原油凝点、密度及输油温度范围的黏温曲线。对沿线落差较大的管道，应保证管道运行时大落差段动水压力和停输时的静水压力不超过此段管道的最大许用操作压力。管道运行参数需超过允许值时，应进行相应的论证并提前报管理部门批准。应根据管道情况制定事故预案。根据输量确定运行方案和运行参数，以确保成本最低和管道安全运行。当原油凝点低于管道沿线最低地温时，可采用常温输送方式。对加降凝剂改性处理后的原油和物性差别较大混合后的原油，在其凝点低于管道沿线最低地温 5 ℃时，宜采用常温输送。加降凝剂改性处理原油输送管道不应进行反输。对输送高含蜡原油的管道应定期分析其结蜡状况，根据油品性质及运行参数等制定管道合理的清管周期。应定期对运行设备进行效率测试，对系统效率进行评价，及时调整和更换低效设备。

应在仪表指示准确、安全保护和报警系统良好、通信线路畅通的情况下进行流程切换。流程操作应先开后关。操作具有高低压衔接的流程时，应先开通低压，后开通高压；反之，先切断高压，后切断低压。在调整全线输量或切换流程时，应及时监控各站油罐液位变化。在变换运行方式或进行流程切换前，应根据管道运行情况考虑对相关各站和设备负荷的影响，并提前采取相应措施。输油站停用时，应按照规定时间提前停止加热设备运行。人工进行流程操作时，应执行操作票制度。

对新建或检修后重新投用的设备必须按照规定进行验收后方可投入运行。应及时对运行设备进行监控和检查，并记录主要运行数据。设备宜在高效区运行，不应超压、超温、超速、超负荷运行。应按照制定的操作流程启、停输油泵。切换输油泵时，应采用先启后停操作方式，启动前先降低运行泵流量。输油泵机组的监视、报警保护系统应完好。应按照制定的操作规范启、停加热设备。运行中应按时对炉体、附件和辅助系统（燃油和助燃风系统、自控和仪表系统、热媒系统）进行检查。设备运行的各项参数应在规定范围内。应定期对炉体、炉管进行检测，对间接加热设备还应定期检测热媒性能。应减少加热设备在运行和清灰过程中对环境造成的污染。加热设备监视、报警等保护系统应完好。储油罐的液位应在规定的安全液位范围内；要超出安全液位范围的，应报请上级主管批准，但不应超过油罐极限液位。对有特殊用途的调节阀、减压阀、安全阀、高（低）压泄压阀等主要阀门，应按照相应运行和维护规程进行操作和维护，并按照规定定期校验。输油站的电气设备运行管理执行《输油气管道电气设备管理规范》（SY/T 6325—2011）中的规定要求。管道的自动化运行管理执行《油气管道仪表及自动化系统运行技术规范》（SY/T 6069—2020）中的规定要求。输油站消防设施的管理执行《石油天然气钻井、开发、储运防火防爆安全生产技术规程》（SY/T 5225—2019）中的规定要求。加热设备运行管理执行《输油管道加热设备技术管理规范》（SY/T 6382—2016）中的规定要求。对站内管网必须采取有效的保护措施。对热油和热力管线应进行有效的保温。站内地上管网的外表面应按照要求涂刷颜色和标记。应定期维护管网上的阀件和管件，以防锈死或残缺。

密闭输送的关键是如何防止水击问题。在输油工况中，阀门的突然开启或关闭、开泵或停泵，供电系统发生故障，设备及管线泄漏、误操作等都可能造成输油工况的不稳定，严重时发生水击。因此，密闭输油管道的控制与保护技术就是在输油站场对输油压力的调节及对水击的控制，水击保护设施是进行密闭输送的保证。密闭输送要求全线统一调度，各泵站协调动作，因此，全线要求有较高的自动化控制水平。

压力保护系统包括针对超高压和超低压而采取的安全保护措施。超低压会破坏泵的入口条件，超高压则是考虑水击问题。常用超前保护和泄放保护两种方法。超前保护依靠 SCADA 系统的支持，对水击保护更加有利。SCADA 系统具有全线工艺参数的控制功能，能够做到水击超前保护。同时 SCADA 系统能够自动调节压力，保持泵入口压力和泵站出口压力在正常范围内。卸放保护措施的更新发展已使得水击保护非常可靠。另外，采用出口阀、气体缓冲罐、双功能泄压阀等措施也可以进行压力保护。

第八章　安全评价方法

安全评价方法是进行定性、定量安全评价的工具。安全评价的对象和目的不同，安全评价的内容和指标也不同。现在安全评价方法有很多种，每种评价方法都有其适用范围和应用条件。在进行安全评价时，应该根据安全评价对象和安全评价目标，选择适合的安全评价方法。

第一节　安全评价方法分类

安全评价方法分类的目的是能够适应安全评价对象、实现安全评价目标、选择合适的评价方法。其分类方法有很多种，常用的有按照安全评价结果的量化程度分类、按照安全评价的推理过程分类、按照安全评价要达到的目的分类等。

一、按照安全评价结果的量化程度分类

按照安全评价结果的量化程度，安全评价方法可分为定性安全评价方法和定量安全评价方法。

定性安全评价方法主要是根据经验和直观判断能力对生产系统的工艺、设备、设施、环境、人员和管理等方面的状况进行定性分析，安全评价的结果是定性的指标，如是否达到了某项安全指标、事故类别和导致事故发生的因素等。属于定性安全评价方法的有安全检查表、预先危险性分析、故障类型和影响危险性分析、危险性与可操作性研究、作业条件危险性评价等。

定量安全评价方法是运用基于大量的实验结果和广泛的事故统计资料分析而获得的指标或规律(数学模型)，对生产系统的工艺、设备、设施、环境、人员和管理等方面的状况进行定量的计算，评价的结果是一些定量指标，如事故发生的概率、事故的伤害(或破坏)范围、定量的危险性、事故致因因素的事故关联度或重要度等。

按照安全评价给出的定量结果的类别不同，定量安全评价方法还可以分为概率风险评价法、伤害(或破坏)范围评价法和危险指数评价法。

概率风险评价法是根据事故的基本致因因素的事故发生概率，应用数理统计中的概

率分析方法，求取事故基本致因因素的关联度（或重要度）或整个评价系统的事故发生概率的安全评价方法。故障类型及影响分析、事故树分析、概率理论分析、统计图表分析法、模糊矩阵法等都可以由基本致因因素的事故发生概率计算整个评价系统的事故发生概率。

伤害（或破坏）范围评价法是根据事故的数学模型，应用数学方法，求取事故对人员的伤害范围或对物体的破坏范围的安全评价方法。液体泄漏模型、气体泄漏模型、气体绝热扩散模型、池火火焰与辐射强度评价模型、火球爆炸伤害模型、爆炸冲击波超压伤害模型、蒸气云爆炸超压破坏模型、毒物泄漏扩散模型和锅炉爆炸伤害 TNT 当量法都属于伤害（或破坏）范围评价法。

危险指数评价法是应用系统的事故危险指数模型，根据系统及其物质、设备（设施）和工艺的基本性质和状态，采用推算的办法，逐步给出事故的可能损失、引起事故发生或使事故扩大的设备、事故的危险性及采取安全措施的有效性的安全评价方法。常用的危险指数评价法有道化学公司火灾、爆炸危险指数评价法，蒙德火灾、爆炸、毒性危险指数评价法，易燃易爆、有毒重大危险源评价法。

二、按照安全评价的推理过程分类

按照安全评价的逻辑推理过程，安全评价方法可分为归纳推理评价法和演绎推理评价法。

归纳推理评价法是从事故原因推论结果的评价方法，即从最基本的危险有害因素开始，逐渐分析导致事故发生的直接因素，最终分析出可能的事故。

演绎推理评价法是从结果推论事故原因的评价方法，即从事故开始，推论导致事故发生的直接因素，再分析与直接因素相关的间接因素，最终分析和查找出致使事故发生的最基本危险和有害因素。

三、按照评价要达到的目的分类

按照安全评价要达到的目的，安全评价方法可分为事故致因因素安全评价法、危险性分级安全评价法和事故后果安全评价法。

事故致因因素安全评价法是采用逻辑推理的方法，由事故推论最基本的危险和有害因素或由最基本的危险和有害因素推论事故的评价方法。该类方法适用于识别系统的危险和有害因素和分析事故，属于定性安全评价法。

危险性分级安全评价法是通过定性或定量分析给出系统危险性的安全评价方法。该类方法适应于系统的危险性分级，可以是定性安全评价法，也可以是定量安全评价法。

事故后果安全评价法可以直接给出定量的事故后果，给出的事故后果可以是系统事故发生的概率、事故的伤害(或破坏)范围、事故的损失或定量的系统危险性等，属于定量安全评价法。

此外，按照评价对象的不同，安全评价方法可分为设备(设施或工艺)故障率评价法、人员失误率评价法、物质系数评价法、系统危险性评价法等。

第二节　常用的安全评价方法

在实际的安全评价中，应根据不同的评价对象、评价目标和评价要求选择不同的评价方法。

一、安全检查表

安全检查表(safety checklist，SCL)法是根据有关标准、规范、法律条款和专家的经验，在对系统进行充分分析的基础上，将其分成若干个单元或层次，列出所有的危险因素，确定检查项目，然后编制成表，按表对已知的危险类别、设计缺陷、一般工艺设备、操作、管理有关的潜在危险性和有害性进行判别检查。

1. 编制依据

相关安全法规、规定、规程、规范和标准，行业、企业的规章制度、标准及企业安全生产操作规程；国内外行业、企业相关事故案例；安全生产经验，特别是本企业安全生产的实践经验，引发事故的各种潜在不安全因素及成功杜绝或减少事故发生的经验；系统安全分析的结果，以事故树分析方法对系统进行分析，得出能引起重大事故的各种不安全因素的事件，将其作为防止事故控制点源列入检查表。

2. 编制步骤

编制一个科学、全面、实用的安全检查表，首先要建立一个编制小组，小组成员应包括熟悉系统各方面的专业人员，并按照“熟悉系统→收集资料→划分单元→编制检查表”的步骤逐步开展。

3. 优缺点

优点：检查项目能够做到系统、完整，不会遗漏能够导致危险的关键性因素，保证安全检查质量；能够根据现有的规章制度、标准、规程，检查执行情况，得出准确的评价；采用提问的方式，使人印象深刻，起到安全教育的作用；制表过程本身就是一个系统安全分析过程，使检查人员对系统认识得更深刻，便于发现危险因素；不同检查对象、检查目的有不同的检查表，针对性强，应用性广。

缺点：一是工作量大，事前须编制大量的检查表以满足不同需求；二是人为影响因素占比大，安全检查表的编制质量受编制人的知识水平和经验影响。

4. 应用举例

液化烃特殊管控安全风险隐患检查表见表 8-1。

表 8-1　液化烃特殊管控安全风险隐患检查表

序号	检查内容	检查依据
1	液化烃储罐的储存系数不应大于 0.9	《石油化工企业设计防火标准(2018 年版)》(GB 50160—2008)第 6.3.9 条
2	全冷冻式液化烃储罐应设真空泄放设施和高、低温温度检测，并与自动控制系统相联	《石油化工企业设计防火标准(2018 年版)》(GB 50160—2008)第 6.3.11 条
3	液化烃汽车装卸时严禁就地排放	《石油化工企业设计防火标准(2018 年版)》(GB 50160—2008)第 6.4.3 条
4	液化石油气实瓶不应露天堆放	《石油化工企业设计防火标准(2018 年版)》(GB 50160—2008)第 6.5.5 条
5	液化烃管道不得采用金属软管	《石油化工企业设计防火标准(2018 年版)》(GB 50160—2008)第 7.2.18 条
6	液化烃储罐底部的液化烃出入口管道应设可远程操作的紧急切断阀，紧急切断阀的执行机构应有故障安全保障的措施	《石油化工储运系统罐区设计规范》(SH/T 3007—2014)第 6.4.1 条
7	避免拦蓄区内积水，如果采用自动排水系统，严禁 LNG 或其他危险物料通过排水系统外流；如果采取手动操作，严禁 LNG 或危险物料通过管道或阀门泄漏	《液化天然气(LNG)生产、储存和装运》(GB/T 20368—2021)第 12.7.2 条
9	液化烃球形储罐，其法兰应采用带颈对焊钢制突面或凹凸面管法兰；垫片应采用带内外加强环型(对应于突面法兰)或内加强环型(对应于凹凸面法兰)缠绕式垫片；紧固件采用等长或通丝型螺柱、厚六角螺母	《石油化工液化烃球形储罐设计规范》(SH 3136—2003)第 4.4.4 条
10	液化烃球形储罐本体应设就地和远传温度计，并应保证在最低液位时能测液相的温度而且便于观测和维护	《石油化工液化烃球形储罐设计规范》(SH 3136—2003)第 5.1 条
11	液化烃球形储罐应设就地和远传的液位计，但不宜选用玻璃板液位计	《石油化工液化烃球形储罐设计规范》(SH 3136—2003)第 5.3.1 条

表8-1(续)

序号	检查内容	检查依据
12	液化石油气球罐上的阀门的设计压力不应小于2.5 MPa	《石油化工液化烃球形储罐设计规范》(SH 3136—2003)第6条
13	丙烯、丙烷、混合C4、抽余C4及液化石油气的球形储罐应采取防止液化烃泄漏的注水措施。注水压力应能满足需要	《石油化工液化烃球形储罐设计规范》(SH 3136—2003)第7.4条
14	丁二烯球形储罐应采取以下措施: 1. 设置氮封系统; 2. 储存周期在两周以下时,应设置水喷淋冷却系统;储存周期在两周以上时,应设置冷冻循环系统和阻聚剂添加系统; 3. 丁二烯球形储罐安全阀出口管道应设氮气吹扫	《石油化工液化烃球形储罐设计规范》(SH 3136—2003)第8.5条
15	全压力式液化烃储罐宜采用有防冻措施的二次脱水系统,储罐根部宜设紧急切断阀	《石油化工企业设计防火标准(2018年版)》(GB 50160—2008)第6.3.14条
16	液化烃的充装应使用万向管道充装系统	《首批重点监管的危险化学品安全措施和应急处置原则》(安监总厅管三〔2011〕142号)
17	液化烃充装车过程中,应设专人在车辆紧急切断装置处值守,确保可随时处置紧急情况	

二、预先危险性分析

预先危险性分析(preliminary hazard analysis,PHA)又叫初步危险性分析,是一项实现系统安全危害分析的初步或初始工作,尤其是在设计的初始阶段,对危险和有害因素进行分析判断。在设计、施工和生产前,先对系统中存在的危险类别、出现条件和导致事故的后果进行概要分析,以便于识别系统中潜在的危险,确定危险等级,防止危险发展导致事故。

1. 分析步骤

第一步,通过经验判断、技术诊断或其他方法确定危险源,即识别出系统中存在的危险和有害因素,并对所需分析系统进行充分详细的了解,包括生产目的、物料、装置及设备、工艺过程、操作条件和周围环境等。

第二步,根据经验教训和同类行业生产中曾发生的事故,对系统的影响损坏程度进行类比，判断所要分析的系统中可能出现的情况，找出能够造成系统故障、物质损失和人员伤害的危险性，分析事故的可能类型。

第三步，对确定的危险源进行分类，制作预先危险性分析表。

第四步，认知转化条件，研究危险因素转变为危险状态的触发条件和危险状态转变为事故的必要条件，有目的性地寻求对策措施，并检验对策措施的有效性。

第五步，完成危险性分级，列出重点和轻重缓急次序，以便处理。

第六步，制定事故的预防性对策措施。

2. 划分等级

为评判危险和有害因素的危害程度及它们对系统破坏性的影响大小，在预先危险性分析方法中，将各类危险性按照危险程度的不同划分为四个等级，见表 8-2。

表 8-2 危险性等级划分

级别	危险程度	可导致的后果
Ⅰ	安全的	不会造成人员伤亡及系统损坏
Ⅱ	临界的	处于事故的边缘状态，暂时还不至于造成人员伤亡、系统破坏或降低系统性能，但应予以排除或采取控制措施
Ⅲ	危险的	会造成人员伤亡和系统损坏，要立即采取防范措施
Ⅳ	灾难性的	造成人员重大伤亡及系统严重破坏的灾难性事故，必须予以果断排除并进行重点防范

3. 预先危险性分析优点

分析工作在前，可及早采取措施排除、降低或控制危害，避免因考虑不周造成损失。对系统开发、初步设计、制造、安装、检修等做的分析结果，可提供注意事项和指导方针。分析结果可为制定标准、规范和技术文献提供必要的资料。根据分析结果可编制安全检查表，以保证实施安全，并可作为安全教育的材料。

4. 适用范围

预先危险性分析方法一般在项目发展初期使用，适用于固有系统中采取新的方法，接触新的物料、设备和设施的危险性评价。当只进行粗略的危险和潜在事故情况分析时，也可以用预先危险性分析方法对已建成的装置进行分析。

5. 应用举例

以液化石油气储配站为例，制作预先危险性分析表，见表 8-3。

表 8-3　液化石油气储配站火灾、爆炸事故预先危险性分析表

潜在事故	危险因素	触发事件(1)	发生条件	触发事件(2)	事故后果	危险等级	防范措施
液化石油气火灾、爆炸	液化石油气及其残液泄漏；压力容器爆炸	(1)故障泄漏：①储罐、汽化器、管线、阀门、法兰等泄漏或破裂；②储罐等超装溢出；③机、泵破裂或转动设备、泵密封处泄漏；④罐、器、机、泵、阀门、管道、流量、仪表等连接处泄漏；⑤罐、器、机、泵、阀门、管道等因质量(如制造加工质量、材质、焊接等)不好或安装不当泄漏；⑥撞击(如车辆撞击、物体倒落)或人为破坏造成罐、器及管线等破裂而泄漏；⑦因自然灾害(如雷击、台风等)造成的破裂泄漏。 (2)运行泄漏：①	(1)液化石油气浓度达到爆炸极限； (2)液化石油气及残液遇明火； (3)存在点火源、静电火花、高温物体等引燃、引爆能量	(1)明火：①吸烟；②抢修、检修时违章动火，焊接时未按照“十不烧”及其有关规定动火；③外来人员带入火种；④物质过热引起燃烧；⑤其他火源(如电动机不洁、轴承冒烟着火)；⑥其他火灾引发二次火灾等。 (2)火花：①穿带钉皮鞋；②击打管道、设备产生撞击火花；③电器火花；④电器线路陈旧老化或受到损坏产生短路火花，或因超载、绝缘烧坏引起火花；⑤静电放电；⑥雷击(直接雷击、雷击二次作用、沿着电气线路或金属管道侵入)；⑦	液化石油气漏损、人员伤亡、停产，造成严重经济损失	Ⅳ	(1)控制与消除火源：①进入易燃易爆区严禁吸烟、携带火种、穿带钉皮鞋；②动火必须严格按动火手续办理动火证，并采取有效防范措施；③在易燃易爆场所要使用防爆型电器；④使用不发火的工具，严禁钢质工具敲打、撞击、抛掷；⑤按照规定安装避雷装置，并定期进行检测；⑥按照规定采取防静电措施；⑦加强门卫，严禁机动车辆进入火灾、爆炸危险区，运送液化石油气的车辆配备完好的阻火器，正确行驶，防止发生任何故障和车祸。 (2)严格控制设备质量及其安装：①罐、器、管线、机、泵、阀等设备及其配套仪表要选用质量好的合格产品，并把好质量、安装关；②管道、压力容器及其仪表等有关设施要按照要求进行定期检验、检测、试压；③对设备管线、机、泵、阀、仪表、报警器、监测装置等要定期进行检查、保养、维护，保持完好状态；④按照规定安装电气线路，定期进行检查、维修、保养，保持完好状态；⑤有液化石油气泄漏的场所，高温部件要采取隔热、密闭措施。 (3)防止液化石油气及其残液的“跑、冒、滴、漏”。 (4)加强管理，严格工艺纪律：①禁火区内根据《作业场所安全使用化学品公约》(第 170 号公约)和《危险化学品安全管理条例》张贴作业场所危险化学品安全标签；②杜绝“三违”，严守工艺纪律，防止生产控制参数发生异常变化；③坚持巡回检查，发现问题及时处理，如检查液位报警器、呼吸阀、压力表、安

		超温、超压造成破裂、泄漏；② 安全阀等安全附件失灵、损坏或操作不当；③ 垫片撕裂造成泄漏；④ 骤冷、急冷造成罐、器等破裂、泄漏；⑤液化石油气瓶等压力容器未按照规定及操作规程操作；⑥转动部分不洁，摩擦产生高温，物件遇易燃物品		进入车辆未带阻火器等（一般要禁止驶入）；⑧ 焊、割、打磨产生火花等			全阀、防寒保温措施、防腐蚀设施、连锁仪表、消防及救护设施是否完好，液位报警器是否正常，储罐、管线、截止阀、自动调节阀等有无泄漏，消防通道、地沟是否畅通等；④ 检修时，特别是液化石油气及其残液罐，必须做好与其他部分的隔离（如安装盲板等），并且要彻底清理干净，在分析合格并有现场监护及通风良好的条件下，进行动火作业审批，取得动火证后方能进行动火等作业；⑤ 检查是否有违章、违纪等现象；⑥ 加强培训、教育、考核工作；⑦ 防止车辆撞坏管线等设施。 （5）安全设施要齐全完好：① 安全设施（如消防设施、遥控装置）齐全并保持完好；② 储罐安装高、低液位报警器；③ 易燃易爆场所安装可燃气体检测报警装置

三、故障类型和影响分析

故障类型和影响分析(failure mode effects analysis，FMEA)是利用系统可划分为子系统、设备和元件的特点，根据实际需要将系统进行分割，分析各自可能发生的故障类型及产生的影响，提出防止或消除事故的措施，以提高安全性。

1. 分析步骤

故障类型和影响分析能够对系统或设备部件可能发生的故障模式、危险因素，对系统的影响、危险程度、发生可能性大小或概率等进行全面的、系统的定性或定量分析，并针对故障情况提出相应的检测方法和预防措施。其目的是辨识单一设备或系统的故障模式及每种故障模式对系统或装置的影响。故障类型和影响分析的步骤如下：确定分析对象系统→分析元素故障类型和产生原因→研究故障类型和影响→填写故障类型和影响分析表格。

2. 故障类型分级

故障类型和影响分析的结果可分为四个等级，见表8-4。

表8-4　故障类型等级

故障等级	影响程度	可能造成的损失
Ⅰ	致命的	可造成死亡或系统毁坏
Ⅱ	严重的	可造成严重伤害、严重职业病或主系统损坏
Ⅲ	临界的	可造成轻伤、轻微职业病或次要系统损坏
Ⅳ	可忽略的	不会造成伤害和职业病，系统不会受到损坏

四、危险与可操作性分析

危险与可操作性分析(hazard and operability study，HAZOP)是英国帝国化学工业公司(ICI)于1974年针对化工装置开发的一种危险性评价方法。它是由一个小组来完成对危险和可操作性问题进行详细识别的过程。HAZOP的基本过程是以关键词为引导，找出过程中工艺状态参数的变化(即偏差)，然后分析找出偏差的原因、后果及能够采取的措施。

多年来，我国有关部门相继出台了多个相关文件推广HAZOP。《国家安全监管总局关于加强化工过程安全管理的指导意见》(安监总管三〔2013〕88号)中提出："对涉及重点监管危险化学品、重点监管危险化工工艺和危险化学品重大危险源(以下统称"两重点一重大")的生产储存装置进行风险辨识分析，要采用危险与可操作性分析(HAZOP)技术，一般每三年进行一次。对其他生产储存装置的风险辨识分析，针对装置不同的复杂程度，选用安全检查表、工作危害分析、预危险性分析、故障类型和影响分析

（FMEA）、HAZOP 技术等方法或多种方法组合，可每五年进行一次。”2013 年，国家安全生产监督管理总局发布《危险与可操作性分析（HAZOP 分析）应用导则》（AQ/T 3049—2013），标志着 HAZOP 已成为我国目前安全评价的重要方法之一。

危险与可操作性分析是一个创造性过程。通过一系列引导词来系统地辨识各种潜在的偏差，对确认的偏差，激励小组成员思考该偏差产生的原因及可能引发的后果。它是由一位有着丰富经验、训练有素的组长引导，组长需通过逻辑分析思维确保对系统进行全面的分析。分析组长宜配有一名记录员，记录识别出来的各种危险和（或）操作扰动，以备进一步评估和决策。小组应由不同专业的专家组成，他们具备一定的技能和经验，有较好的直觉和判断能力。小组成员在组长的引导下，应积极思考、坦率讨论，当识别出一个问题时，应做好记录便于后续的评估、决策。危险与可操作性分析的主要目标并不是对识别出的问题提出解决方案，但是一旦提出解决方案，应做好记录供设计人员参考。

1. 分析步骤

危险和可操作性分析方法的目的主要是调动生产操作人员、安全技术人员、安全管理人员和相关设计人员的想象性思维，全面考查分析对象，对每一个细节提出问题，找出危险和有害因素，为制定安全对策措施提供依据。危险和可操作性分析包括四个基本步骤，如图 8-1 所示。

2. 优缺点及适用范围

危险与可操作性研究方法的优点是简便易行，且背景各异的专家在一起工作，能够发现和鉴别更多问题，可以汇集集体智慧；缺点是分析结果在很大程度上取决于分析组长的能力和经验，以及小组成员的知识、经验与合作。危险和可操作性分析方法适用于设计阶段和现有生产装置的评价。

3. 应用举例

下面以在西部成品油管道某站场应用 HAZOP 技术辨识危害、评价风险为例，对 HAZOP 技术进行详细讲解。该站场为管道首站，有两路来油，输送汽油、柴油两种油品，具有油品储存、增压、流量监测与调节、泄压保护、清管器收发、倒罐、站内排污进零位系统、混油回掺及装车等功能。该站场的主要设施有：给油泵，输油主泵，汽、柴油储罐，进出站阀组，清管器收发装置，泡沫消防泵，泡沫罐，高低压配电室设两套变配电系统。该站场内工艺流程主要有正常输油流程、清管流程、泄压流程、排污流程。

（1）分析准备。

首先，HAZOP 项目组与管道运行企业管理层进行交流，共同确定分析工作的范围、目标和所需的资源支持。其次，HAZOP 项目组完成数据资料的收集，主要包括工艺流程图（PFD），工艺管道仪表流程图（P&ID），工艺装置技术规程，岗位操作规程，泵、储罐、

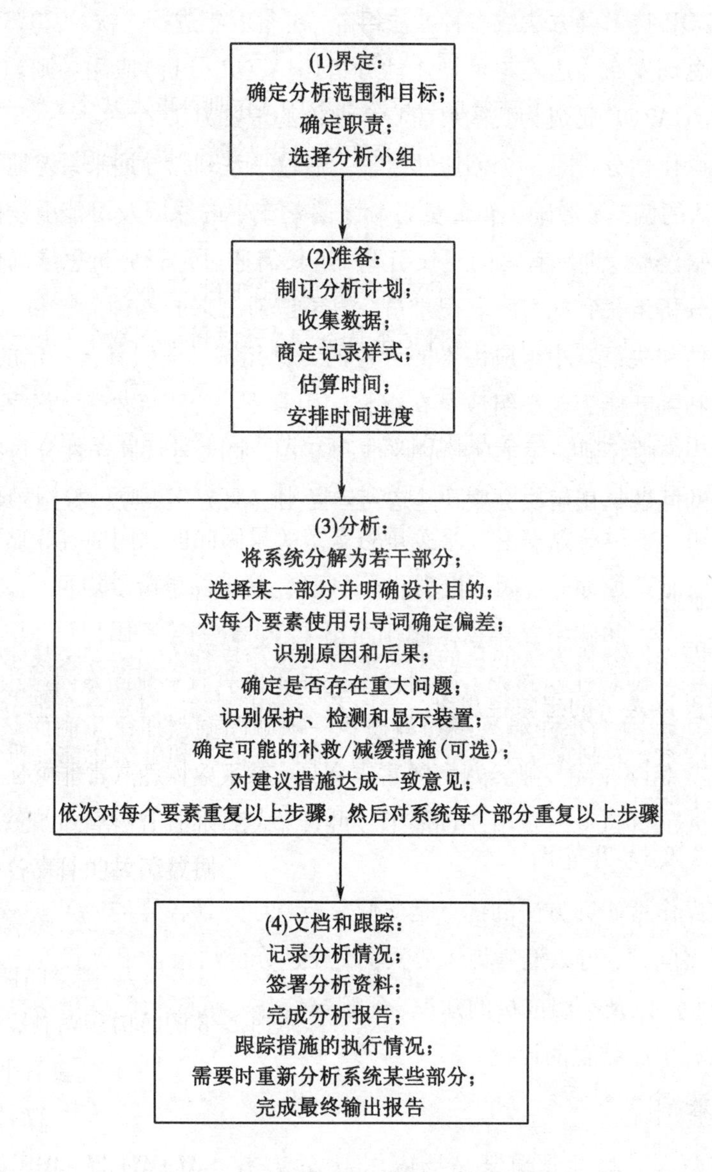

图 8-1　危险与可操作性分析步骤程序图

阀门、管道等设备的台账、操作规程、维护手册和事故记录，等等。在分析会议前，将主要资料分发给分析组成员。再次，确定分析组成员。成员的知识、经验对分析结果的可信度和深度至关重要，组长应具有丰富的经验和独立工作的能力，受过 HAZOP 分析领导的专业训练；成员应该专业齐全，在专业领域有较多经验。该项目分析组成员包括运营公司和站场的运行人员、管理人员、设计公司设计人员、管理专家和消防主题专家；专业包含工艺、安全、仪表自动化、机械设备、消防等。最后，在分析前，由组长对成员培训 HAZOP 技术的流程和方法，明确成员的职责，解释数据的收集情况。

（2）节点划分。

经过分析讨论，将该站场工艺系统划分为16个节点，见表8-5。

表8-5　某站场HAZOP节点

编号	节点	编号	节点
1	炼厂汽油进油管道	9	外输管道
2	进汽油储罐区	10	发球流程
3	进柴油储罐区	11	泄压流程
4	拱顶油罐	12	污油罐
5	内浮顶油罐	13	消防系统
6	储罐至给油泵前的管道	14	泡沫系统
7	给油泵组	15	冷却喷淋系统
8	外输泵组	16	防静电系统

（3）偏差确定。

从工艺参数、引导词入手，结合该站场的情况，确定16个具有实际意义的偏差，见表8-6。

表8-6　某站场HAZOP选取的偏差

编号	偏差	描述
1	液位高	
2	液位低	
3	压力高	
4	压力低	
5	流量高	流量过高
6	低流量/无流量	流量过低/没有流量
7	温度高	温度过高
8	温度低	温度过低
9	流质变化	油质发生变化
10	逆流	流向相反
11	泄漏	管道、泵、储罐泄漏
12	水击	发生水击现象
13	操作异常	操作失误
14	维修异常	维修过程中操作失误带来的偏差
15	设备异常	设备损坏或异常状态
16	失掉功能	失掉设计功能

(4)分析与记录。

按照顺序分析有实际意义的偏差产生的原因、后果、风险及已有的安全措施，并提出建议措施。所有记录表和建议均由分析组成员共同审核，以保证完整性和准确性。最后，分析组编制分析报告，将记录表和建议提交管道运营公司管理层。

五、作业条件危险性评价

美国的 Keneth J.Graham 和 Gilbert F.Kinney 认为，影响危险性的因素有三个：发生事故或危险事件的可能性、暴露于这种危险环境的频率及事故一旦发生可能产生的后果。他们根据实际经验，给出了这三个因素在各种不同情况下的数值，并对所评价的对象进行“打分”，再根据公式计算其危险性分数值，然后将危险性分数值与危险程度等级表对照，查出其危险程度。这种评价方法即作业条件危险性评价(job risk analysis，JRA)，可用式(8-1)表示：

$$D=LEC \tag{8-1}$$

式中，D——作业条件的危险性；

L——事故或危险事件发生的可能性；

E——暴露于危险环境的频率；

C——发生事故或危险事件的可能结果。

1. 发生事故或危险事件的可能性

事故或危险事件发生的可能性与其实际发生的概率相关。若用概率表示时，绝对不可能发生的事件概率为0；而必然发生的事件概率为1。但在考察一个系统的危险性时，绝对不可能发生事故是不确切的，即概率为0的情况不确切。所以，实际上将不可能发生的情况作为“打分”的参考点，定其分值为0.1。

此外，在实际生产条件中，事故或危险事件发生的可能性范围非常广泛，因而人为地将完全出乎意料、极少可能发生的情况规定为1；能预料将来某个时候会发生事故的分值定为10；在这两者之间再根据可能性的大小相应地确定几个中间值，如将“不常见，但可能”的分值定为3，“相当可能”的分值定为6。同样，在0.1与1之间也插入了与某种可能性对应的分值。于是，将事故或危险事件发生可能性的分值从实际上不可能的事件分值为0.1，经过完全意外有极少可能事件的分值为1，直到完全会被预料到事件的分值为10。事故或危险事件发生可能性分数见表8-7。

表8-7 事故或危险事件发生可能性(L)

分数值	事故发生可能性
10	完全会被预料到
6	相当可能

表8-7(续)

分数值	事故发生可能性
3	不经常，但可能
1	完全意外，极少可能
0.5	可能设想，但高度不可能
0.2	极不可能
0.1	实际上不可能

2. 暴露于危险环境的频率

作业人员暴露于危险作业条件的次数越多、时间越长，则受到伤害的可能性也就越大。为此，Keneth J.Graham 和 Gilbert F.Kinney 规定了连续出现在潜在危险环境的暴露频率分值为 10，一年仅出现几次非常稀少的暴露频率分值为 1。以 10 和 1 为参考点，在此区间内根据潜在危险作业条件中暴露频率进行进一步划分，并对其赋值。例如，每月暴露一次的分值为 2，每周一次或偶然暴露的分值为 3。另外，根本不暴露的分值应为 0，但这种情况实际上是不存在的，因此没有列出。暴露于危险环境的频率见表 8-8。

表 8-8　暴露于危险环境的频率(*E*)

分数值	暴露于危险环境情况
10	连续暴露于潜在危险环境
6	逐日在工作时间内暴露
3	每周一次或偶然地暴露
2	每月暴露一次
1	每年几次出现在潜在危险环境
0.5	非常罕见地暴露

3. 发生事故或危险事件的可能结果

造成事故或危险事故的人身伤害或物质损失可在很大范围内变化，就工伤事故来说，可以从轻微伤害到多人死亡，其范围非常广泛。因此，Keneth J.Graham 和 Gilbert F. Kinney 规定将需要救护的轻微伤害的可能结果赋值为 1，以此种情形作为一个基准点；将造成许多人死亡的可能结果赋值为 100，作为另一个参考点。在两个参考点之间(1~100)，插入相应的中间值，列出可能结果的分值，见表 8-9。

表 8-9　发生事故或危险事件的可能结果(*C*)

分数值	可能结果
100	许多人死亡
40	数人死亡
15	一人死亡

表8-9(续)

分数值	可能结果
7	严重伤害
3	致残
1	需要治疗

4. 作业条件的危险性

确定了上述三个具有潜在危险性的作业条件的分值，并按式(8-1)进行计算，即可得出危险性分值。由此，要确定其危险性程度时，按照表8-10查询即可。

表8-10　作业条件的危险性(D)

分数值	危险程度
>320	极其危险，不能继续作业
160~320	高度危险，需要立即整改
70~160	显著危险，需要整改
20~70	比较危险，需要注意
<20	稍有危险，或许可被接受

由经验可知，当危险性分值在20以下时，该环境属低危险性，一般可被接受，这样的危险性比骑自行车通过拥挤的马路去上班之类的日常生活活动的危险性还要低；当危险性分值在20~70时，则需要加以注意；当危险性分值在70~160时，则有明显的危险，需要采取措施进行整改；同样，根据经验，当危险性分值在160~320时，属于高度危险作业，必须立即采取措施进行整改；当危险性分值在320分以上时，则表示该作业条件极其危险，应该立即停止直到作业条件得到改善为止。

5. 方法特点及适用范围

作业条件危险性评价方法评价人们在某种具有潜在危险的作业环境中进行作业的危险程度，该方法简单易行，危险程度的级别划分比较清楚、醒目。但是，它主要是根据经验来确定三个因素的分值及划定危险程度等级的，因此具有一定的局限性。而且它是一种作业条件的局部评价，故不能普遍适用。此外，在具体应用时，还可根据自己的经验、具体情况适当加以修正。

六、危险度评价

危险度评价是指对建设工程或装置各单元和设备的危险度进行分级的安全评价方法，它借鉴日本劳动省“六阶段”的定量评价表，结合我国国家标准《石油化工企业设计防火标准(2018年版)》(GB 50160—2008)、《压力容器中化学介质毒性危害和爆炸危险程度分类标准》(HG/T 20660—2017)等有关标准、规程，编制了危险度各项目评分表，见表 8-11。规定了危险度由物质、容量、温度、压力和操作五个项目共同确定，其危险度分别按 A 为 10 分、B 为 5 分、C 为 2 分、D 为 0 分赋值计算，由累计分值确定单元危险度，见图 8-2 和表 8-12。

表 8-11 危险度各项目评分表

项目	分值			
	A(10 分)	B(5 分)	C(2 分)	D(0 分)
物质（指单元内危险、有害程度最大的物质）	(1)甲类可燃气体[①]； (2)$甲_A$类物质及液态烃类； (3)甲类固体； (4)极度危害 S 介质[②]	(1)乙类可燃气体； (2)$甲_B$、$乙_A$类可燃液体； (3)乙类固体； (4)高度危害介质	(1)$乙_B$、$丙_A$、$丙_B$类可燃液体； (2)丙类固体； (3)中、轻度危害介质	不属于 A，B，C 项的物质
容量[③]	(1)气体：1000 m^3 以上； (2)液体：100 m^3 以上	(1)气体：500~1000 m^3； (2)液体：50~100 m^3	(1)气体：100~500 m^3； (2)液体：10~50 m^3	(1)气体：小于 100 m^3； (2)液体：小于 10 m^3
温度	1000 ℃以上使用，其操作温度在燃点以上	(1)1000 ℃以上使用，但操作温度在燃点以下； (2)在 250~1000 ℃使用，其操作温度在燃点以上	(1)在 250~1000 ℃使用，但操作温度在燃点以下； (2)在低于 250 ℃时使用，操作温度在燃点以上	在低于 250 ℃时使用，操作温度在燃点以下
压力	100 MPa	20~100 MPa	1~20 MPa	1 MPa 以下
操作	(1)临界放热和特别剧烈的放热反应操作(卤化、硝化反应)； (2)在爆炸极限范围内或其附近的操作	(1)中等放热反应(如烷基化、酯化、加成、氧化、聚合、缩合等反应)操作； (2)系统进入空气或不纯物质，可能发生的危险、操作； (3)使用粉状或雾状物质，有可能发生粉尘爆炸的操作； (4)单批式操作	(1)轻微放热反应(如加氢、水合、异构化、烷基化、磺化、中和等反应)操作； (2)在精制过程中伴有化学反应； (3)单批式操作，但开始使用机械等手段进行程序操作； (4)有一定危险的操作	无危险的操作

注：① 见《石油化工企业设计防火标准(2018 年版)》(GB 50160—2008)中的可燃物质的火灾危险性分类。

② 见《压力容器中化学介质毒性危害和爆炸危险程度分类标准》(HG/T 20660—2017)中表 4.0.3。

③ 有催化剂的反应，应去掉催化剂层所占空间；气液混合反应，应按其反应的形态选择上述规定。

$$\left\{\begin{matrix}\text{物质}\\0\sim10\text{分}\end{matrix}\right\}+\left\{\begin{matrix}\text{容量}\\0\sim10\text{分}\end{matrix}\right\}+\left\{\begin{matrix}\text{温度}\\0\sim10\text{分}\end{matrix}\right\}+\left\{\begin{matrix}\text{压力}\\0\sim10\text{分}\end{matrix}\right\}+\left\{\begin{matrix}\text{操作}\\0\sim10\text{分}\end{matrix}\right\}+\left\{\begin{matrix}16\text{分及以上}\\1\sim10\text{分}\end{matrix}\right\}=11\sim15\text{分}$$

图 8-2　危险度分级

图 8-2 中，物质为物质本身固有的点火性、可燃性和爆炸性的程度；容量为单元中处理的物料量；温度为运行温度和点火温度的关系；压力为运行压力(超高压、高压、中压、低压)；操作为运行条件引起爆炸或异常反应的可能性。

表 8-12　评分值及危险度划分

总分	≥16	11~15	≤10
等级	Ⅰ	Ⅱ	Ⅲ
危险度	高度危险	中都危险	低度危险

注:1. 16 分及以上为Ⅰ级，属高度危险；

2. 11~15 分为Ⅱ级，需同周围情况与其他设备联系起来进行评价；

3. 1~10 分为Ⅲ级，属低度危险。

危险度评价方法的步骤如下。

第一步，资料准备。包括但不限于以下几个方面：地理条件、装置配置图、结构平面、断面、立面图；仪表室和配电室平、断、立面图；原材料、中间体、产品等物理化学性质及其对人的影响；反应过程，制造工程概要，流程图，流程机械表；配管、仪表系统图，安全设备的种类及设置地点，运转要点，人员配置图，安全教育训练计划，其他有关资料等。

第二步，定性评价。根据安全检查表检查设计、操作等方面存在的问题，主要分析以下几个方面：设计方面，如地理条件、工厂内的布置、建筑物、消防设备等；运行方面，如原材料、中间产品、成品等；生产工艺方面，如输送、储存等；工艺设备方面。

第三步，定量评价。将装置分为几个单元，对各单元的物质、容量、温度、压力和操作等五项内容进行评定。

第四步，安全措施。按照危险程度的等级确定相应的安全措施。

第五步，再评价。根据设计内容参照同样设备和装置的事故进行再评价。

第六步，深入分析。对于在第三阶段中危险度定为Ⅰ级的装置，进行事件树和故障树分析，深入分析危险性。

七、事件树分析

事件树分析(event tree analysis，ETA)的理论基础是决策论，是一种从原因到结果的自上而下的分析方法。与故障树分析不同，事件树分析使用的是归纳法，而不是演绎法。

事件树分析是从一个初始事件开始，交替考虑成功与失败的两种可能性，然后以这两种可能性作为新的初始事件，如此继续分析下去，直到找到最后的结果。因此，事件树分析是一种归纳逻辑树图，能够看到事故发生的动态发展过程，提供事故后果。

事故的发生是若干事件按照时间顺序相继出现的结果，每一个初始事件都可能导致灾难性的后果，但不一定是必然的后果。事件树分析从事故的初始事件开始，途经原因事件到结果事件为止，每一个事件都按照成功和失败两种状态进行分析。成功或失败的分叉称为歧点，用树枝的上分支作为成功事件、下分支作为失败事件，按照事件发展顺序不断延续分析直至最后结果，最终形成一个在水平方向横向展开的树形图。

事件树分析的主要目的：判断事故是否发生，以采取直观的安全措施；指出消除事故的根本措施，改进系统安全状况；从宏观角度分析系统可能发生的事故，掌握事故发生的规律；找出最严重的事故后果，为确定初始事件提供依据。

事件树分析的主要特点：既能对已发生事故进行分析，也能对未发生事故进行预测；用于事故分析和预测时比较明确，寻求事故对策时比较直观；可用于管理上对重大问题的决策；可以探明初期事件到事故的发展过程，系统地用图展示出各种故障与系统成功、失败的关系；对复杂问题可以进行简化推理与归纳；提供定义故障树初始事件的手段。

1. 分析步骤

第一步，确定初始事件。初始事件一般指系统故障、设备失效、工艺异常、人的失误等，它们都是事先设想或估计的。确定初始事件一般依靠分析人员的经验和有关运行、故障、事故统计资料；对于新开发系统或复杂系统，往往先用其他分析、评价方法从分析的因素中选定，再用事件树分析方法做进一步的重点分析。

第二步，判定安全功能。在所研究的系统中包含许多能消除、预防、减弱初始事件影响的安全功能。常见的安全功能有自动控制装置、报警系统、安全装置、屏蔽装置和操作人员采取的措施等。

第三步，发展事件树和简化事件树。从初始事件开始，自左向右发展事件树，首先把初始事件一旦发生时起作用的安全功能状态画在上分支上，不能发挥安全功能的状态画在下分支上，然后依次考虑每种安全功能分支的两种状态，层层分解直至系统发生事故或故障为止。

第四步，分析事件树。一方面，找出事故连锁和最小割集。事件树每个分支代表初始事件一旦发生后其可能的发展途径，其中导致系统事故的途径即事故连锁。一般导致系统事故的途径有很多，即有很多事故连锁。另一方面，找出预防事故的途径。事件树中最终达到安全的途径指导人们如何采取措施预防事故发生。在达到安全的途径中，安全功能发挥作用的事件构成事件树的最小径集。一般事件树中包含多个最小径集，可以通过若干途径防止事故发生。

由于事件树体现了事件的时间顺序，所以应尽可能地从最先发挥作用的安全功能着手。

第五步，事件树的定量分析。由各事件发生的概率计算系统事故或故障发生的概率。

2. 优缺点及适用范围

事件树分析方法是一种图解形式，层次清晰，可以看作故障树分析方法的补充，能够将严重事故的动态发展过程揭示出来。

优点：概率可以以路径为基础分到节点；整个结果的范围可以在整个树中得到改善；事件树从原因到结果，概念上易懂。

缺点：事件树成长非常快，为了保持合理大小，往往要求分析必须粗犷。

3. 应用举例

油库输油管线投用一段时间后，由于应力、腐蚀或材料、结构及焊接工艺等方面的缺陷，在使用过程中会逐渐产生穿孔、裂纹等，并因外界其他客观原因导致渗漏。该管线在改造与建设中也会根据需要，运用电焊、气焊等进行动火补焊、碰接及改造。动火作业是一项技术性强、要求高、难度大、颇具危险性的作业，为了避免发生火灾、爆炸、人身伤亡事故及其他作业事故，动火作业必须采取一系列严格有效的安全防护措施。

油库输油管线作业流程和作业要求如下。在实施动火施工作业前，业务领导和工程技术人员要认真进行实地勘察，特别要注意分析天气、风向、温度对作业的影响，应严格填写动火作业票，实施危险作业许可审批制度。要针对不同的作业现场和焊、割对象，配备符合一定条件和数量的消防设备和器材，由消防班人员担任动火作业的消防现场值班，消防车停在作业现场担任警戒，消防水带延伸至作业现场，随时做好灭火准备。动火施工过程中，应注意油气浓度在爆炸下限4%以下方可动火。在清空的输油管线上动火，必须用隔离盲板断开所有与其他油罐（管）的连通，并进行清洗和通风。使用电焊时，需断开待焊设备与其他储油容器、管道的金属连接。在清空的储油容器、输油管线上，动火作业完毕后还必须进行无损检测，如进行水（气）压试验或超声波探伤。对检查出的焊接缺陷，应及时补焊。

根据作业流程和事故分析，构造油库管线动火作业事件树。假定各事件的发生是相互独立的，通过风险辨识、故障树和专家经验分析，计算得出各分支链的后果事件概率，如图8-3所示。

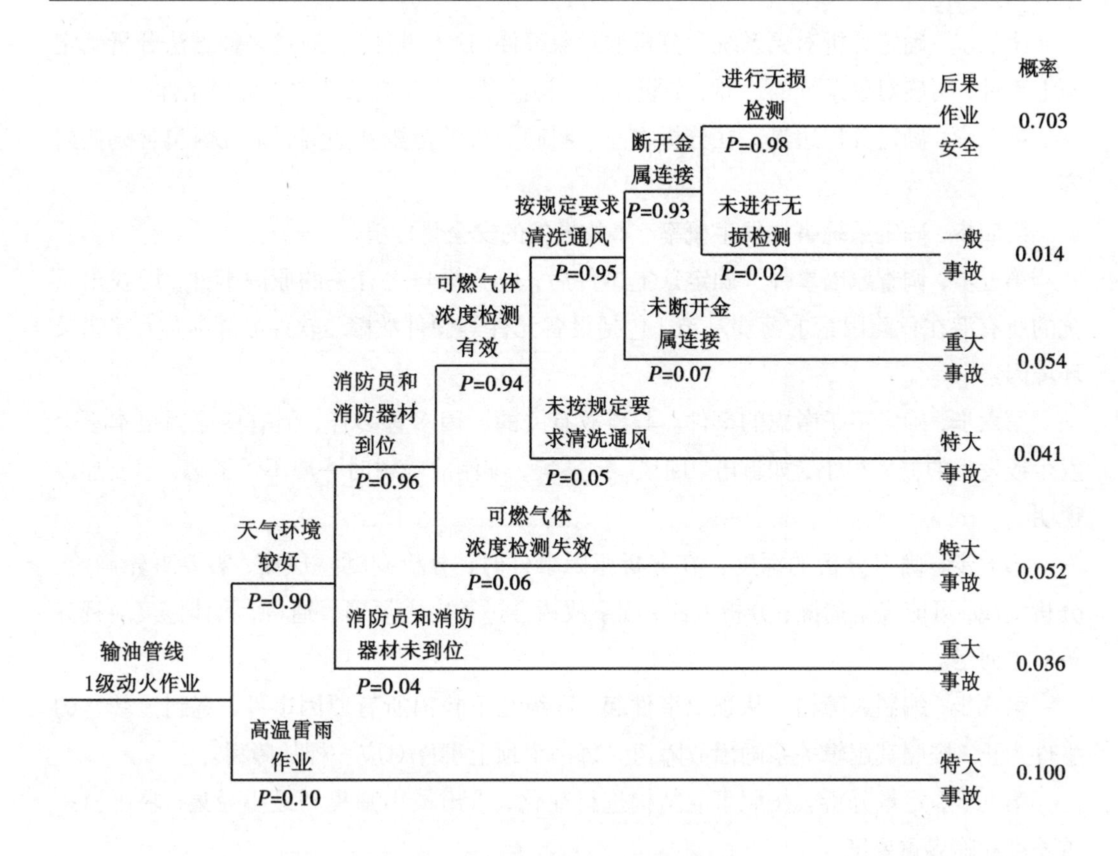

图 8-3　油库输油管线动火作业事件树分析

八、故障树分析

故障树分析(fault tree analysis，FTA)是一种演绎的逻辑分析方法，它将事故因果关系形象地描述为一株有方向的“树”，将系统可能发生或已经发生的事故(称为顶上事件)作为分析起点，将导致事故原因的事件按因果逻辑关系逐层列出，用树形图表示，构成一种逻辑模型；然后定性或定量地分析事件发生的各种可能途径及发生的概率，找出避免事故发生的各种方案并优选出最佳安全对策。故障树分析方法形象、清晰、逻辑性强，它能对各种系统的危险性进行识别评价，既适用于定性分析，又能进行定量评价。

顶上事件通常是由故障假设、危险和可操作性分析等危险分析方法识别出来的。故障树模型是原因事件(即故障)的组合(称为故障模式或失效模式)，这种组合导致顶上事件，而这些故障模式称为割集，最小割集是原因事件的最小组合。若要使顶上事件发生，则要求最小割集中的所有事件必须全部发生。

1. 分析步骤

第一步，熟悉分析系统。首先详细了解分析对象，包括工艺流程、设备构造、操作条件、环境状况、控制系统和安全装置等。此外，还需收集同类系统发生的事故。

第二步，确定分析对象系统和分析的对象事件(顶上事件)。通过多种方法分析确定顶上事件，明确对象系统的边界、分析深度、初始条件、前提条件和不考虑条件。

第三步，确定分析边界。在分析之前要明确分析的范围和边界，系统内包含哪些内容。

第四步，确定系统事故发生概率、事故损失的安全目标值。

第五步，调查原因事件。确定顶上事件后，应分析与之有关的原因事件，即找出系统的所有潜在危险因素的薄弱环节，包括设备元件等硬件故障、软件故障、人为差错及环境因素。

第六步，确定不予考虑的事件。与事故有关的原因多种多样，但有些原因根本不会发生或发生的概率很小，如雷电、飓风、地震等，编制故障树时一般不予考虑，但要加以说明。

第七步，确定分析的深度。在分析原因事件时，分析到哪一层面，需要事先确定。分析太浅，可能发生遗漏；分析太深，则事故树会过于庞大烦琐。通常，具体深度应视分析对象而定。

第八步，编制故障树。从顶上事件起，逐级往下找出所有原因事件，直到最基本的事件为止，按照其逻辑关系画出故障树。每一个顶上事件对应一棵故障树。

第九步，定量分析。按照事故结构进行简化，求出最小割集和最小径集，求出概率重要度和临界重要度。

第十步，得出结论。当事故发生概率超过预定目标值时，从最小割集着手研究降低事故发生概率的所有可能方案，利用最小径集找出消除事故的最佳方案；通过重要度分析确定采取对策措施的重点和先后顺序，从而得出分析、评价的结论。

2. 故障树基本内容

故障树由各种符号和其连接的逻辑门组成。最简单、最基本的符号包括事件符号、逻辑门符号和转移符号。常用故障树符号及意义见表8-13。

表8-13 常用故障树符号及意义

种类	符号	名称	意义
事件符号	▭	顶上事件、中间事件	表示由许多其他事件相互作用而引起的事件。这些事件都可进一步往下分析，处于故障树顶端或中间
	○	基本事件	故障树最基本的原因事件，不能继续往下分析，处于故障树底端
	⬠	省略事件	由于缺乏资料不能进一步展开或不愿继续分析而有意省略的事件
	◇	正常事件	正常情况下应该发生的事件，位于故障树的底部

表8-13(续)

种类	符号	名称	意义
逻辑门符号		与门	表示输入事件(B_1和B_2)都发生，输出事件A才发生
	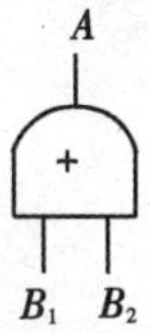	或门	表示输入事件(B_1和B_2)只要有一个发生，就会引起输出事件A发生
	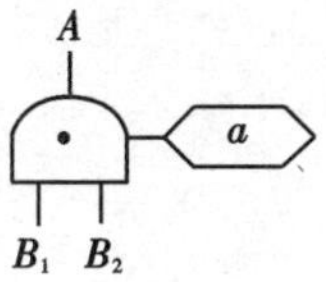	条件与门	表示输入事件(B_1和B_2)都发生还必须满足条件a，输出事件A才能发生
	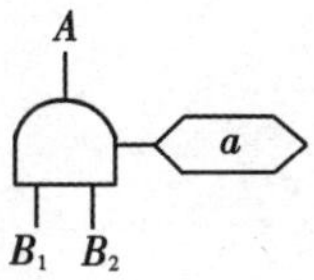	条件或门	表示任何一个输入事件(B_1和B_2)发生同时满足条件a，就会引起输出事件A发生
	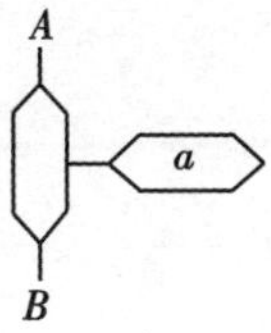	限制门	输入事件B发生同时条件a也发生，输出事件A就会发生
转移符号		转入符号	表示此处与有相同字母或数字的转出符号相连接
	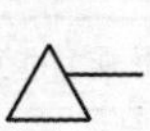	转出符号	表示此处与有相同字母或数字的转入符号相连接

在故障树分析中，常用逻辑运算符号“·”“+”将各个事件连接起来，这种连接式称为布尔代数表达式。在求最小割集时，要用布尔代数运算法则化简代数式。布尔代数运算律如下。

交换律：

$$A \cdot B = B \cdot A$$

$$A + B = B + A$$

结合律：

$$A+(B+C)=(A+B)+C$$

$$A\cdot(B\cdot C)=(A\cdot B)\cdot C$$

分配律：

$$A\cdot(B+C)=A\cdot B+A\cdot C$$

$$A+(B\cdot C)=(A+B)\cdot(A+C)$$

吸收律：

$$A\cdot(A+B)=A$$

$$A+A\cdot B=A$$

互补律：

$$A+A'=\Omega=1$$

$$A\cdot A'=0$$

幂等律：

$$A\cdot A=A$$

$$A+A=A$$

德·摩根定律：

$$(A\cdot B)'=A'+B'$$

$$(A+B)'=A'\cdot B'$$

对合律：

$$(A')'=A$$

重叠律：

$$A+A'B=A+B=B'+B$$

$$A+A'\cdot B=A+B=B+B'\cdot A$$

布尔代数运算规则如表8-14所列。

表8-14　布尔代数运算规则

运算规则	并集（逻辑加）的关系式	交集（逻辑乘）的关系式
结合律	$A\cup(B\cup C)=(A\cup B)\cup C$	$A\cap(B\cap C)=(A\cap B)\cap C$
分配率	$A\cup(B\cap C)=(A\cup B)\cap(A\cup C)$	$A\cap(B\cup C)=(A\cap B)\cup(A\cap C)$
交换律	$A\cup B=B\cup A$	$A\cap B=B\cap A$
等幂律	$A\cup A=A$	$A\cap A=A$
吸收率	$A\cup(A\cap B)=A$	$A\cap(A\cup B)=A$
对合律	$(A')'=A$	
互补率	$A\cup A'=\Omega=1$	$A\cap A'=\Phi=0$
对偶原则	$(A\cup B)'=A'\cap B'$	$(A\cap B)'=A'\cup B'$

为了进行故障树定性、定量分析，需要建立数学模型，列出数学表达式。下面以图 8-4 所示故障树为例进行讲解。

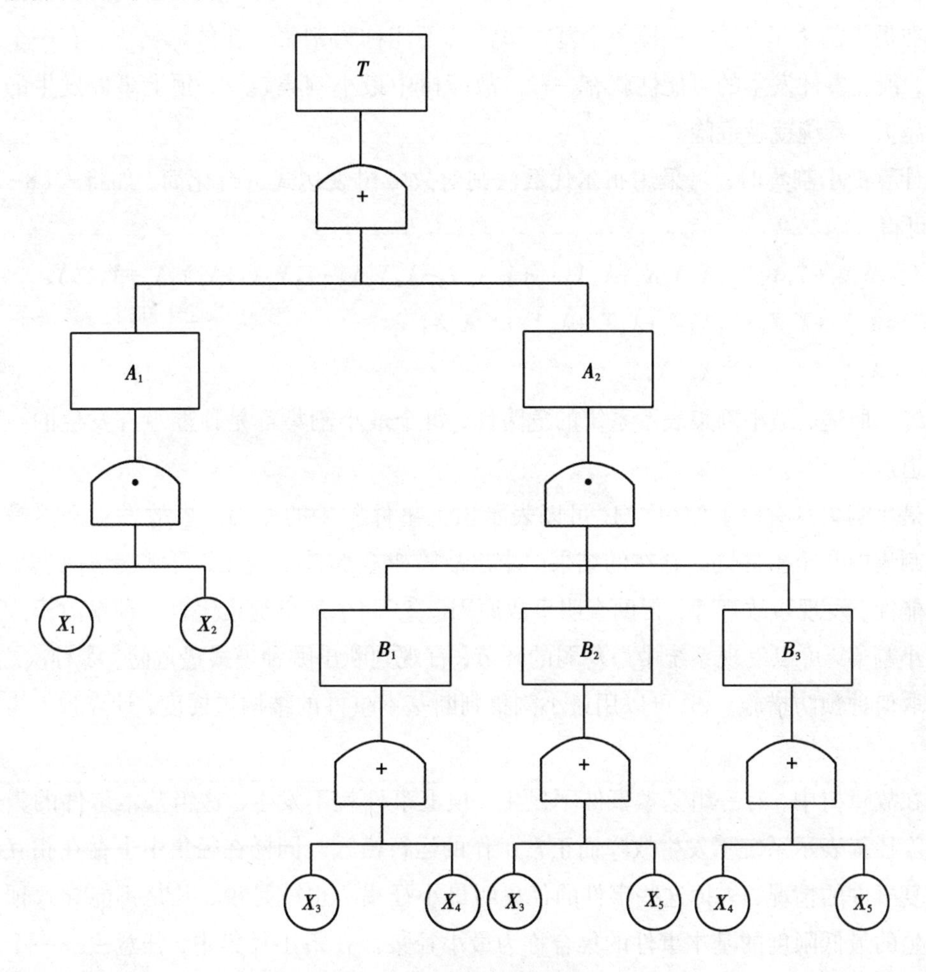

图 8-4　未经简化的故障树

该故障树的结构函数表达式为

$$
\begin{aligned}
T &= A_1+A_2 \\
&= A_1+B_1B_2B_3 \\
&= X_1X_2+(X_3+X_4)(X_3+X_5)(X_4+X_5) \\
&= X_1X_2+X_3X_3X_4+X_3X_4X_4+X_3X_4X_5+X_4X_4X_5+X_4X_5X_5+X_3X_3X_5+X_3X_3X_5+X_3X_4X_5
\end{aligned}
\tag{8-2}
$$

在故障树中，如果所有的基本事件都发生，则顶上事件必然发生。但是在多数情况下并非如此，往往是只要某个或某几个事件发生，顶上事件就能发生。凡是能导致顶上事件发生的基本事件的集合称为割集。在一个故障树中，割集数目可能很多，在内容上可能有相互包含和重复的，甚至有多余的事件出现，须把它们移除。除去这些事件后的割集叫最小割集。也就是说，凡是能导致顶上事件发生的最低限度的基本事件的集合称为最小割集。如果割集中任一基本事件不发生，顶上事件就绝不发生。一般割集不具备这个性质。例如，该故障树中$\{X_1, X_2\}$是最小割集，$\{X_3, X_4, X_5\}$是割集但不是最小割集。在最小割集里，任意去掉一个基本事件就不能称为割集。在故障树中，有一个最小割集，顶上事件发生的可能性就有一种。故障树中最小割集越多，顶上事件发生的可能性就越大，系统就越危险。

计算最小割集时，可采用布尔代数法则对故障树表达式进行化简，如将式(8-2)化简，可得

$$
\begin{aligned}
T &= X_1X_2+X_3X_3X_4+X_3X_4X_4+X_3X_4X_5+X_4X_4X_5+X_4X_5X_5+X_3X_3X_5+X_3X_3X_5+X_3X_4X_5 \\
&= X_1X_2+X_3X_4+X_3X_4X_5+X_4X_5+X_3X_5+X_3X_4X_5 \\
&= X_1X_2+X_3X_4+X_4X_5+X_3X_5
\end{aligned}
\tag{8-3}
$$

综上所述，最小割集表示系统的危险性，每个最小割集都是顶上事件发生的一种可能渠道。

最小割集具有以下作用。① 可以表示顶上事件发生的原因。事故发生必然是某个最小割集中几个事件同时存在的结果。求出故障树全部最小割集，可掌握事故发生的各种可能性，发现事故规律，帮助查明事故原因。② 一个最小割集代表一种事故模式。根据最小割集，可以发现系统中最薄弱的环节，直观判断出哪种模式最危险，哪种次之，以及采取何种预防措施。③ 可以用最小割集判断基本事件的结构重要度，计算顶上事件概率。

在故障树中，有一组基本事件不发生，顶上事件就不发生，这组基本事件的集合叫径集。径集表示系统不发生故障而正常工作的运行模式。同样在径集中也存在相互包含和重复事件的情况，去掉这些事件的径集叫最小径集。也就是说，凡是不能导致顶上事件发生的最低限度的基本事件的集合称为最小径集。在最小径集中，任意去掉一个事件也不能称其为径集。故障树有一个最小径集，顶上事件不发生的可能性就有一种。最小径集越多，顶上事件不发生的途径就越多，系统就越安全。

最小径集的计算是利用最小割集和最小径集的对偶性，首先画故障树的对偶树，即成功树。计算成功树的最小割集，就是原故障树的最小径集。成功树的画法是将故障树的“与门”全部换成“或门”、“或门”全部换成“与门”，并把全部事件的发生变成不发生，就是在所有事件上都加“′”，使之变成原事件补的形式。经过这样变换后得到的树形就是原故障树的成功树。这种做法的原理是根据布尔代数的德·摩根定律。“条件与门”“条件或门”“限制门”的变换方式同上，变换时，把条件作为基本事件处理。

最小径集表示系统的安全性，每个最小径集都是顶上事件不发生的一种可能渠道。最小径集的数目越多，越安全。最小径集具有以下作用。① 表示顶上事件不发生的原因。事故不发生必然是某个最小径集中几个事件同时存在的结果。求出故障树全部最小径集，掌握不发生事故的各种途径，有助于掌握事故规律，防止事故发生。② 一个最小

径集代表系统不发生故障而正常工作运行的模式。利用最小径集可以经济、有效地选择预防事故的方案。③ 利用最小径集能够判断基本事件的结构重要度，计算顶上事件概率。④ 利用最小径集可以对系统进行定量分析和评价。

结构重要度分析是分析基本事件对顶上事件影响的大小，是为改进系统的安全性提供重要信息的手段。在故障树中，各基本事件对顶上事件的影响程度不一，在不考虑各基本事件的发生概率或假定各基本事件发生概率相等的情况下，仅从故障树结构上分析各基本事件的重要度，分析各基本事件的发生对顶上事件发生的影响。结构重要度分析一般可采用两种方法：一种是精确求出结构重要度系数，另一种是用最小割集或最小径集排出结构重要度顺序。前者准确但烦琐，后者简单但不够精确。下面，仅介绍用最小割集或最小径集分析结构重要度的方法。

利用最小割集或最小径集分析结构重要度方法有以下几个判断原则。

① 由单个事件组成的最小割(径)集中，该基本事件结构重要度最大。例如，某故障树有三个最小割集，分别为 $G_1=\{X_1\}$，$G_2=\{X_2, X_3\}$，$G_3=\{X_4, X_5, X_6\}$，据此，$I_\phi(1)$ 最大。

② 仅在同一最小割(径)集中出现的所有基本事件，且在其他最小割(径)集中不再出现，则所有基本事件结构重要度系数相等。例如，在 $\{X_1, X_2\}$，$\{X_3, X_4, X_5\}$，$\{X_6, X_7, X_8, X_9\}$ 中，$I_\phi(1)=I_\phi(2)$，$I_\phi(3)=I_\phi(4)=I_\phi(5)$，$I_\phi(6)=I_\phi(7)=I_\phi(8)=I_\phi(9)$。

③ 若最小割(径)集包含的基本事件数相等，则在不同的最小割(径)集中出现次数多者基本事件结构重要度系数大，出现次数少者结构重要度系数小，出现次数相等者结构重要度系数相等。例如，在 $\{X_1, X_2, X_3\}$，$\{X_1, X_3, X_5\}$，$\{X_1, X_5, X_6\}$，$\{X_1, X_4, X_7\}$ 中，X_1 出现 4 次，X_3，X_5 出现 2 次，X_2，X_4，X_6，X_7 各出现 1 次，所以 $I_\phi(1)>I_\phi(3)=I_\phi(5)>I_\phi(2)=I_\phi(4)=I_\phi(6)=I_\phi(7)$。

④ 若两个基本事件在所有最小割(径)集中出现的次数相等，则在少事件最小割(径)集中出现的基本事件的结构重要度系数大。例如，在 $\{X_1, X_3\}$，$\{X_2, X_3, X_5\}$，$\{X_1, X_4\}$，$\{X_2, X_4, X_5\}$ 中，X_1 出现 2 次，X_2 也出现 2 次，但 X_1 所在的两个最小割集都含有两个基本事件，X_2 所在的两个最小割集都含有三个基本事件，所以 $I_\phi(1)>I_\phi(2)$。

⑤ 两个基本事件在少事件最小割(径)集中出现次数少，而在多事件最小割(径)集中出现次数多，以及其他更为复杂的情况，通常利用近似公式计算。常用的近似公式如下：

$$I_\phi(i)=\frac{1}{k}\sum_{j=1}^{k}\frac{1}{n_j}(j\in k_j) \tag{8-4}$$

式中，k——最小割集总数；

k_j——第 j 个最小割集；

n_j——第 k_j 个最小割集的基本事件数。

$$I_{\phi}(i)=\sum_{x_i\in k_j}\frac{1}{2^{n_j-1}} \tag{8-5}$$

式中，n_j-1——第 i 个基本事件所在k_j中各基本事件总数减 1；

$I_{\phi}(i)$——第 i 个基本事件的结构重要度系数。

$$I_{\phi}(i)=1-\prod_{x_j\in k_j}\left(1-\frac{1}{2^{n_j-1}}\right) \tag{8-6}$$

式中，$I_{\phi}(i)$——第 i 个基本事件的结构重要度系数；

n_j——第 i 个基本事件所在k_j中各基本事件。

3. 特点和适用范围

故障树分析方法是采用演绎的方法分析事故的因果关系，能详细找出各系统中各种固有的潜在危险因素，为安全设计、制定安全技术措施和安全管理提供依据；能简洁形象地表示出事故和各原因之间的因果关系及逻辑关系。在事故分析中，顶上事件可以是已发生的事故，也可以是预想的事故。通过分析找到原因，采取对策加以控制，起到预测、预防的作用。可以用于定性分析，求出危险因素对事故影响的大小；也可以用于定量分析，由各危险因素的概率计算出事故发生的概率，从数量上说明是否能满足预定目标值的要求，从而确定采取措施的顺序。可选择最感兴趣的事故作为顶上事件进行分析。分析人员必须非常熟悉对象系统，具有丰富的实践经验，能准确和熟悉地应用分析方法。复杂系统的故障树往往很庞大，分析、计算的工作量大。进行定量分析时，必须知道故障树中各事件的故障数据。

4. 应用举例

(1)故障树的绘制。

油库燃烧爆炸故障树如图 8-5 所示。

(2)求最小径集。

$$\begin{aligned}
T' &= A_1'+A_2'+X_{26}' \\
&= B_1'B_2'B_3'B_4'B_5'+X_{22}'+B_6'+X_{26}' \\
&= X_1'X_2'X_3'X_4'X_5'X_6'X_7'C_1'C_2'(X_{21}'+C_3')+X_{22}'+X_{23}'X_{24}'X_{25}'+X_{26}' \\
&= X_1'X_2'X_3'X_4'X_5'X_6'X_7'(D_1'+D_2')(X_{15}'+X_{16}')(X_{21}'+X_{17}'D_3')+X_{22}'+X_{23}'X_{24}'X_{25}'+X_{26}' \\
&= X_1'X_2'X_3'X_4'X_5'X_6'X_7'(X_8'X_9'X_{10}'X_{11}'+X_{12}'X_{13}'X_{14}')(X_{15}'+X_{16}')(X_{21}'+X_{17}'X_{18}'X_{19}'X_{20}')+ \\
&\quad X_{22}'+X_{23}'X_{24}'X_{25}'+X_{26}' \\
&= X_1'X_2'X_3'X_4'X_5'X_6'X_7'X_8'X_9'X_{10}'X_{11}'X_{15}'X_{21}'+X_1'X_2'X_3'X_4'X_5'X_6'X_7'X_8'X_9'X_{10}'X_{11}'X_{16}'X_{21}'+ \\
&\quad X_1'X_2'X_3'X_4'X_5'X_6'X_7'X_8'X_9'X_{10}'X_{11}'X_{15}'X_{17}'X_{18}'X_{19}'X_{20}'+X_1'X_2'X_3'X_4'X_5'X_6'X_7'X_8'X_9'X_{10}'X_{11}'X_{16}'X_{17}'X_{18}'X_{19}'X_{20}'+ \\
&\quad X_1'X_2'X_3'X_4'X_5'X_6'X_7'X_{12}'X_{13}'X_{14}'X_{15}'X_{21}'+X_1'X_2'X_3'X_4'X_5'X_6'X_7'X_{12}'X_{13}'X_{14}'X_{16}'X_{21}'+ \\
&\quad X_1'X_2'X_3'X_4'X_5'X_6'X_7'X_{12}'X_{13}'X_{14}'X_{15}'X_{17}'X_{18}'X_{19}'X_{20}'+X_1'X_2'X_3'X_4'X_5'X_6'X_7'X_{12}'X_{13}'X_{14}'X_{16}'X_{17}'X_{18}'X_{19}'X_{20}'+X_{22}'+ \\
&\quad X_{23}'X_{24}'X_{25}'+X_{26}'
\end{aligned}$$

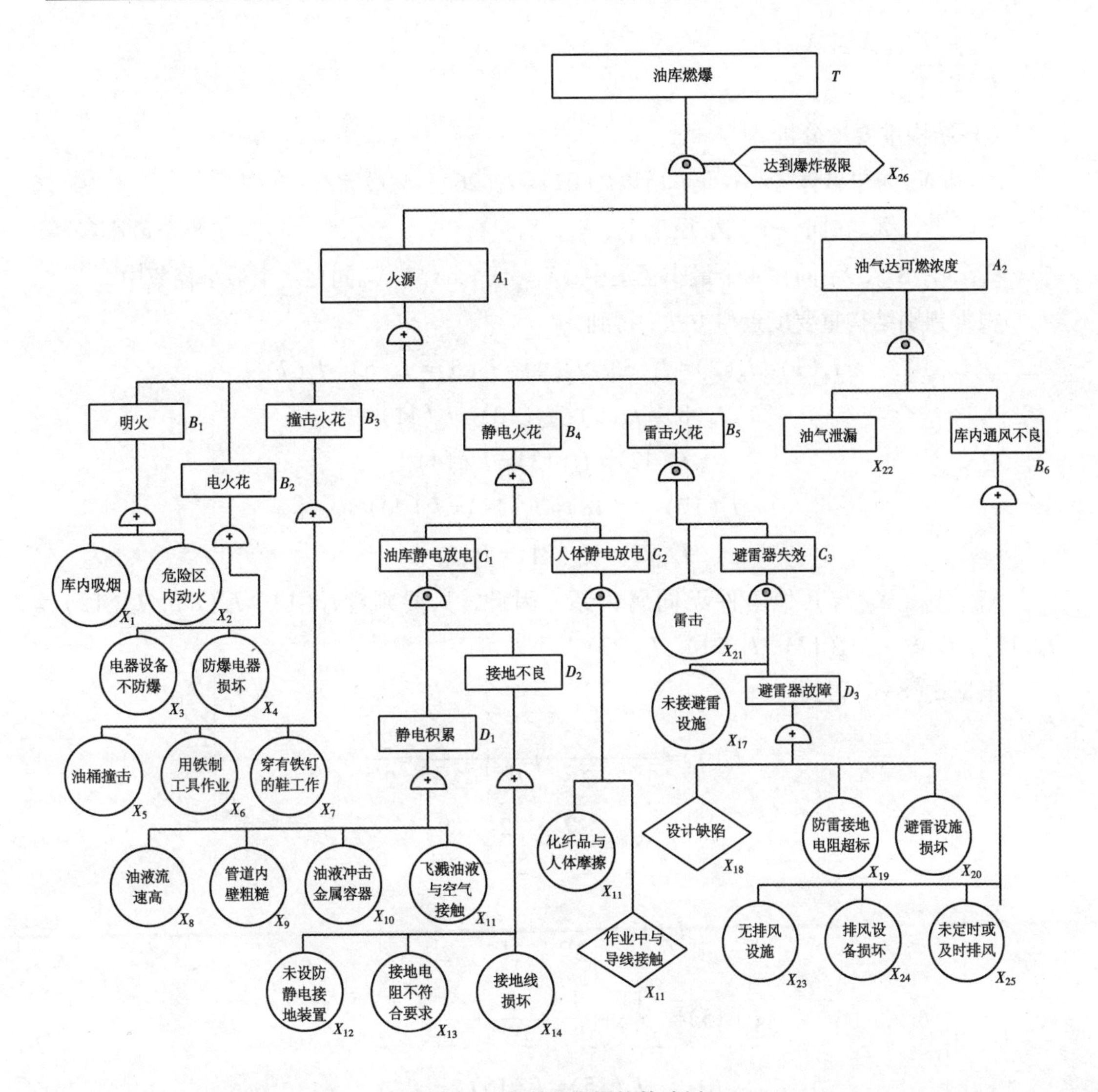

图 8-5　油库燃烧爆炸故障树

共得到以下 11 个最小径集：

$P_1=\{X_1, X_2, X_3, X_4, X_5, X_6, X_7, X_8, X_9, X_{10}, X_{11}, X_{15}, X_{21}\}$

$P_2=\{X_1, X_2, X_3, X_4, X_5, X_6, X_7, X_8, X_9, X_{10}, X_{11}, X_{16}, X_{21}\}$

$P_3=\{X_1, X_2, X_3, X_4, X_5, X_6, X_7, X_8, X_9, X_{10}, X_{11}, X_{15}, X_{17}, X_{18}, X_{19}, X_{20}\}$

$P_4=\{X_1, X_2, X_3, X_4, X_5, X_6, X_7, X_8, X_9, X_{10}, X_{11}, X_{16}, X_{17}, X_{18}, X_{19}, X_{20}\}$

$P_5=\{X_1, X_2, X_3, X_4, X_5, X_6, X_7, X_{12}, X_{13}, X_{14}, X_{15}, X_{21}\}$

$P_6=\{X_1, X_2, X_3, X_4, X_5, X_6, X_7, X_{12}, X_{13}, X_{14}, X_{16}, X_{21}\}$

$P_7=\{X_1, X_2, X_3, X_4, X_5, X_6, X_7, X_{12}, X_{13}, X_{14}, X_{15}, X_{17}, X_{18}, X_{19}, X_{20}\}$

$P_8=\{X_1, X_2, X_3, X_4, X_5, X_6, X_7, X_{12}, X_{13}, X_{14}, X_{16}, X_{17}, X_{18}, X_{19}, X_{20}\}$

$P_9=\{X_{22}\}$

$P_{10}=\{X_{23}, X_{24}, X_{25}\}$

$P_{11}=\{X_{26}\}$

(3)结构重要度分析。

X_{22}和X_{26}为单事件最小径集，所以$I_\phi(22)=I_\phi(26)$，为最大。

X_{23}，X_{24}，X_{25}在同一个最小径集中；X_1，X_2，X_3，X_4，X_5，X_6，X_7同在 8 个最小径集中；X_8，X_9，X_{10}，X_{11}同在 4 个最小径集中；X_{17}，X_{18}，X_{19}，X_{20}同在 4 个最小径集中。

根据判别结构重要度近似方法，得到

$$I_\phi(1)=I_\phi(2)=I_\phi(3)=I_\phi(4)=I_\phi(5)=I_\phi(6)=I_\phi(7)$$

$$I_\phi(8)=I_\phi(9)=I_\phi(10)=I_\phi(11)$$

$$I_\phi(12)=I_\phi(13)=I_\phi(14)$$

$$I_\phi(17)=I_\phi(18)=I_\phi(19)=I_\phi(20)$$

$$I_\phi(23)=I_\phi(24)=I_\phi(25)$$

X_{15}，X_{16}，X_{21}与其他事件无同属关系。因此，只要判定$I_\phi(1)$，$I_\phi(8)$，$I_\phi(12)$，$I_\phi(15)$，$I_\phi(16)$，$I_\phi(17)$，$I_\phi(21)$，$I_\phi(23)$大小即可。

根据式(8-4)得到

$$I_\phi(1)=\frac{2}{2^{16-1}}+\frac{2}{2^{15-1}}+\frac{2}{2^{13-1}}+\frac{2}{2^{12-1}}=\frac{27}{2^{14}}$$

$$I_\phi(8)=\frac{2}{2^{16-1}}+\frac{2}{2^{13-1}}=\frac{9}{2^{14}}$$

$$I_\phi(12)=\frac{2}{2^{15-1}}+\frac{2}{2^{12-1}}=\frac{18}{2^{14}}$$

$$I_\phi(15)=\frac{1}{2^{16-1}}+\frac{1}{2^{15-1}}+\frac{1}{2^{13-1}}+\frac{1}{2^{12-1}}=\frac{13.5}{2^{14}}$$

$$I_\phi(15)=I_\phi(16)$$

$$I_\phi(17)=\frac{2}{2^{16-1}}+\frac{2}{2^{15-1}}=\frac{3}{2^{14}}$$

$$I_\phi(21)=\frac{2}{2^{13-1}}+\frac{2}{2^{12-1}}=\frac{24}{2^{14}}$$

$$I_\phi(23)=\frac{2}{2^{3-1}}=\frac{1}{4}$$

故结构重要顺序为：$I_\phi(22)=I_\phi(26)>I_\phi(23)=I_\phi(24)=I_\phi(25)>I_\phi(1)=I_\phi(2)=I_\phi(3)=I_\phi(4)=I_\phi(5)=I_\phi(6)=I_\phi(7)>I_\phi(21)>I_\phi(12)=I_\phi(13)=I_\phi(14)>I_\phi(15)=I_\phi(16)>I_\phi(8)=I_\phi(9)=I_\phi(10)=I_\phi(11)>I_\phi(17)=I_\phi(18)=I_\phi(19)=I_\phi(20)$。

(4)结论。

由油库燃烧爆炸故障树分析可知，火源与达到爆炸极限浓度的混合气体构成了油库燃烧爆炸事故发生的要素。基本事件 X_{26}(达到爆炸浓度极限)和 X_{22}(油气泄漏)是单事件的最小径集，其结构重要度系数最大，是油库燃烧爆炸事故发生的最重要条件。要求在设计及建造油库时采取针对措施，如采用气体报警器对油库内油气混合气的浓度进行监视，一旦接近爆炸极限立即报警，使管理人员及时采取预防措施，消除事故产生的因素。油气泄漏也是单事件的最小径集，结构重要度系数同样最大，可见油罐的密封在防止油气泄漏中起着至关重要的作用。

防止易燃气体达到可燃浓度，加强对油库的安全管理及监测，严格控制火源，严禁吸烟和动用明火，防止铁器撞击及静电火花产生，防止雷击，库内电气装置要符合防火防爆要求，等等，都是预防油库发生燃烧爆炸的措施。

九、道化学公司火灾、爆炸危险指数评价法

1964 年，美国道化学公司根据化工生产特点，首先开发出火灾、爆炸危险指数评价法，用于对化工生产装置进行安全性评价。它是以物质系数为基础，同时考虑工艺过程中的其他因素，如操作方式、工艺条件、设备状况、物料处理量、安全装置情况等，再计算每个单元的危险度数值，然后按照数值大小划分危险度级别。

使用道化学公司火灾、爆炸危险指数评价法时，可按照图 8-6 所示程序进行操作。

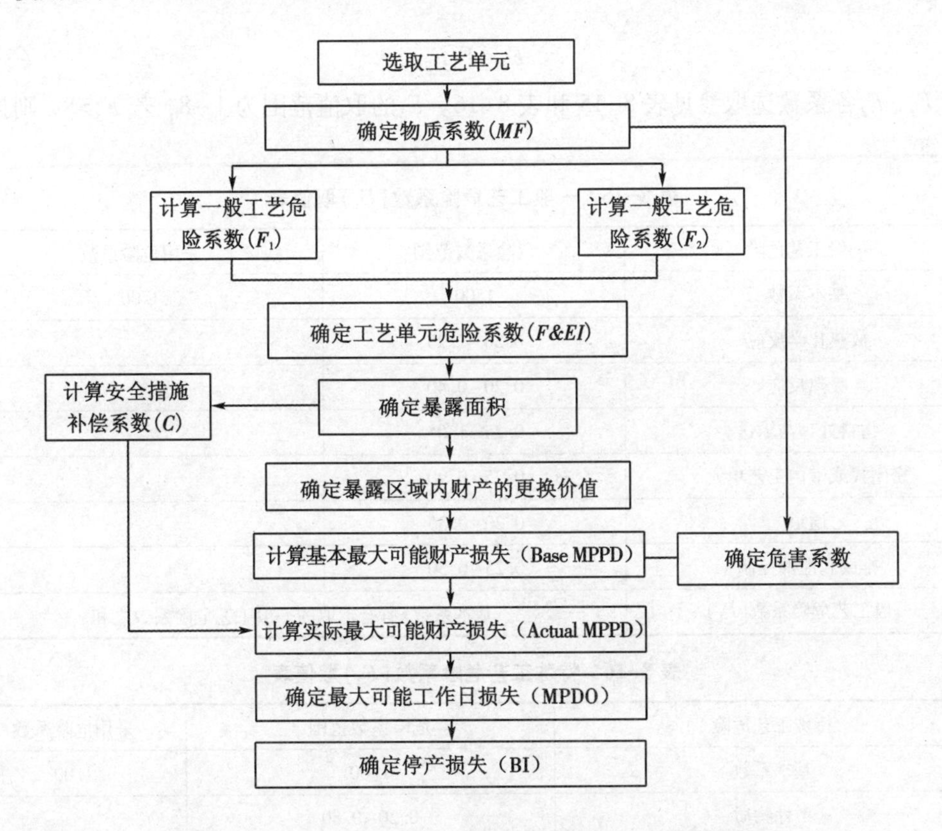

图 8-6 道化学公司火灾、爆炸危险指数评价法计算程序图

1. 选取工艺单元

在计算火灾、爆炸危险指数时，应选择恰当工艺单元。恰当工艺单元指在计算火灾、爆炸危险指数时，只评价从预防损失角度考虑对工艺有影响的工艺单元，包括化学工艺、机械加工、仓库、包装线等生产设施。在选取工艺单元时，需要考虑六个重要参数：① 潜在化学能(物质系数)；② 工艺单元中危险物质的数量；③ 资金密度；④ 操作压力和操作温度；⑤ 导致火灾、爆炸事故的历史资料；⑥对装置起关键作用的单元。

2. 确定物质系数(*MF*)

物质系数(*MF*)表述物质在燃烧或其他化学反应引起的火灾、爆炸时释放能量大小的内在特性，是一个基础数值。物质系数是由物质的燃烧性(*NF*)和物质的化学活性(*NR*)决定的。一般(*NF*)和(*NR*)是在正常环境温度下的取值，而当物质发生燃烧或因化学反应温度升高危险性增大时，其危险程度也随之增加，所以当温度超过 60 ℃时，*MF* 需要修正。

3. 计算工艺单元危险系数(F_3)

工艺单元危险系数(F_3)包括一般工艺危险系数(F_1)和特殊工艺危险系数(F_2)两部分。确定一般工艺危险系数和特殊工艺危险系数后，按照式(8-7)计算工艺单元危险系数：

$$F_3=F_1F_2 \tag{8-7}$$

F_1，F_2各系数选取参见表 8-15 和表 8-16。F_3的取值范围为 1~8，若 $F_3>8$，则按照 8 计算。

表 8-15　一般工艺危险系数(F_1)取值表

一般工艺危险	危险系数范围	采用危险系数
基本系数	1.00	1.00
放热化学反应	0.30~1.25	
吸热反应	0.20~0.40	
物料处理与输送	0.25~1.05	
密闭式或室内工艺单元	0.25~0.90	
通道	0.20~0.35	
排放和泄漏控制	0.25~0.50	
一般工艺危险系数(F_1)	基本系数+所有选取的一般工艺危险系数之和	

表 8-16　特殊工艺危险系数(F_2)取值表

特殊工艺危险	危险系数范围	采用危险系数
基本系数	1.00	1.00
毒性物质	0.20~0.80	

表8-16（续）

特殊工艺危险		危险系数范围	采用危险系数
负压（小于 66.66 kPa）		0.50	
易燃范围及接近易燃范围的操作	罐装易燃液体	0.50	
	过程失常或吹扫故障	0.30	
	一直在燃烧范围内	0.80	
粉尘爆炸		0.25~2.00	
压力	操作压力（绝对压力）/kPa		
	释放压力（绝对压力）/kPa	0.20~0.30	
低温		0.20~0.30	
易燃及不稳定物质量/kg			
物质燃烧热 H_c/（$J \cdot kg^{-1}$）			
工艺中的液体及气体			
贮存中的液体及气体			
贮存中的可燃固体及工艺中的粉尘			
腐蚀及磨蚀		0.10~0.75	
泄漏（接头和填料）		0.10~1.50	
使用明火设备			
热油热交换系数		0.15~1.15	
转动设备		0.50	
特殊工艺危险系数（F_2）			

4. 计算火灾、爆炸危险指数（*F&EI*）

计算 *F&EI* 时，一次只分析、评价一种危险，使分析结果与特定的最危险状况（如开车、正常操作、停车等）相对应。其计算公式如下：

$$F\&EI = F_3 \times MF \tag{8-8}$$

F&EI 值与危险程度的关系见表 8-17。

表 8-17 F&EI 值与危险程度的关系

F&EI	危险等级
1~60	最轻
61~96	较轻
97~127	中等
128~158	很大
>159	非常大

5. 计算安全措施补偿系数(C)

建厂时应考虑一些基本设计要求，采取一些有效的安全措施，切实减少或控制评价单元的危险，提高安全可靠性，降低事故发生频率和事故危害。这些安全措施分为工艺控制、物质隔离、防火设施三类，其补偿系数分别为 C_1，C_2，C_3，见表 8-18。

表 8-18 补偿系数取值表

补偿系数类别	项目	补偿系数范围	采用补偿系数
工艺控制安全补偿系数(C_1)	应急电源	0.98	
	冷却装置	0.97~0.99	
	抑爆装置	0.84~0.98	
	紧急停车装置	0.96~0.99	
	计算机控制	0.93~0.99	
	稀有气体保护	0.94~0.96	
	操作规程(程序)	0.91~0.99	
	化学活性物质检查	0.91~0.98	
	其他工艺危险分析	0.91~0.98	
物质隔离安全补偿系数(C_2)	遥控阀	0.96~0.98	
	卸料(排空)装置	0.96~0.98	
	排放装置	0.91~0.97	
	连锁装置	0.98	
防火设施安全补偿系数(C_3)	泄漏检测装置	0.94~0.98	
	结构钢	0.95~0.98	
	消防水供应系统	0.94~0.97	
	特殊系统	0.91	
	喷洒系统	0.74~0.97	
	水幕	0.97~0.98	
	泡沫灭火装置	0.92~0.97	
	手提式灭火器材(喷水枪)	0.93~0.98	
	电缆防护	0.94~0.98	

总安全补偿系数 C 是三类安全补偿系数 C_1，C_2，C_3 的乘积，即

$$C=C_1C_2C_3 \tag{8-9}$$

6. 计算暴露半径和暴露区域面积

(1)暴露半径。

暴露半径表明了生产单元危险区域的平面分布，它是一个以工艺设备的关键部位为中心圆的半径。若被评价的对象是一个小设备，则以该设备的中心为圆心，以暴露半径画圆；若设备较大，则应从设备表面向外量取暴露半径，即暴露区域面积加上评价单元的面积。事实上，暴露区域的中心常常是泄漏点，经常发生泄漏的点是排气口、膨胀节和连接处等部位，它们均可作为暴露区域的圆心。暴露半径的计算公式为

$$R=F\&EI\times 0.84 \tag{8-10}$$

(2)暴露区域面积。

暴露区域面积的计算公式为

$$S=\pi R^2 \tag{8-11}$$

$$\text{实际暴露区域面积}=\text{暴露区域面积}+\text{评价单元面积} \tag{8-12}$$

7. 确定暴露区域内财产价值

暴露区域内财产价值可由区域内含有的财产(包括在存物料)的更换价值来确定，即

$$\text{暴露区域内财产价值}=\text{更换价值}+\text{在存物料价值} \tag{8-13}$$

$$\text{更换价值}=\text{原来成本}\times 0.82\times\text{增长系数} \tag{8-14}$$

$$\text{在存物料价值}=\text{在存物料量}\times\text{在存物料的市场价格} \tag{8-15}$$

式(8-14)中，0.82 是考虑了场地平整、道路、地下管线、地基等在事故发生时不会遭到损失或无须更换的系数；增长系数由工程预算专家确定。

8. 确定危害系数

危害系数代表了单元中物料泄漏或反应能量释放所引起的火灾、爆炸事故的综合效应，由工艺单元危险系数(F_3)和物质系数(MF)确定，见图 8-7。危害系数从 0.01 增至 1。

9. 计算基本最大可能财产损失

基本最大可能财产损失(base MPPD)由工艺单元危险分析汇总表中暴露区域内财产价值乘以危害系数计算求得，即

$$\text{基本最大可能财产损失}=\text{暴露区域财产价值}\times\text{危害系数} \tag{8-16}$$

10. 计算实际最大可能财产损失

实际最大可能财产损失(actual MPPD)计算公式为

$$\text{实际最大可能财产损失}=\text{基本最大可能财产损失}\times\text{安全措施补偿系数} \tag{8-17}$$

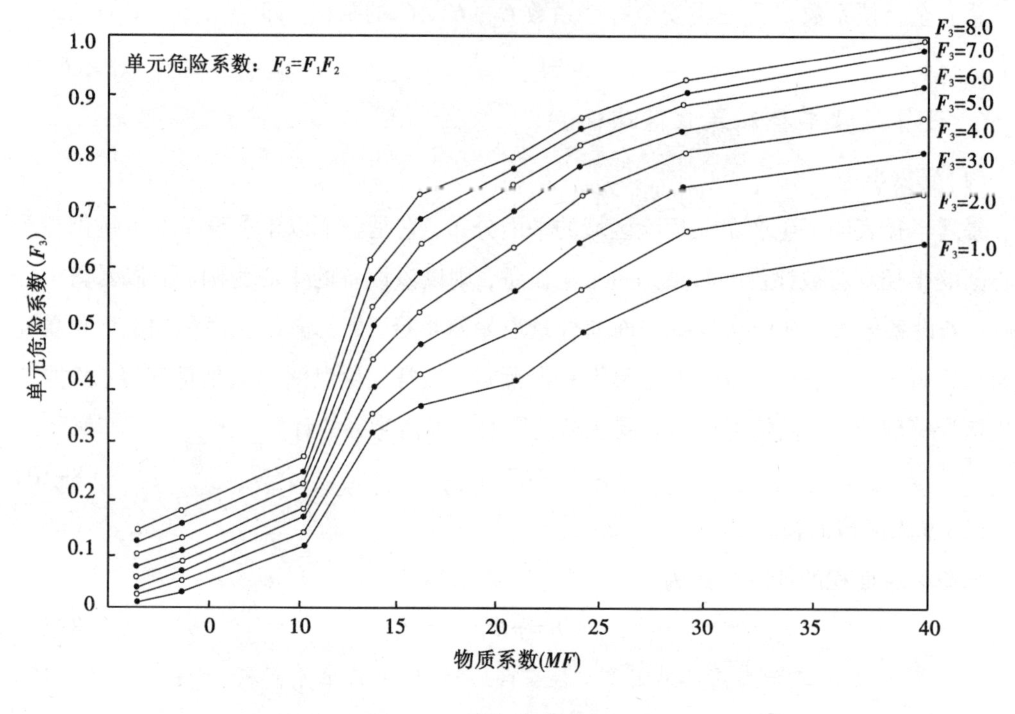

图 8-7　单元危险系数计算

它表示在采取适当的防护措施后，事故造成的财产损失。

11. 确定最大可能工作日损失

估算最大可能工作日损失（MPDO）是评价停产损失（BI）的必经步骤，停产损失往往等于或超过财产损失，主要取决于物料储量和产品需求状况。

十、蒙德火灾、爆炸、毒性危险指数评价法

1974 年英国帝国化学工业公司蒙德部在道化学公司火灾、爆炸危险指数评价法的基础上引进了毒性概念，并发展了一些新的补偿系数，提出了蒙德火灾、爆炸、毒性危险指数评价法。它不仅详细规定了各种附加因素增加比例的范畴，而且针对所有的安全措施引进了补偿系数，同时扩展了毒性指标，使评价结果更加切合实际。

蒙德法主要扩充了以下两点：

① 引进了毒性的概念，将道化学公司的“火灾、爆炸指数”扩展到包括物质毒性在内的“火灾、爆炸、毒性危险指数”的初期评价，使表示装置潜在危险性的初期评价更加切合实际；

② 发展了某些补偿系数（补偿系数小于 1），进行装置现实危险性水平再评价，即进行采取安全对策措施加以补偿后的最终评价，从而使评价较为恰当，也使预测定量化更

具有实用意义。

1. 评价步骤

蒙德火灾、爆炸、毒性危险指数评价方法计算程序如图 8-8 所示。

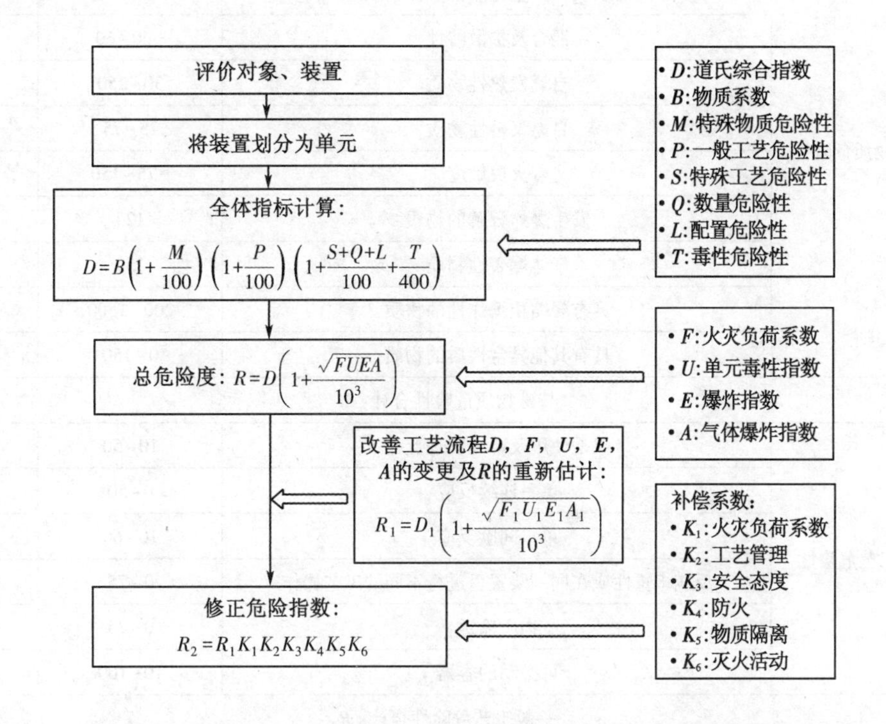

图 8-8　蒙德火灾、爆炸、毒性危险指数评价法计算程序图

2. 初期危险度评价

初期危险度评价是不考虑任何安全措施评价单元潜在危险性的大小。评价的项目包括确定物质系数(B)、特殊物质危险性(M)、一般工艺危险性(P)、特殊工艺危险性(S)、数量的危险性(Q)、配置危险性(L)、毒性危险性(T)。在每个项目中又包括一些需要考虑的要素，见表 8-19。将各项危险系数汇总后填入表 8-19 相应位置，计算出各项的合计，得到下列几项初期评价结果。

表 8-19　初期危险度评价各项危险系数取值表

指标项	指标内容	建议系数	采用系数
物质系数	燃烧热(ΔH_c)/($kJ\cdot kg^{-1}$)		
	物质系数(B)：$B=\Delta H_c\times1.8/100$		

表8-19(续)

指标项	指标内容	建议系数	采用系数
特殊物质危险性	氧化剂	0~20	
	与水反应产生可燃性气体物质	0~30	
	混合及扩散特性	-60~60	
	自燃发热性物质	30~250	
	自燃聚合性物质	25~75	
	着火灵敏度	-75~150	
	发生爆炸分解的物质	125	
	气体爆轰性物质	150	
	具有凝缩相爆炸性的物质	200~1500	
	具有其他异常性质的物质	0~150	
特殊物质危险性合计：M=			
一般工艺危险性	仅是使用及单纯物理变化	10~50	
	单一连续反应	0~50	
	单一间歇反应	10~60	
	反应多重性或在同一装置里进行不同的工艺操作	0~75	
	物质输送	0~75	
	可搬动的容器	10~100	
一般工艺危险性合计：P=			
特殊工艺危险性	低压(小于103 kPa绝对压力)	0~100	
	高压	0~150	
	低温	0~100	
	高温	0~40	
	腐蚀与侵蚀	0~150	
	接头与垫圈泄漏	0~60	
	振动负荷、循环等	0~50	
	难控制的工程或反应	20~300	
	在燃烧范围或其附近条件下操作	0~150	
特殊工艺危险性合计：S=			
量的危险性	物质合计/m^3		
	密度/($kg \cdot m^{-3}$)量系数	1~1000	
量的危险性合计：Q=			

表8-19(续)

指标项	指标内容	建议系数	采用系数
配置危险性	单元详细配置		
	高度(H)/m		
	通常作业区域/m²		
	构造设计	0~200	
	多米诺效应	0~250	
	地下	0~150	
	地面排水沟	0~100	
	其他	0~250	
配置危险性合计：L=			
毒性危险性	TLV 值	0~300	
	物质类型	25~200	
	短期暴露危险性	-100~150	
	皮肤吸收	0~300	
	物理性因素	0~50	
毒性危险性合计：T=			

(1)道氏综合指数(D)。

D 用来表示火灾、爆炸潜在危险性的大小，按照式(8-18)计算：

$$D=B\left(1+\frac{M}{100}\right)\left(1+\frac{P}{100}\right)\left(1+\frac{S+Q+L}{100}+\frac{T}{400}\right) \tag{8-18}$$

根据计算结果，将道氏综合指数 D 划分为九个等级，见表 8-20。

表 8-20　道氏综合指数分级

D 的范围	等级	D 的范围	等级	D 的范围	等级
0~20	缓和	60~75	稍重	115~150	非常极端
20~40	轻度	75~90	重	150~200	潜在灾难性
40~60	中等	90~115	极端	200 以上	高度灾难性

(2)火灾负荷系数(F)。

F 表示火灾的潜在危险性，是单位面积内的燃烧热值。根据其值的大小可以预测发生火灾时火灾的持续时间。发生火灾时，单元内全部可燃物料燃烧是罕见的，有 10%的物料燃烧是比较接近实际的。火灾负荷系数(F)用式(8-19)计算：

$$F=\frac{BK}{N}\times 20500 \tag{8-19}$$

式中，K——单元中可燃物料的总量，t；

N——单元的通常作业区域，m²。

根据计算结果，将火灾负荷系数分为八个等级，见表 8-21。

表 8-21 火灾负荷系数分级

$F/(\mathrm{Btu}\cdot\mathrm{ft}^{-2})$	等级	预计火灾持续时间/h	备注
$0\sim5\times10^4$	轻	1/4~1/2	
$5\times10^4\sim1\times10^5$	低	1/2~1	
$1\times10^5\sim2\times10^5$	中等	1~2	住宅
$2\times10^5\sim4\times10^5$	高	2~4	工厂
$4\times10^5\sim1\times10^6$	非常高	4~10	工厂
$1\times10^6\sim2\times10^6$	强	10~20	对使用建筑物最大
$2\times10^6\sim5\times10^6$	极端	20~50	橡胶仓库
$5\times10^6\sim1\times10^7$	非常极端	50~100	

注：$1\ \mathrm{Btu/ft^2}=11.356\ \mathrm{kJ/m^2}$。

(3)装置内部爆炸指标(E)。

装置内部爆炸的危险性与装置内物料的危险性和工艺条件有关，其指标计算公式为

$$E=1+\frac{M+P+S}{100} \tag{8-20}$$

根据计算结果，将装置内部爆炸危险性分成五个等级，见表 8-22。

表 8-22 装置内部爆炸指标分级

E	等级
0~1	轻
1~2.5	低
2.5~4	中等
4~6	高
>6	非常高

(4)环境气体爆炸指标(A)。

环境气体爆炸指标的计算公式为

$$A=B\left(1+\frac{m}{100}\right)QHE\ \frac{t}{100}\left(1+\frac{P}{1000}\right) \tag{8-21}$$

式中，m——物质的混合与扩散特性系数；

H——单元高度；

t——工程温度(绝对温度)，K。

根据计算结果，将环境气体爆炸指标分成五个等级，见表 8-23。

表 8-23　环境气体爆炸指标分级

A	等级
0~10	轻
10~30	低
30~100	中等
100~500	高
>500	非常高

(5)单元毒性指标(U)。

单元毒性指标按照式(8-22)计算:

$$U=\frac{TE}{100} \tag{8-22}$$

将其计算结果按照表 8-24 分级。

表 8-24　单元毒性指标分级

U	等级
0~1	轻
1~3	低
3~5	中等
6~10	高
>10	非常高

(6)主毒性事故指标(C)。

主毒性事故指标按照式(8-23)计算:

$$C=QU \tag{8-23}$$

将其计算结果按照表 8-25 分级。

表 8-25　主毒性事故指标分级

C	等级
0~20	轻
20~50	低
50~200	中等
200~500	高
>500	非常高

(7)综合危险性评分(R)。

综合危险性评分是以道氏综合指数为主,结合火灾负荷系数、单元毒性指数、装置内部爆炸指数和环境气体爆炸指数的强烈影响而提出的,计算公式如下:

$$R=D\left(1+\frac{\sqrt{FUEA}}{10^3}\right) \tag{8-24}$$

式中，F，U，E，A 最小值为1。

将其计算结果按照表8-26分成八个等级。

表8-26　综合危险性评分分级

R	等级	R	等级
0~20	缓和	1100~2500	高(Ⅱ类)
20~100	低	2500~12500	非常高
100~500	中等	12500~65000	极端
500~1100	高(Ⅰ类)	>65000	非常极端

可以接受的危险度很难有一个统一的标准，往往与所使用的物质类型(如毒性、腐蚀性等)和工厂周边的环境(如距居民区、学校、医院的距离等)有关。通常情况下，R 在100以下是可以接受的；R 在100~1100可以有条件地接受；对于 R 在1100以上的单元，必须考虑采取安全措施，并进一步做安全措施的补偿计算。

3. 最终危险度评价

危险度评价主要是了解单元潜在危险的程度。评价单元潜在的危险性一般都比较高，因此，需要采取安全措施，降低危险性，使之达到人们可以接受的水平。蒙德法将实际生产过程中采取的安全措施分为两个方面：一方面是降低事故发生的频率，即预防事故的发生；另一方面是减小事故的规模，即事故发生后，将其影响控制在最低程度。降低事故频率的安全措施包括容器、管理、安全态度三类；减小事故规模的安全措施包括防火、物质隔离、消防活动三类。这些类别的安全措施每类又包括多项安全措施，每项安全措施根据其在降低危险的过程中所起的作用给予一个小于1的补偿系数。各类安全措施总的补偿系数等于该类安全措施各项系数取值的乘积。各类安全措施的具体内容见表8-27。

表8-27　各类安全措施补偿系数取值表

措施项	措施内容	补偿系数
容器系统	压力容器	
	非压力立式储罐	
	输送配管	
	附加的容器及防护堤	
	泄漏检测与响应	
	排放的废弃物质	
容器系统补偿系数之积：K_1 =		

表8-27(续)

<table>
<tr><th>措施项</th><th>措施内容</th><th>补偿系数</th></tr>
<tr><td rowspan="10">工艺管理</td><td>压力容器</td><td></td></tr>
<tr><td>非压力立式储罐</td><td></td></tr>
<tr><td>工程冷却系统</td><td></td></tr>
<tr><td>稀有气体系统</td><td></td></tr>
<tr><td>危险性研究活动</td><td></td></tr>
<tr><td>安全停止系统</td><td></td></tr>
<tr><td>计算机管理</td><td></td></tr>
<tr><td>爆炸及不正常反应的预防</td><td></td></tr>
<tr><td>操作指南</td><td></td></tr>
<tr><td>装置监督</td><td></td></tr>
<tr><td colspan="3">工艺管理补偿系数之积：$K_2=$</td></tr>
<tr><td rowspan="3">安全态度</td><td>管理者参加</td><td></td></tr>
<tr><td>安全训练</td><td></td></tr>
<tr><td>维修及安全程序</td><td></td></tr>
<tr><td colspan="3">安全态度补偿系数之积：$K_3=$</td></tr>
<tr><td rowspan="3">防火</td><td>检测结构的防火</td><td></td></tr>
<tr><td>防火墙、障壁等</td><td></td></tr>
<tr><td>装置火灾的预防</td><td></td></tr>
<tr><td colspan="3">防火补偿系数之积：$K_4=$</td></tr>
<tr><td rowspan="2">物质隔离</td><td>阀门系统</td><td></td></tr>
<tr><td>通风</td><td></td></tr>
<tr><td colspan="3">物质隔离补偿系数之积：$K_5=$</td></tr>
<tr><td rowspan="8">消防活动</td><td>压力容器</td><td></td></tr>
<tr><td>非压力立式储罐</td><td></td></tr>
<tr><td>工程冷却系统</td><td></td></tr>
<tr><td>稀有气体系统</td><td></td></tr>
<tr><td>危险性研究活动</td><td></td></tr>
<tr><td>安全停止系统</td><td></td></tr>
<tr><td>计算机管理</td><td></td></tr>
<tr><td>爆炸及不正常反应的预防</td><td></td></tr>
<tr><td colspan="3">消防活动补偿系数之积：$K_6=$</td></tr>
</table>

将各项补偿系数汇总，计算出各项补偿系数之积，得到各类安全措施的补偿系数。根据补偿系数，可以求出补偿后的评价结果，它表示实际生产过程中的危险程度。

补偿后评价结果的计算公式如下。

补偿火灾负荷系数(F_2)：

$$F_2 = FK_1K_4K_5 \tag{8-25}$$

补偿装置内部爆炸指标(E_2)：

$$E_2 = EK_2K_3 \tag{8-26}$$

补偿环境气体爆炸指标(A_2)：

$$A_2 = AK_1K_5K_6 \tag{8-27}$$

补偿综合危险性评分(R_2)：

$$R_2 = R_1K_1K_2K_3K_4K_5K_6 \tag{8-28}$$

关于补偿后的评价结果，如果评价单元的危险性降低到可以接受的程度，则评价工作可以继续下去；否则，应更改设计，或者增加补充安全措施，然后重新进行评价计算，直到符合安全要求为止。

4. 蒙德法的优缺点及适用范围

蒙德法突出了毒性对评价单元的影响，在考虑火灾、爆炸、毒性危险方面的影响范围及安全补偿措施方面都比道化学公司法更为全面；在安全补偿措施方面强调了工程管理和安全态度，突出了企业管理的重要性，因而可在较广的范围进行全面、有效、更接近实际的评价；大量使用图表，简洁明了。但是使用此法进行评价时参数取值宽，因人而异，在一定程度上影响了评价结果的准确性。此方法只能对系统整体进行宏观评价。

蒙德火灾、爆炸、毒性危险指数评价法适用于生产、储存和处理涉及易燃易爆、有化学活性、有毒性的物质的工艺过程及其他有关工艺系统。

第三节　常用安全评价方法比较

每一种安全评价方法都有其自身的特点和适用范围，在实际应用中，应综合考虑安全评价对象、评价目的及评价要求，进行科学选择。在特殊情况下，对同一评价对象，可利用多种评价方法进行分析，以相互印证，提高评价结果的准确性。表8-28列出了常见安全评价方法的特点、适用范围、优缺点等，可供选择评价方法时参考。

表 8–28　常见安全评价方法比较

评价方法	评价目标	定性/定量	方法特点	适用范围	应用条件	优缺点
类比法	危害程度分级、危险性分级	定性	利用类比作业场所检测、统计数据分级和事故统计分析资料类推	职业安全卫生评价作业条件、岗位危险性评价	类比作业场所具有可比性	简便易行，专业检测量大，费用高
安全检查表（SCL）	危险和有害因素分析、分析安全等级	定性、定量	按事先编制的有标准要求的检查表逐项检查，按规定赋分，评定安全等级	各类系统的设计、验收、运行、管理、事故调查	事先编制的各类检查表有赋分、评级标准	简便、易于掌握，编制检查表难度及工作量大
预先危险性分析（PHA）	危险和有害因素分析、分析危险性等级	定性	讨论分析系统存在的危险和有害因素、触发条件、事故类型、评定危险性等级	各类系统设计、施工、生产、维修前的概略分析和评价	分析评价人员熟悉系统，有丰富的知识和实践经验	简便易行，受分析评价人员主观因素影响
故障类型和影响分析（FMEA）	故障（事故）原因及影响程度等级分析	定性	列表、分析系统（单元、元件）故障类型、故障原因、故障影响，评定影响程序等级	机械电气系统，局部工艺过程、事故分析	同 PHA。有根据分析要求编制的表格	较复杂、详尽，受分析评价人员主观因素影响
故障类型和影响危险性分析（FMECA）	故障原因、故障等级、危险指数分析	定性、定量	同FMEA。在FMEA基础上，由元素故障概率、系统重大故障概率计算系统危险性指数	同FMEA	同 FMEA。有元素故障概率、系统重大故障概率数据	较 FMEA 复杂、精确

表8-28(续)

评价方法	评价目标	定性/定量	方法特点	适用范围	应用条件	优缺点
事件树分析(ETA)	事故原因、触发条件、事故概率分析	定性、定量	归纳法，由初始事件判断系统事故原因及条件内各事件概率计算系统事故概率	各类局部工艺过程、生产设备、装置事故分析	熟悉系统、元素间的因果关系，有各事件发生概率数据	简便易行，受分析评价人员主观因素影响
故障树分析(FTA)	事故原因、事故概率分析	定性、定量	演绎法，由事故和基本事件逻辑推断事故原因，由基本事件概率计算事故概率	宇航、核电、工艺、设备等复杂系统事故分析	熟练掌握方法和事故、基本事件间的联系，有基本事件概率数据	复杂、工作量大、精确，故障树编制有误易失真
作业条件危险性评价	危险性等级分析	定性、半定量	按规定对系统的事故发生可能性、人员暴露状况、危险程序赋分，计算后评定危险性等级	各类生产作业条件	赋分人员熟悉系统，对安全生产有丰富的知识和实践经验	简便实用，受分析评价人员主观因素影响
道化学公司法(DOW)	火灾、爆炸危险性等级分析，事故损失预测	定量	根据物质、工艺危险性计算火灾、爆炸指数，判定采取措施前后的系统整体危险性，由影响范围、单元破坏系数计算系统整体经济、停产损失	生产、储存、处理燃爆、化学活泼性、有毒物质的工艺过程及其他有关工艺系统	熟练掌握方法，熟悉系统，有丰富的知识和良好的判断能力，需有各类企业装置经济损失目标值	大量使用图表，简洁明了，参数取位宽；因人而异，只能对系统整体宏观评价

表8-28(续)

评价方法	评价目标	定性/定量	方法特点	适用范围	应用条件	优缺点
帝国化学公司蒙德法(ICI)	火灾、爆炸、毒性及系统整体危险性等级分析	定量	由物质、工艺、毒性、布置危险计算采取措施前后的火灾、爆炸、毒性和整体危险性指数，评定各类危险性等级	生产、储存、处理燃爆、化学活泼性、有毒物质的工艺过程及其他有关工艺系统	熟练掌握方法，熟悉系统，有丰富的知识和良好的判断能力	同DOW
日本劳动省"六阶段"法	危险性等级分析	定性、定量	检查表法定性评价，危险度法定量评价，采取相应安全措施，用类比资料复评，1级危险性装置用ETA，FTA等方法再评价	化工厂和有关装置	熟悉系统，掌握方法，具有丰富的知识和经验，有类比资料	综合应用几种办法反复评价，准确性高；工作量大
单元危险性快速排序法	危险性等级分析	定量	由物质、毒性系数、工艺危险性系数计算火灾、爆炸指数和毒性指标，评定单元危险性等级	同DOW	熟悉系统，掌握方法，具有相关知识和经验	DOW法的简化方法，简洁方便，易于推广
危险与可操作性分析(HAZOP)	偏离及其原因、后果、对系统的影响分析	定性	通过讨论，分析系统可能出现的偏离、偏离原因、偏离后果及对整个系统的影响	化工系统、热力、水力系统的安全分析	分析评价人员熟悉系统，有丰富的知识和实践经验	简便易行，受分析评价人员主观因素影响
模糊综合评价	安全等级分析	半定量	利用模糊矩阵运算的科学方法，对于多个子系统和多因素进行综合评价	各类生产作业条件	赋分人员熟悉系统，对安全生产有丰富的知识和实践经验	简便实用，受分析评价人员主观因素影响

参考文献

[1] 徐玉朋，竺振宇.油气储运安全技术及管理[M].北京：海洋出版社，2016.
[2] 陈利琼.油气储运安全技术与管理[M].北京：石油工业出版社，2012.
[3] 陆朝荣.油库安全事故案例剖析[M].北京：中国石化出版社，2006.
[4] 中国安全生产科学研究院.安全生产管理[M].2022 版.北京：应急管理出版社，2022.
[5] 蔡庄红，白航标.安全评价技术[M].3 版.北京：化学工业出版社，2019.
[6] 国家安全生产监督管理总局.安全评价：上册[M].3 版.北京：煤炭工业出版社，2005.
[7] 国家安全生产监督管理局.危险化学品专项安全评价[M].北京：中国石化出版社，2003.
[8] 李美庆.安全评价员实用手册[M].北京：化学工业出版社，2007.
[9] 冯文兴，贾光明，谷雨雷，等.HAZOP 分析技术在输油管道站场的应用[J].油气储运，2012，31(12)：903-905.
[10] 陈伟明，杨建民.消防安全技术实务[M].北京：中国人事出版社，2019.
[11] 陈伟明，杨建民.消防安全技术综合能力[M].北京：机械工业出版社，2016.
[12] 上海市消防局.现代消防管理实用知识问答[M].上海：上海科学技术出版社，2011.
[13] 公安部消防局.消防灭火救援[M].北京：中国人民公安大学出版社，2002.
[14] 中华人民共和国公安部消防局.中国消防手册(第四卷)：生产加工防火[M].上海：上海科学技术出版社，2008.
[15] 中华人民共和国公安部消防局.中国消防手册(第五卷)：能源、交通、仓储、金融、信息、农林防火[M].上海：上海科学技术出版社，2007.
[16] 王备战.试论几种类型油罐火灾的灭火方法及注意事项[J].消防技术与产品信息，2005(5)：24-25.
[17] 白世贞.石油储运与安全管理[M].北京：化学工业出版社，2004.
[18] 唐洪舰.石油库火灾爆炸事故原因及预防措施[J].安全、健康和环境，2010(2)：6-8.
[19] 陈阵，王霁，刘馨泽.大型原油储罐扬沸事故热辐射伤害计算模型[J].消防科学与

技术，2014，33(2)：131-133.
[20] 张圣柱，吴宗之.油气管道风险评价与安全管理[M].北京：化学工业出版社，2016.
[21] 中国石油管道公司.油气管道检测与修复技术[M].北京：石油工业出版社，2010.
[22] 杨筱蘅.油气管道安全工程[M].北京：中国石化出版社，2005.
[23] 董绍华.中国油气管道完整性管理20年回顾与发展建议[J].油气储运，2020，39(3)：241-261.
[24] 黄志潜.管道完整性及其管理[J].焊管，2004，27(3)：1-8.
[25] 黄维和，郑洪龙，吴忠良.管道完整性管理在中国应用10年回顾与展望[J].天然气工业，2013，33(12)：1-5.
[26] 董绍华，费凡，王东营，等.油气管道完整性评价技术[M].北京：中国石化出版社，2017.
[27] 狄彦.在役管道完整性管理研究[D].北京：中国石油大学，2016.
[28] 马国光，吴晓南，王元春.液化天然气技术[M].北京：石油工业出版社，2012.
[29] 李鹏飞，刘蛟.浅谈大型LNG接收站接船卸料的安全管理[J].科学管理，2019，26(2)：111-112.
[30] 郭揆常.液化天然气(LNG)工艺与工程[M].北京：中国石化出版社，2014.
[31] 王文彦.LNG储存中的安全问题[J].油气储运，2013，32(12)：1301-1303.
[32] 鲁雪生，汪顺华.关于LNG安全贮存的若干问题[J].深冷技术，2000(6)：12-14.
[33] 顾安忠，鲁雪生，石玉美，等.液化天然气技术[M].2版.北京：机械工业出版社，2015.
[34] 陆国忠.LNG加气站安全风险分析与管控措施[J].化工设计通讯，2018，44(4)：234-235.
[35] 郭建新.加油(气)站安全技术与管理[M].2版.北京：中国石化出版社，2007.
[36] 范继义.油库加油站安全技术与管理[M].北京：中国石化出版社，2005.
[37] 王珍丽.输油站事故及安全管理防范措施[J].化工管理，2014(24)：70-71.

附录

表 F-1 工业建筑灭火器配置场所的危险等级举例

危险等级	举例	
	厂房和露天、半露天生产装置区	库房和露天、半露天堆场
严重危险级	1. 闪点低于 60 ℃的油品和有机溶剂的提炼、回收、洗涤部位及其泵房、灌桶间	1. 化学危险物品库房
	2. 橡胶制品的涂胶和胶浆部位	2. 装卸原油或化学危险物品的车站、码头
	3. 二硫化碳的粗馏、精馏工段及其应用部位	3. 甲、乙类液体储罐区，桶装库房，堆场
	4. 甲醇、乙醇、丙酮、丁酮、异丙醇、醋酸乙酯、苯等的合成、精制厂房	4. 液化石油气储罐区、桶装库房、堆场
	5. 植物油加工厂的浸出厂房	5. 棉花库房及散装堆场
	6. 洗涤剂厂房石蜡裂解部位、冰醋酸裂解厂房	6. 稻草、芦苇、麦秸等堆场
	7. 环氧氢丙烷、苯乙烯厂房或装置区	7. 赛璐珞及其制品，漆布、油布、油纸及其制品，油绸及其制品库房
	8. 液化石油气灌瓶间	8. 酒精度为 60 度以上的白酒库房
	9. 天然气、石油伴生气、水煤气或焦炉煤气的净化(如脱硫)厂房压缩机室及鼓风机室	
	10. 乙炔站、氢气站、煤气站、氧气站	
	11. 硝化棉、赛璐珞厂房及其应用部位	
	12. 黄磷、赤磷制备厂房及其应用部位	
	13. 樟脑或松香提炼厂房、焦化厂精萘厂房	
	14. 煤粉厂房和面粉厂房的碾磨部位	
	15. 谷物筒仓工作塔、亚麻厂的除尘器和过滤器室	
	16. 氯酸钾厂房及其应用部位	
	17. 发烟硫酸或发烟硝酸浓缩部位	
	18. 高锰酸钾、重铬酸钠厂房	

表F-1(续)

危险等级	举例	
	厂房和露天、半露天生产装置区	库房和露天、半露天堆场
严重危险级	19. 过氧化钠、过氧化钾、次氯酸钙厂房	
	20. 各工厂的总控制室、分控制室	
	21. 国家和省级重点工程的施工现场	
	22. 发电厂(站)和电网经营企业的控制室、设备间	
中危险级	1. 闪点不低于60 ℃的油品和有机溶剂的提炼、回收工段及其抽送泵房	1. 丙类液体储罐区、桶装库房、堆场
	2. 柴油、机器油或变压器油罐桶间	2. 化学、人造纤维及其织物和棉、毛、丝、麻及其织物的库房、堆场
	3. 润滑油再生部位或沥青加工厂	3. 纸、竹、木及其制品的库房、堆场
	4. 植物油加工精炼部位	4. 火柴、香烟、糖、茶叶库房
	5. 油浸变压器室和高、低压配电室	5. 中药材库房
	6. 工业用燃油、燃气锅炉房	6. 橡胶、塑料及其制品的库房
	7. 各种电缆廊道	7. 粮食、食品库房、堆场
	8. 油淬火处理车间	8. 计算机、电视机、收录机等电子产品及家用电器库房
	9. 橡胶制品压延、成型和硫化厂房	9. 汽车、大型拖拉机停车库
	10. 木工厂房和竹、藤加工厂房	10. 酒精度小于60度的白酒库房
	11. 针织品厂房和纺织、印染、化纤生产的干燥部位	11. 低温冷库
	12. 服装加工厂房、印染厂成品厂房	
	13. 麻纺厂粗加工厂房、毛涤厂选毛厂房	
	14. 谷物加工厂房	
	15. 卷烟厂的切丝、卷制、包装厂房	
	16. 印刷厂的印刷厂房	
	17. 电视机、收录机装配厂房	
	18. 显像管厂装配工段烧枪间	
	19. 磁带装配厂房	
	20. 泡沫塑料厂的发泡、成型、印片、压花部位	
	21. 饲料加工厂房	
	22. 地市级及以下重点工程的施工现场	

表F-1(续)

危险等级	举例	
	厂房和露天、半露天生产装置区	库房和露天、半露天堆场
轻危险级	1. 金属冶炼、铸造、铆焊、热轧、锻造、热处理厂房	1. 钢材库房、堆场
	2. 玻璃原料熔化厂房	2. 水泥库房、堆场
	3. 陶瓷制品的烘干、烧成厂房	3. 搪瓷、陶瓷制品库房、堆场
	4. 酚醛泡沫塑料加工厂房	4. 难燃烧或非燃烧的建筑装饰材料库房、堆场
	5. 印染厂的漂炼部位	5. 原木库房、堆场
	6. 化纤厂后加工润湿部位	6. 丁、戊类液体储罐区、桶装库房，堆场
	7. 造纸厂或化纤厂的浆粕蒸煮工段	
	8. 仪表、器械或车辆装配车间	
	9. 不燃液体的泵房和阀门室	
	10. 金属(镁合金除外)冷加工车间	
	11. 氟利昂厂房	